LabVIEW

Programación para Sistemas de Instrumentación

Joaquín del Río Fernández
Shahram Shariat–Panahi
David Sarrià Gandul
Antoni Mànuel Làzaro

LabVIEW

Programación para Sistemas
de Instrumentación

grupo editorial

LabVIEW. Programación para Sistemas de Instrumentación

Joaquín del Río Fernández
Shahram Shariat-Panahi
David Sarrià Gandul
Antoni Mànuel Làzaro

ISBN: 978-84-9281-268-4
IBERGARCETA PUBLICACIONES, S.L., Madrid 2011

Edición: 1.ª
Impresión: 2.ª
N.º de páginas: 350
Formato: 17x24 cm

Materia CDU: 004.4 «Software»

LabVIEW. Programación para Sistemas de Instrumentación

Joaquín del Río Fernández
Shahram Shariat-Panahi
David Sarrià Gandul
Antoni Mànuel Làzaro

1.ª edición, 2.ª impresión
OI: 0312/2025
ISBN: 978-84-9281-268-4
Deposito Legal: M-17675-2011

Impresión: Imprenta Valle del Tiétar, S.L.

IMPRESO EN ESPAÑA - PRINTED IN SPAIN

Índice

Capítulo 1. Creación de un instrumento virtual

Capítulo 2. Programación estructurada

Capítulo 3. Tipos de datos estructurados

Capítulo 4. Visualización de datos

Capítulo 5. Programación modular

Capítulo 6. Sistemas de adquisición y procesado de datos

Capítulo 7. Estándares para el control de instrumentación

Capítulo 8. Internet, nuevo elemento del sistema de medida. TCP/IP, UDP, DataSocket & Web Server y SMTP para envío de e-mails

Capítulo 9. Visión. Adquisición de imágenes

Presentación

LabVIEW de National Instruments ha conseguido reconocimiento como un estándar en el mundo del test y de la instrumentación tras sus 25 años de historia. Nació como un entorno de programación gráfico e intuitivo que permitía al ordenador comunicarse con instrumentos de sobremesa y así, automatizar las tareas de configuración y medida por parte de los mismos. Posteriormente, permitió convertir al ordenador en un verdadero instrumento incorporándole una tarjeta de adquisición de datos y desarrollando el interfaz apropiado. A lo largo de los años y junto con la evolución tecnológica de los ordenadores, LabVIEW ha tenido un desarrollo exponencial en muchas otras áreas. Hoy en día, hablar de LabVIEW es hablar de adquisición de datos y procesamiento de señal, es hablar de bancos automáticos de medida y sistemas de validación, es hablar de control y medida industrial y cada vez más de sistemas embebidos y diseño de prototipos.

Aunque LabVIEW siempre ha estado asociado a sistemas basados en PC y lo seguirá estando, cada vez más LabVIEW se orienta al mundo del diseño y prototipado de sistemas embebidos. No pasará mucho tiempo en el que veamos natural que en un dispositivo, equipo, máquina o robot se encuentre LabVIEW residente en su interior. Puede leer algunas referencias de casos de estudio donde ya aplica. Léase en **ni.com/solutions**:

Aeronáutica - Un sistema de supresión de incendios para la flota de aviones de FedEx.
Biomedicina - El diseño y prototipo de un dispositivo médico que ayuda a los recién nacidos en el aprendizaje de succionar, tragar y respirar de forma coordinada.

Robótica - Un sistema de control altamente preciso para el movimiento de un robot durante una neurocirugía para tumores cerebrales.

Estos proyectos junto con otros muchos confirman que LabVIEW es la solución a retos a los que millones de ingenieros y científicos se enfrentan cada día. Además LabVIEW se usa en universidades de todo el mundo no solo en aplicaciones de investigación sino en la enseñanza diaria. Incluso, los estudiantes más pequeños están expuestos a LabVIEW a través de material didáctico como el WeDo o el NXT Mindstorms, ambos robots de LEGO Education, empresa con la que National Instruments tiene una gran colaboración.

Hoy en día LabVIEW cuenta con más de 100 grupos de usuarios registrados, más de 70.000 usuarios en línea, más de 300 complementos de terceras empresas y más de 400 casos de estudio.

Finalmente, queremos agradecerle el elegir LabVIEW como una de sus herramientas de programación y este libro como una herramienta de aprendizaje. Esperamos que el contenido técnico, las explicaciones y ejercicios de este libro le sirvan de gran ayuda. Puede acceder a recursos adicionales y descargar la versión de evaluación en **www.ni.com/trylabview/esa**.

Cristóbal Rus
Responsable del Programa Académico de España
National Instruments

Carlos Ríos
Director General de España
National Instruments

Prólogo

Apreciado lector, si trabajas en el mundo de la instrumentación y deseas automatizar los procesos de medida, la herramienta ideal es LabVIEW, un software de fácil aprendizaje.

Desde 1992, año de introducción en el mercado español de LabVIEW sobre el entorno Windows, hemos trabajado con este software en los laboratorios de la Escuela Politécnica Superior de Ingeniería de Vilanova i la Geltrú de la Universitat Politècnica de Catalunya. Varios cursos de Técnico especialista de control de Instrumentación financiados por la Comunidad Europea han sido realizados en nuestras instalaciones, e infinidad de proyectos de transferencia de tecnología al sector industrial y de investigación aplicada, siendo LabVIEW el software utilizado para el control de instrumentación.

En el Centro de Desarrollo Tecnológico de Sistemas de Adquisición Remota y Tratamiento de la Información (SARTI) hemos preparado nuestro cuarto libro en castellano que cubre la versión LabVIEW 2010. En el momento de decidir qué información colocar, y dada la cantidad de recursos de que dispone LabVIEW, nos hemos decidido por organizar el libro en dos bloques, uno a nivel de programación general y otro de recursos avanzados. No olvidemos que va a ser un libro básico de LabVIEW pero con la intención de tener una visión global de sus prestaciones.

El usuario o usuaria medio no necesita conocimientos previos de programación, no le importa cómo está estructurado el programa. Aun así habrá alguien que desee profundizar en temas de programación. Para ese usuario los capítulos de la segunda parte del libro y notas de aplicación de National Instruments pueden serle de gran utilidad.

La generación de un sistema automático de medida basado en VI (virtual instrument) debe permitir al usuario:

- Definir el procedimiento de tests.
- Seleccionar los instrumentos involucrados.
- Supervisar la ejecución del test.
- Proporcionar los valores iniciales.
- Analizar los resultados mediante un interfaz de usuario agradable.

Para realizar todas estas prestaciones y disponer al mismo tiempo de un diseño altamente configurable, de larga vida, y en tiempo real, el método más apropiado será la programación orientada a objeto (OOP), donde datos y procedimientos se hallan representados en una estructura llamada objeto, accediendo a los datos únicamente a través de los procedimientos contenidos en el objeto.

LabVIEW parte del concepto de programación orientada a objeto (OOP); muchos de los lenguajes OOP son secuenciales, mecanismo que coincide con el procedimiento usual de llamada a subrutina y retorno. Siendo la concurrencia característica intrínseca de los sistemas de medida en tiempo real, se deberá elegir un lenguaje concurrente (LabVIEW) donde los objetos en tiempo real (Real Time Objects) se comuniquen con otros, mediante mensajes asíncronos. Así los objetos son modelados como máquinas de estados finitos que evolucionan a través de un conjunto de fases, donde en cada momento solo habrá una función operativa.

Los conceptos de OOP no van a ser tratados en este libro cuyo objetivo fundamental es que la gente se inicie en el empleo del lenguaje con la idea última de construir sistemas de medida.

Casi todo el mundo conoce lenguajes como Visual BASIC, Visual C, PASCAL, etc. De este modo hemos escrito los primeros cinco capítulos con las ideas básicas de esos lenguajes de alto nivel. Hemos presentado los tipos de datos que incorpora LabVIEW, algunas de las estructuras básicas de programación, herramientas de depuración de errores y los sistemas de interacción del programa con el usuario.

LabVIEW es un entorno de programación gráfica totalmente diferente a la programación mediante comandos, sistema empleado en los lenguajes de alto nivel tradicionales. De este modo, en la primera parte del libro (capítulos del uno al cinco), introducimos el lenguaje. La inmensa mayoría de los ejemplos de esta parte se pueden realizar con las versiones de estudiante.

En los capítulos del seis a nueve, presentamos los sistemas de adquisición de datos y visión que puede gestionar LabVIEW. En el capítulo seis las tarjetas de adquisición de datos nos van a permitir presentar algunas de las librerías de procesado y control de que dispone LabVIEW. El capítulo siete nos introduce en el control de instrumentación mediante buses como GPIB (General Purpose Interface Bus), RS-232, etc. El capitulo 8 se ha dedicado a Internet, nuevo elemento del sistema de medida TCP/IP, UDP, DataSocket & WEB SERVER y SMTP para envío de e-mails. Y cerramos el libro con el capitulo 9 dedicado a los recursos de visión. En la página web www.cdsarti.org del grupo de investigación de Sistemas de Adquisición Remota y Tratamiento de la Información (SARTI), se puede acceder a la solución de todos los ejercicios del libro.

Una vez presentados los contenidos del libro solo nos queda agradecer a una serie de personas su colaboración, ya que este texto no es el resultado de una persona sino de un numeroso grupo involucrado a lo largo de los años de actividad desarrollada por el grupo, algunos han colaborado explícitamente en la redacción de algunos capítulos; otros, generaron información en su día, información que hemos empleado en la redacción del texto.

Concretamente, queremos agradecer a Carlos Viñolo y Oriol Pallares, las horas dedicadas a la captura de pantallas y maquetación de los capítulos; y a todo el equipo de investigadores y técnicos de SARTI por su apoyo en este proyecto.

Agradecer finalmente las muestras de confianza demostradas por el personal de National Instruments, así como el soporte de Isabel Capella y Andrés Otero de Garceta editorial por creer una vez más en nosotros.

Joaquín del Río Fernández
David Sarrià Gandul
Shahram Shariat-Panahi
Antoni Mànuel Lázaro

Vilanova i La Geltrú, Mayo de 2011

1

Creación de un instrumento virtual

1.1 LA INSTRUMENTACIÓN VIRTUAL

Cuando se habla de instrumentos de medida, es normal pensar en una carcasa rígida, en la que destaca su panel frontal lleno de botones, leds y demás tipos de controles y visualizadores. En la cara oculta del panel están los contactos de esos controles que los unen físicamente con la circuitería interna. Esta circuitería interna se compone de dispositivos integrados y otros elementos que procesan las señales de entrada en función del estado de los controles, devolviendo el resultado a los correspondientes visualizadores del panel frontal.

¿Qué entendemos por instrumento virtual?

Un instrumento virtual es un módulo software que simula el panel frontal de instrumento que antes hemos comentado y, apoyándose en elementos hardware accesibles por el ordenador como tarjetas de adquisición, tarjetas DSP, instrumentos accesibles vía GPIB, RS-232, USB, Ethernet, entre otros, o sistemas en rack basados en VXI, PXI o CompactRIO, realiza una serie de medidas como si se tratase de un instrumento real.

De este modo, cuando se ejecuta un programa que funciona como instrumento virtual o VI (Virtual Instrument), el usuario o usuaria ve en la pantalla de su ordenador un panel cuya función es idéntica a la de un instrumento físico, facilitando la visualización y el control del aparato. A partir de los datos reflejados en el panel frontal, el VI debe actuar recogiendo o generando señales, como lo haría su homólogo físico.

El control de instrumentación por ordenador no resulta nuevo; incluso el uso del PC en sistemas de medida se usaba en los setenta mediante la interface de bus IEEE 488 o GPIB (General Purpose Interface Bus). Pero ha sido a partir de los noventa cuando los procesadores de 16 y 32 bits se han incorporado a equipos asequibles, consiguiendo altas velocidades y grandes capacidades de memoria. Esta popularización de ordenadores de altas prestaciones ha traído consigo un fuerte desarrollo de potentes paquetes software que simplifican la creación de aplicaciones.

1.2 PROGRAMACIÓN GRÁFICA. ENTORNO LabVIEW

Hasta hace poco, la tarea de construcción de un VI se llevaba a cabo con paquetes software que ofrecían una serie de facilidades, como funciones de alto nivel y la incorporación de elementos gráficos, que simplificaban la tarea de programación y de elaboración del panel frontal. Sin embargo, el cuerpo del programa seguía basado en texto, lo que suponía mucho tiempo invertido en detalles de programación que nada tiene que ver con la finalidad de un VI. Con la llegada del software de programación gráfica LabVIEW de National Instruments, el proceso de creación de un VI se simplificó notablemente, minimizándose el tiempo de desarrollo de las aplicaciones. Versión tras versión, LabVIEW crece ofreciendo nuevas herramientas que facilitan y aceleran la programación de Instrumentos Virtuales, y demás tipos de aplicaciones.

Cuando se crea un VI en LabVIEW trabajamos con dos ventanas: Una en la que se implementará el panel frontal (Figura 1.1) y otra que soportará el nivel de programación llamada diagrama de bloques (Figura 1.2). Para la creación del panel frontal se dispone de una librería de controles e indicadores de todo tipo y la posibilidad de crear más, diseñados por el propio usuario.

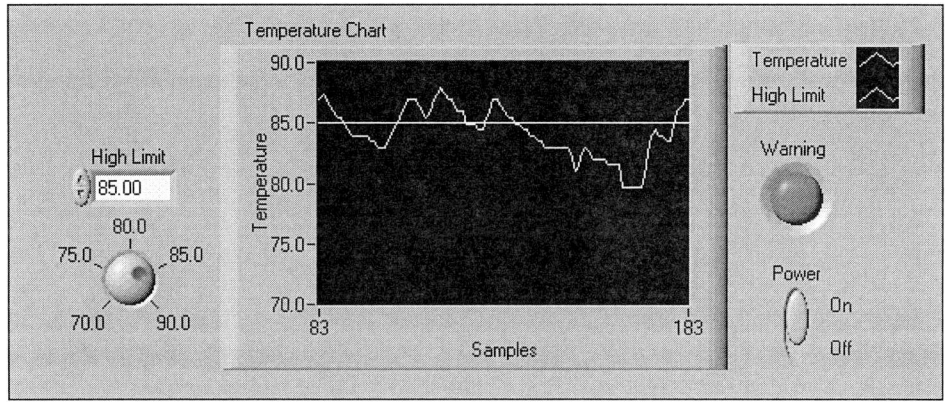

Figura 1.1 Panel frontal de un instrumento virtual que visualiza la temperatura

Cuando un control es "pegado" desde la librería en el panel frontal se acaba de crear una variable cuyos valores vendrán determinados por lo que el usuario ajuste desde el panel; inmediatamente, aparece un terminal en la ventana de programación representándolo.

El nivel de programación del VI consistirá en conectar estos terminales a bloques funcionales (p.ej., un comparador), hasta obtener un resultado que deseemos visualizar, por ejemplo un led de alarma. Los bloques funcionales son iconos con entradas y salidas que se conectan entre sí mediante cables ficticios por donde fluyen los datos, constituyendo el nivel de programación del VI.

Podemos comparar la ventana de programación con una placa de circuito impreso, donde los terminales del panel frontal se cablean a bloques funcionales (circuito integrado) que se interconectan para generar los datos que se desean visualizar. A su vez, estos circuitos integrados contienen bloques funcionales conectados entre sí, al igual que un icono está formado por la interconexión de otros iconos. La programación gráfica permite diseñar un VI de manera intuitiva, vertiendo las ideas directamente a un diagrama de bloques, como se haría sobre una pizarra.

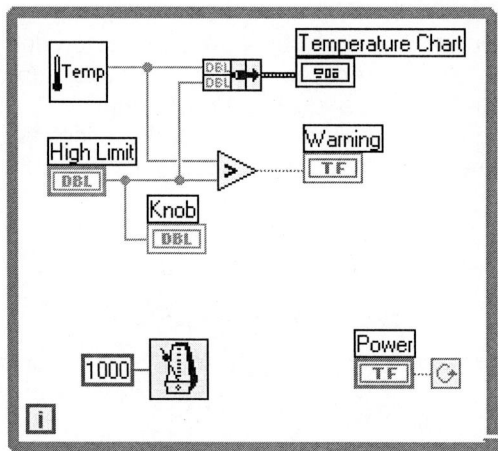

Figura 1.2 Diagrama de bloques de un instrumento virtual

1.3 SISTEMAS DE MEDIDA

El usuario de un sistema automático de medida debe ser capaz de:

- Definir el procedimiento de test.
- Seleccionar los instrumentos implicados en el test.
- Supervisar la ejecución del test.
- Proporcionar los parámetros iniciales del test.
- Analizar los resultados.

Estas características se consiguen mediante una plataforma hardware (habitualmente basada en tecnología PC) y un software, todo ello a través de una interface gráfica con el usuario (GUI: Grafical User Interface).

El software de control de los diferentes instrumentos, podría ser específico para cada procedimiento de test diferente, con los consiguientes problemas de desarrollo y mantenimiento de la aplicación. La solución es un software que se adapte fácilmente a las diferentes necesidades de medida; estamos pues hablando de un programa orientado a objeto.

El sistema de software empleado construye una colección de objetos reutilizables que representan a instrumentos físicos, procedimientos de test, actividades de procesado de datos y elementos de interface gráfico, pudiéndose construir nuevas clases de objetos a partir de los ya existentes.

Un *driver* de un instrumento de laboratorio a través de la interface paralela IEEE-488 (GPIB), por ejemplo, ha de ofrecer un interfaz gráfico (GUI: Grafical User Interface) que simule el panel frontal del instrumento físico. Esto significa que desde la pantalla del ordenador debe controlarse el instrumento de una manera similar a como se haría manualmente.

Los controles que aparezcan en la pantalla se manejarán mediante el ratón del PC; y el funcionamiento debe ser igual al del instrumento (Figura 1.3). Este *driver* debe, por tanto, aprovechar los comandos GPIB disponibles, para implementar las funciones existentes en modo manual. Luego será necesario realizar un programa que funcione como driver del instrumento físico existente en el laboratorio.

La versatilidad de disponer de un software de programación gráfica, el LabVIEW en nuestro caso, nos ha permitido emplear las diferentes funciones de los instrumentos de laboratorio accesibles vía GPIB. A dichos drivers de instrumento se les han añadido algunas de las librerías propias del paquete de software y, de este modo, hemos realizado diferentes instrumentos virtuales, dándoles el nombre de virtual pues de hecho físicamente no disponemos de ellos.

Así surge la idea de disponer de una herramienta para la grabación de formas de onda en el generador de señal, donde se pretende aprovechar al máximo la función de generación de formas de onda definidas por el usuario. A partir de esta idea, se construye un VI, al que se le añaden prestaciones, con el fin de concentrar en un solo instrumento virtual muchas de las funciones útiles para trabajar con señales eléctricas.

Un instrumento virtual capaz de adquirir, procesar, analizar y generar señales eléctricas de diversa índole (Figura 1.4); VI que gestiona varios elementos hardware, aprovechando las ventajas de cada uno para conseguir la máxima flexibilidad y prestaciones. Integrándose en un entorno de instrumentación controlada mediante bus GPIB, podemos acceder a cualquiera de las funciones del instrumental disponible (generador de funciones, multímetro, fuente de alimentación...), controlando, además, una tarjeta de adquisición y generación de señales analógicas.

Sistemas de medida aparecen en infinidad de campos de la Ingeniería: Procesado de señal, Química Analítica Instrumental, Electrónica de Potencia, Mecánica, etc. Conociendo el sistema físico donde se deben realizar las medidas o sobre que magnitudes se debe actuar, podremos realizar nuestro Instrumento Virtual tan sólo con colocar los transductores correctos y una adaptación de señales a las placas de adquisición.

Para poder diseñar Instrumentación Virtual se hace necesario conocer algunas materias que no son propiamente programación. De este modo introduciremos en diferentes capítulos del libro algunas nociones sobre instrumentación electrónica que no son necesarias para poder emplear los instrumentos virtuales de las aplicaciones presentadas en el presente texto, pero que constituyen el conocimiento teórico-práctico indispensable para poder diseñar otras aplicaciones basadas en la misma filosofía.

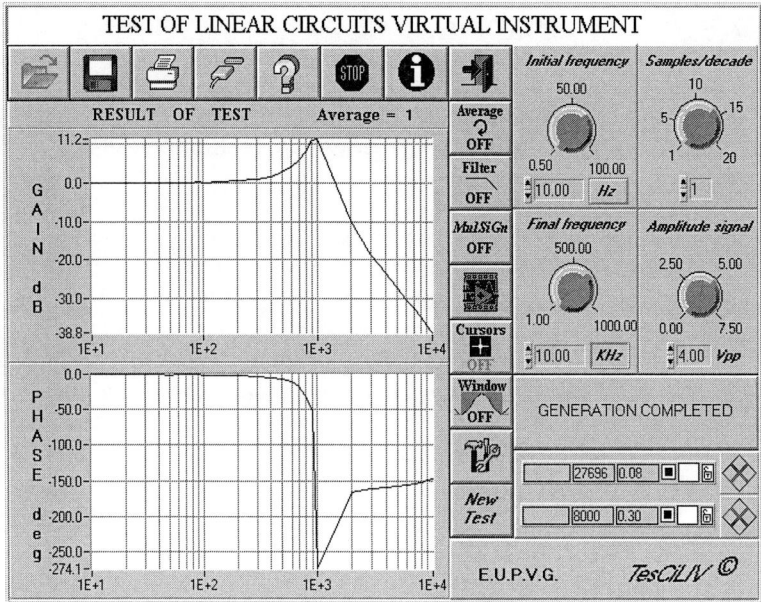

Figura 1.3 Panel frontal de un instrumento virtual capaz de caracterizar circuitos lineales

El texto da la suficiente información al usuario para introducirse en el mundo de la instrumentación avanzada. No es nuestro objetivo convertirnos en especialistas de todo, pero sí tener un buen conocimiento, ofreciéndole al lector o lectora la posibilidad de completar sus conocimientos con la bibliografía propuesta.

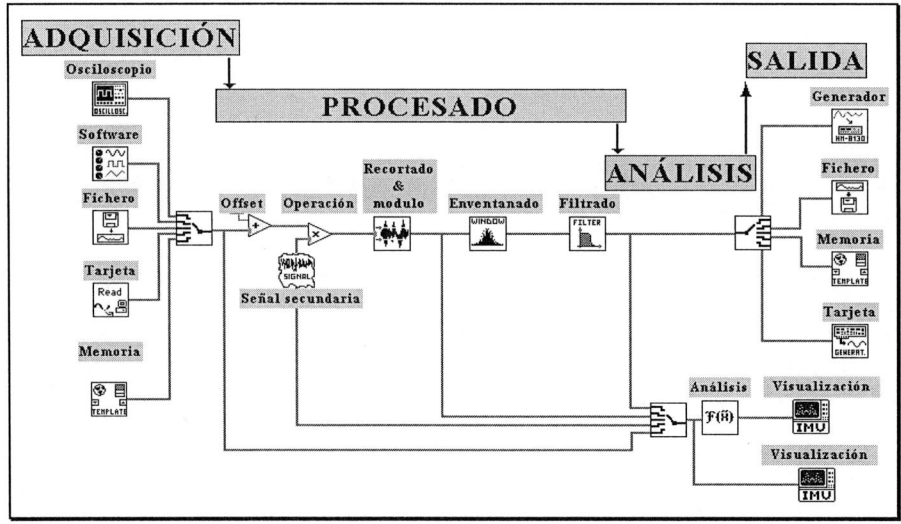

Figura 1.4 Diagrama de bloques de un instrumento multifunción virtual

1.4 PROGRAMAR EN LENGUAJES DE ALTO NIVEL

Programar una aplicación en LabVIEW por su carácter de tipo gráfico puede parecer muy diferente a hacerlo en cualquier otro lenguaje de alto nivel. Pero veremos en este apartado que los planteamientos generales deben ser los mismos sea cual sea el lenguaje escogido.

Un programa siempre se basará en la construcción de un Algoritmo y el empleo de unas Estructuras de Datos.

Por Algoritmo entendemos la descripción exacta del orden determinado en que se ha de ejecutar un sistema de operaciones para resolver todos los problemas de un mismo tipo.

Características de los Algoritmos son, pues, Finitud, Definibilidad (de todas las acciones a realizar paso a paso y sin ambigüedad), Generalidad (todos los problemas de un determinado tipo) y Efectividad (funcionamiento correcto en todos los casos).

La implementación del algoritmo nos lleva a codificar cada una de las acciones que lo constituyen a instrucciones de un lenguaje determinado, en nuestro caso LabVIEW, teniendo de este modo un programa en LabVIEW. En el siguiente apartado vamos a analizar los diferentes tipos de datos asociados a las variables.

1.4.1 Tipo de dato

El conjunto de valores que puede asumir una variable es tan importante para su caracterización que se le llama tipo de la variable. Todas las variables globales, variables a las que se pude acceder o llamar desde cualquier parte del programa, deben expresarse en el encabezamiento de los mismos.

Al elegir los controles e indicadores para LabVIEW tendremos asociados sus tipos de datos. En el apartado 1.8 se trata con más profundidad el tema.

CLASES DE DATOS

Tenemos dos clases de datos: Los estructurados y los no estructurados (es decir no divisibles en componentes); a estos últimos se les suele llamar escalares.

Ventajas de usar tipos de datos:

La primera es que, al declarar el tipo de dato antes de usar una variable, el compilador podrá detectar los errores de empleo de operadores erróneos sobre una variable determinada. Esto es muy útil si el programador no ha tenido cuidado o el programa es muy largo.

La segunda ventaja es que facilita el diseño del compilador. Cada tipo de dato se representa dentro de la memoria del computador en un formato determinado. Si los identificadores de tipos cambiasen durante la ejecución del programa, la reserva de espacio de memoria se complicaría y la ejecución del programa se haría más lenta.

Hay lenguajes que no requieren ninguna declaración de tipos de datos durante la ejecución. Sin embargo, los intérpretes o compiladores de tales lenguajes tienden a ser más complicados de construir.

En LabVIEW es automática la asignación del tipo de dato al escoger el control o indicador. En el apartado de Optimización del programa (5.5) del capítulo 5 se hace una comparación del tamaño que ocupan en memoria diferentes tipos de datos.

Las principales reglas que se aplican a los tipos de datos en LabVIEW son:

— Cada variable sólo puede pertenecer a un tipo de dato.

— El tipo de cada variable debe declararse antes de que la variable se use.

— Cada tipo de datos admite sólo determinados operadores.

TIPO ESCALAR

Algunos tipos de datos escalares son de uso tan frecuente que se les encuentran en todos los sistemas de cómputo. Estos tipos, llamados tipos estándar, no necesitan definirse en el programa, pues se asume que el procesador los conoce. Incluyen los valores lógicos, los números enteros, reales y un conjunto de caracteres que pueden ser impresos, es decir, Boolean, Integer, Real y Char.

Las propiedades más características de los tipos de datos escalares o elementales son: La indivisibilidad de sus valores y la existencia de una relación de orden entre ellos. (Excepto en REALES donde el predecesor y el sucesor de un determinado valor no se pueden determinar con exactitud).

TIPO ESTRUCTURADO

No tiene sentido hacer referencia al i-ésimo dígito o componente de un entero, pero sí se puede hablar del i-ésimo dígito de la representación decimal de un entero, la cual no es un entero sino una sucesión de caracteres. En este caso, resulta conveniente poder referirse a la representación del número en forma global aunque conste de dígitos individuales. El conjunto de valores o variables reunidos bajo un único nombre colectivo se dice que está *estructurado*. Las estructuras de datos son colecciones de datos organizados de una forma determinada. Se construyen a partir de los tipos de datos elementales que ya hemos visto. Luego, con estos nuevos tipos de datos se pueden crear otros aún más complejos, cuyos datos elementales son las estructuras complejas creadas según los tipos de datos elementales. Los tipos estructurados de LabVIEW los analizamos en el Capítulo 3.

Una colección de datos, cuya organización se caracteriza por las funciones de acceso que se usan para almacenar y acceder a los elementos individuales de datos, es una estructura de datos.

Para las estructuras de datos incorporadas (las suministradas por el lenguaje de programación, el array por ejemplo), el programador puede que nunca conozca cómo se hace este acceso (es transparente, no se ve). Para una estructura de datos no suministrada en el lenguaje (la pila), el programador especifica un conjunto de procedimientos y funciones que realizan las funciones de acceso. El modo de codificación de funciones y procedimientos de acceso debe ser irrelevante para las personas que usen el programa.

De este modo tenemos tres formas distintas de examinar una Estructura de Datos:

- Nivel Abstracto o Lógico. En este nivel dibujamos la organización y especificamos los procedimientos y funciones generales de acceso.

- Nivel de Implementación. Examinaremos cómo generar los procedimientos y funciones. Se examinarán las distintas formas en que se pueden implementar las estructuras de datos.

- Nivel de Aplicación. La Implementación podría cambiarse sin que afectara al uso de la estructura de datos. Consecuentemente, esta estructura y sus funciones de acceso podrían ser usadas por otras aplicaciones con propósitos diferentes.

1.4.2 Programación Modular y Estructurada

PROGRAMACIÓN ESTRUCTURADA

Es nuestro objetivo obtener programas lo más claros, simples y fiables posible. Un criterio que podemos aplicar consiste en intentar que el texto del programa (estructura estática) nos dé una idea clara de la evolución seguida por el programa cuando se ejecuta (estructura dinámica).

A tal fin limitaremos el conjunto de estructuras a:

- Secuencial.
- Condicional.
- Iterativa.

Cualquier programa lo construiremos a partir de estas tres estructuras. (ver capítulo 2). Cada acción, si no es elemental, puede a su vez descomponerse en otras que sí lo sean. (Diseño Top-Down)

La estructura secuencial

Un proceso será secuencial cuando conste de una serie de acciones elementales, que se ejecutarán en el orden que se han escrito. Así, para realizar el proceso PAN CON TOMATE las acciones que realizaremos serán:

Inicio_Secuencia

    Acción 1   Cortar una rebanada de pan.

    Acción 2   Partir el tomate en dos mitades.

    Acción 3   Restregar el tomate en el pan.

    Acción 4   Poner aceite sobre el pan untado en tomate.

Fin_Secuencia

La estructura condicional

La emplearemos cuando dos acciones alternativas y excluyentes dependen de una condición.

En lenguaje natural diremos SI "hace sol" ENTONCES "iré a la playa" SI NO "me quedo en casa".

IF "hace sol" THEN "iré a la playa" ELSE "me quedo en casa".

La condicional múltiple puede ser generada a partir de IF encadenado o mediante la instrucción CASE.

    CASE <nombre variable selectora> OF

      caso 1: acciones a realizar;

    caso 2,caso 3: acciones a realizar;

    OTHERWISE   acciones a realizar

    END;

La variable selectora debe ser un tipo ordinal (cada elemento tiene sucesor y predecesor y solo uno).

La estructura repetitiva o iterativa

"Mientras haya luz recoge las sillas del jardín"

"Pon las patatas en la cazuela hasta que esté llena"

"Copia cien veces la lección"

Son acciones que implican la repetición sistemática de un proceso (recoger una silla, poner una patata, copiar una lección). Pero existen diferencias entre ellas.

El primer caso repetimos la acción mientras la condición es cierta (WHILE/DO LOOP). Si es falsa de entrada no se ejecuta nunca.

El segundo caso repetimos la acción hasta que la condición se cumple (REPEAT/UNTIL). Si al empezar ya es cierta la condición, la acción o acciones se ejecutan como mínimo una vez.

El tercer caso repetimos la acción o acciones tantas veces como nos indica una variable contador (FOR/DO). LabVIEW dispone de las estructuras WHILE y FOR.

PROGRAMACIÓN MODULAR

La programación modular es un método de diseño y tiende a dividir el problema total en aquellas partes que poseen personalidad propia. Diseño Top-Down.

Frecuentemente debe repetirse una cierta secuencia de sentencias en varios lugares dentro de un programa. Para ahorrar al programador el tiempo y el esfuerzo necesarios para copiar varias veces estas sentencias, muchos lenguajes de programación ofrecen una posibilidad de subrutina (subprograma). Este mecanismo posibilita asignar un nombre libremente elegido a una secuencia de sentencias y entonces utilizar este nombre como una abreviatura en cualquier parte en que aparezca esta secuencia de sentencias.

La definición de la abreviatura se llama DECLARACIÓN DE PROCE-DIMIENTO o DECLARACIÓN DE FUNCIÓN. Su utilización en el programa se denomina LLAMADA DE PROCEDIMIENTO o LLAMADA DE FUNCIÓN.

El procedimiento/función sirve como instrumento para abreviar el texto y, más significativamente, como un medio para hacer particiones y estructurar un programa en componentes cerrados y lógicamente coherentes. La partición es esencial en la comprensión de un programa, particularmente si es tan complejo que el texto tiene una longitud tal que sea imposible recorrerlo de un vistazo. La estructura en subrutinas es indispensable tanto para la documentación como para la verificación del programa. Así, es deseable a menudo formular una secuencia de sentencias como un procedimiento, aun cuando esta secuencia se presente solamente una vez y entonces no exista la motivación de acortar el texto.

De este modo un SUBPROGRAMA es una parte autónoma del programa que realiza una misión o función definida, la cual puede ser invocada por otras partes del programa siempre que se necesite para desarrollar esa función.

Cuando cierta secuencia de sentencias aparece en varios lugares del programa en forma no idéntica pero muy similar, de tal modo que la diferencia entre las ocurrencias individuales pueden eliminar-se por la sustitución sistemática de identificadores o expresiones, entonces escribiremos una única secuencia de sentencias donde las entidades que se sustituirán se llamarán PARÁMETROS DEL PROCEDIMIENTO o FUNCIÓN.

Si una secuencia particular de operaciones se aplica a diferentes operandos en diferentes partes del programa, la secuencia se formula como un procedimiento, y los operandos devienen parámetros. Los identificadores introducidos en el encabezamiento del procedimiento para denotar los operandos se llaman PARÁMETROS FORMALES (definidos tras el subprograma, están entre paréntesis).

Los objetos que sustituyen a los parámetros formales se llaman PARÁMETROS ACTUALES, y se especifican en cada llamada a procedimiento. El tipo del parámetro actual está determinado por el tipo del parámetro formal en el encabezamiento del procedimiento. El pase de parámetros puede ser de dos tipos: Por valor (entrada) y por variable (salida).

VALOR (entrada): El parámetro formal toma el valor del actual, realizando el subprograma las acciones pertinentes con este valor. Pero no afectará al valor del parámetro actual.

VARIABLE (salida): Afecta al valor de los parámetros actuales. Un procedimiento puede ser referenciado simplemente escribiendo su nombre seguido de una lista opcional de parámetros. Los parámetros actuales reemplazan a los formales, creando así un mecanismo de intercambio de información entre el procedimiento y su punto de referencia. Cuando se han ejecutado todas las acciones del procedimiento se devuelve el control automáticamente a la sentencia inmediatamente posterior a la referencia al procedimiento.

En LabVIEW, la utilización de subprogramas simplifica la programación (capítulo 5). Un subVI se puede ejecutar sin necesitar de ejecutar toda la aplicación, algo impensable en otros lenguajes de alto nivel donde un procedimiento necesita ejecutarse dentro del programa. El pase de parámetros es a través de los terminales de conexión del bloque, donde aparecen un determinado número de terminales definidos en la creación del icono correspondiente del subVI, donde los parámetros de entrada serían el pase por valor y los de salida el pase por variable. Otra estructura de interés en LabVIEW es el Formula Node, equivalente a lo que sería una función en otros lenguajes.

1.5 COMPONENTES DE UN PROGRAMA EN LabVIEW

Como ya sabemos, los programas creados en LabVIEW reciben el nombre de *Instrumentos Virtuales* o VIs (del inglés *Virtual Instruments*). Cada VI consta de tres componentes que seguidamente enumeramos:

- Un Panel Frontal (o Front Panel). Es la interface de usuario.
- Un Diagrama de Bloques (o Block Diagram). Contiene el código fuente gráfico que define la funcionalidad del VI.
- Icono y conector. Identifica a cada VI, de manera que podemos utilizarlo dentro de otro VI. Un VI dentro de otro VI recibe el nombre de subVI. Sería como una subrutina en un lenguaje de programación basado en texto.

1.5.1 Panel Frontal y Diagrama de Bloques

El Panel Frontal se construye a base de controles e indicadores, los cuales no son más que los terminales de entrada y salida, respectivamente, del VI. Como controles podemos tener *knobs* y *dials* (botones rotatorios), *push buttons* (pulsadores) y otros dispositivos de entrada. Como indicadores tenemos *graphs* (gráficas), *LEDs* y otros visualizadores. Los controles simulan elementos de entrada al instrumento y proporcionan datos al diagrama de bloques. Los indicadores simulan elementos de salida del instrumento y visualizan los datos que el diagrama de bloques adquiere o genera.

Una vez hemos construido el panel frontal, desarrollamos el código usando unas representaciones gráficas de funciones que controlarán los objetos del panel frontal. El diagrama de bloques es quien contiene este código fuente gráfico. Los objetos del panel frontal aparecen como terminales en el diagrama de bloques, pero no podemos eliminarlos desde aquí. La única manera de que desaparezca un terminal es eliminando su correspondiente objeto (control o indicador) en el panel frontal.

Se puede conmutar entre ambas pantallas con el comando **Show Panel/Show Diagram** (Mostrar Panel/Mostrar Diagrama) del menú **Window**. Usando los comandos **Tile** (que podemos traducir por Parcelas), dentro de ese mismo menú, podemos posicionar el panel frontal y el diagrama de bloques uno al lado del otro o uno encima del otro.

1.5.2 Menús de LabVIEW

La programación en LabVIEW obliga a utilizar con frecuencia los diferentes menús. La barra de menús de la parte superior de la ventana de un VI contiene diversos menús **pull-down** (desplegables). Cuando hacemos clic sobre un ítem o elemento de esta barra, aparece un menú por debajo de ella. Dicho menú contiene elementos comunes a otras aplicaciones Windows, como **Open** (Abrir), **Save** (Guardar) y **Paste** (Pegar), y muchas otras particulares de LabVIEW.

La siguiente figura muestra la barra de menús para la LabVIEW 2010 tanto para la ventana **Panel** como **Diagram**.

File (Archivo)	Este menú contiene funciones para realizar operaciones básicas con los archivos, como abrirlos, cerrarlos, guardarlos e imprimirlos.
	Dentro de este menú hemos de destacar la función *VI Properties* (propiedades del VI), que nos permite ponerle un password al VI, editar y modificar una descripción de su funcionamiento u objetivo. También nos indica el número de revisión y una idea aproximada de la cantidad de memoria que usa dicho VI.
Edit (Edición)	Contiene funciones que nos permiten realizar búsquedas, así como modificar archivos de LabVIEW y sus componentes.
	Destacamos la función *Undo* (deshacer), la cual cancela la última acción realizada.
Operate (Función)	Contiene elementos para controlar el funcionamiento de los VIs.
	Una opción interesante en este menú es la de modificar los valores por defecto.
Tools (Herramientas)	En este menú encontramos todo aquello que necesitamos para acabar de pulir nuestros VIs, como por ejemplo herramientas de comparación entre VIs, editor de librerías, generador de ejecutables o DLLs (Application Builder), editor de páginas Web, el Instrument Wizard (que sirve para localizar todos los equipos conectados a nuestro PC, instalar sus drivers y configurarlos). Otra de las opciones importantes que encontraremos en este menú es Options..., la cual nos permite configurar un gran número de parámetros del LabVIEW.
Browse (Navegación)	Muestra la jerarquía del VI, a quién llama, cuáles son sus subVI, los VIs no abiertos, breakpoints (o puntos de ruptura).
Window (Ventana)	Contiene funciones que nos permiten configurar la apariencia de las ventanas y paletas actuales. También permite acceder a la función *Error List* (lista de errores) y ver el contenido del portapapeles.
Help (Ayuda)	Presenta ayuda sobre los diferentes iconos y otros aspectos de LabVIEW. También da acceso al soporte técnico de National Instruments.

El menú de LabVIEW que utilizaremos con más frecuencia es el menú **pop-up** (emergente) de objetos, al cual accedemos situando el cursor sobre el objeto en cuestión y pulsando el botón derecho del ratón. Si la pulsación se hace sobre un espacio vacío, el menú que se obtendrá vendrá en función de la herramienta seleccionada.

1.5.3 Ventana de Jerarquía

Si se selecciona **Show VI Hierarchy** (Mostrar Jerarquía del VI) desde el menú **Browse** aparecerá una ventana que muestra los VIs y subVIs que hay actualmente en memoria. Los VIs principales se muestran en la parte superior de la ventana. Los subVIs se muestran con su icono correspondiente por debajo de su VI, con una línea que los conecta, como indica la Figura 1.5.

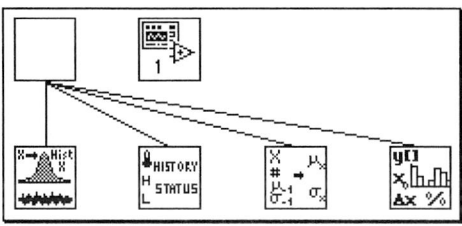

Figura 1.5 SubVIs debajo de su VI

Si la ventana **Help** está activa y movemos el cursor sobre un icono, en dicha ventana aparecerá la información disponible para ese VI.

Se puede hacer doble-clic sobre cualquier icono de la ventana **Hierarchy** para abrir el VI asociado.

1.5.4 Barra de Herramientas (Toolbar)

Utilizamos esta barra para editar o ejecutar los VIs. Dependiendo de sí estamos en el modo de edición o en modo de ejecución tendremos más o menos opciones.

Modo de edición (**Edit**):

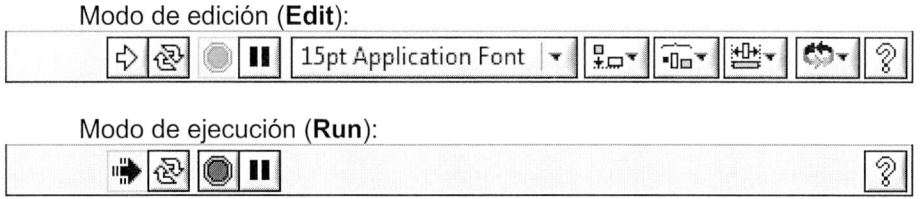

Modo de ejecución (**Run**):

Podemos crear o modificar un VI cuando este está en el modo **Edit**.

Cuando estamos listos para probar nuestro VI, seleccionamos **Change to Run Mode** (Cambio al Modo de Ejecución) desde el menú **Operate**. Haciendo esto compilamos el VI y lo ponemos en el modo **Run**. En este punto podemos disponer de las opciones de depuración, ejecución del VI, diferentes modos de ejecución, impresión de datos, etc.

Si lo que queremos es ejecutar el VI desde el modo **Edit** sin pasar al modo **Run**, hemos de hacer clic sobre la flecha de ejecución ⬜. Si fuese necesario,

LabVIEW compilaría primero el VI, después conmuta al modo **Run**, ejecuta el VI y vuelve al modo **Edit** una vez que el VI se ha ejecutado.

La función de los diferentes botones es la siguiente:

- Botón **Run** ⬜. Ejecuta los VIs. Sólo se puede ejecutar un VI si la flecha que aparece es sólida, sin roturas.

  Si el VI que se está ejecutando no es un subVI, el botón **Run** adopta el siguiente aspecto ⬜. Si fuese un subVI su aspecto cambiaría a ⬜.

  El botón **Run** a menudo muestra una flecha rota ⬜ mientras estamos creando o editando un VI. Si siguiese presentando esta imagen después de dar por acabado el diagrama, se considera que el VI tiene errores y por tanto no puede ejecutarse. Si hacemos clic sobre el icono, LabVIEW nos mostrará la ventana **Error List**, donde proporciona información de los errores.

- Botón **Run Continously** ⬜. Ejecuta indefinidamente el VI hasta que lo abortamos o hacemos una pausa de ejecución. Cambia a ⬜ para indicar la ejecución continua.

- **Abort Execution** ⬜. Aborta la ejecución del VI. Se recomienda no utilizarlo indiscriminadamente para terminar las ejecuciones de los Vis, ya que podrían quedar operaciones pendientes que hiciesen inestable el sistema. Como norma general diríamos que se trata de un botón de emergencia.

- Botón **Pause** ⬜. Hace una pausa en la ejecución del VI. El punto en el cual se ha parado la ejecución queda resaltada en el diagrama de bloques. Haciendo clic otra vez en él se reanuda la ejecución.

- Botón **Ayuda** ⬜ Show Context Help Window. Si está activo nos muestra a la izquierda una pantalla referida a la ventana **Context Help**. Desplazando el curso a lo largo del diagrama nos ofrece información de cada uno de los elementos. Otra alternativa es la combinación de las teclas Crtl+H (ver apartado 1.7).

- Botón **Enter** ⬜. Este botón aparece para recordarnos que hay un nuevo valor disponible para reemplazar otro antiguo (por ejemplo cuando cambiamos el valor de un control). Desaparece cuando se pulsa la tecla <Enter>, hacemos clic en algún punto del panel frontal o diagrama de bloques o directamente hacemos clic sobre el botón **Enter**.

- **Highligth Execution** ⬜. Presenta una ejecución animada del diagrama de bloques. Una vez pulsado cambia a ⬜.

- **Step Into** [icon]. Ejecuta la siguiente "línea" de código y después hace una pausa. Si el siguiente elemento a ejecutar es un subVI, lo abriría y continuaría la ejecución en el diagrama de bloques de este subVI.

- **Step Over** [icon]. Misma función que **Step Into**, pero en este caso, cuando llegamos a un subVI y otras funciones los ejecuta sin necesidad de abrirlos y entrar dentro de su código.

- **Step Out** [icon]. Finaliza la ejecución del nodo actual y después hace una pausa. Por ejemplo, si tenemos un bucle For de 500 repeticiones, las haría automáticamente y después pondría una pausa en el siguiente nodo.

- Configuración de Texto (**Text Settings** [15pt Application Font ▼]). Cambia la fuente del texto que queremos escribir.

- Alineación de Objetos (**Align Objects** [icon]). Alinea los objetos que seleccionemos según unos ejes.

- Distribución de Objetos (**Distribute Objects** [icon]). Distribuye los objetos espaciándolos según más nos convenga.

- Reordenación de Objetos (**Reorder** [icon]). Los reordena en relación uno a otro. Esta función es útil cuando tenemos objetos superpuestos y hemos de acceder al que está en el fondo.

- Redimensionar Objetos (**Resize Objects** [icon]). Redimensiona objetos panel frontal al mismo tamaño.

- **Warning** [icon]. Aparecerá en el caso que un VI presente un aviso o advertencia y hayamos marcado la opción **Show Warnings** (mostrar avisos) en la ventana **Error list** (lista de errores).

1.5.5 Creación de objetos

Para elaborar el panel frontal hemos de situar sobre él los objetos deseados mediante su selección desde la paleta **Controls**. Creamos objetos sobre el diagrama de bloques seleccionándolos desde la paleta **Functions**. Ambas paletas son accesibles básicamente mediante dos procedimientos. El primero, más rápido y sencillo es hacer clic con el botón derecho del ratón sobre una parte del panel frontal o diagrama de bloques que carezca de objetos. El segundo consiste en acceder al menú **Window** y seleccionar **Show Controls Palette** o **Show Functions Palette**, según estemos en un panel o diagrama respectivamente.

Por ejemplo, si queremos crear un knob o botón rotatorio sobre el panel frontal, primero hemos de seleccionarlo desde la paleta **Numeric** (Numérico) del menú **Controls**, como se indica en la siguiente Figura 1.6.

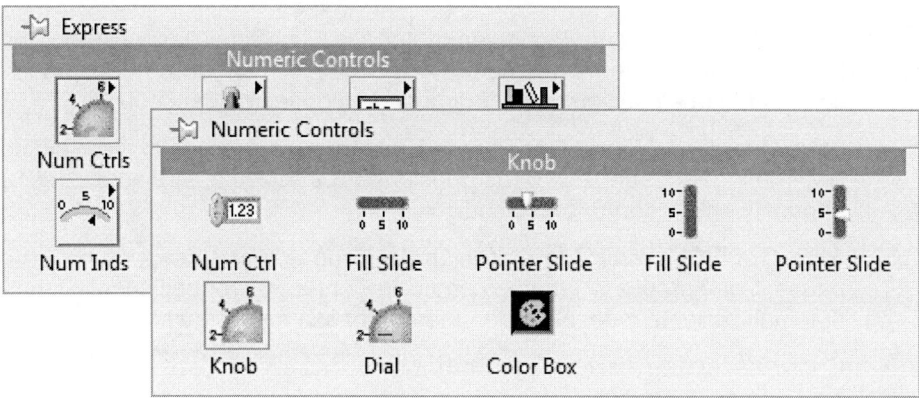

Figura 1.6 Menú de controles numéricos

El objeto aparecerá en la ventana **Panel** con un rectángulo negro o gris que representa una etiqueta de identificación o **Label**. Si queremos usarla en ese mismo momento, introduciremos el texto desde el teclado. Después de haberlo hecho, cualquiera de las siguientes acciones completa la entrada, la Figura 1.7 muestra un ejemplo del resultado:

- Pulsar < Shift + Enter >.
- Pulsar < Enter > del <u>teclado numérico</u>.
- Clic sobre el botón Enter en la paleta de herramientas.
- Clic fuera de la etiqueta.

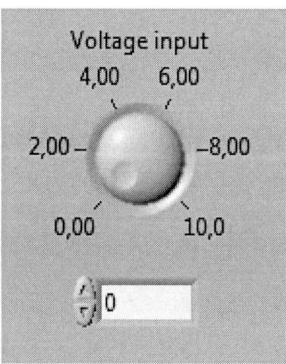

Figura 1.7 Colocación de un control numérico en la ventana de panel

Cuando creamos un objeto sobre el panel frontal, al mismo tiempo se crea el terminal correspondiente sobre el diagrama de bloques. Este terminal se usa tanto para leer datos desde un control como para enviarlos a un indicador.

Voltage input

DBL ▶

Si se selecciona **Show Diagram** (Mostrar Diagrama) desde el menú **Windows** (o **Ctrl+E**), podremos ver el diagrama correspondiente al panel frontal. Este diagrama contendrá terminales para todos los controles e indicadores del panel frontal, al observar el diagrama cabe destacar el concepto de Nodo.

Los Nodos son objetos en el diagrama de bloques que poseen entradas y/o salidas y cuando se ejecuta un VI realizan operaciones; son análogos a sentencias, operadores y subprogramas, de los lenguajes de programación convencionales basados en texto. En el diagrama al realizar clic con el botón del mouse derecho sobre el control seleccionado, aparece el menú desplegable; si seleccionamos la opción **View As Icon** aparece el control como un Nodo.

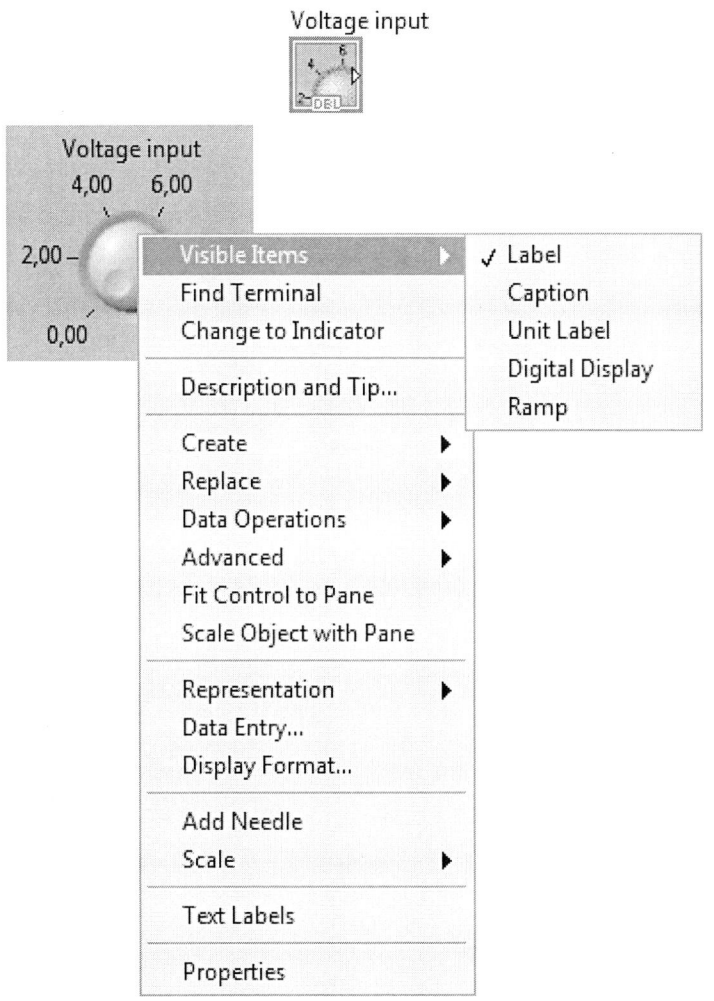

Figura 1.8 Colocación de etiquetas en controles

Todos los objetos en LabVIEW tienen asociados menús **pop-up**, los cuales podemos obtener pulsando el botón derecho del ratón sobre dicho objeto. Mediante la selección de sus diferentes opciones podremos actuar sobre determinados parámetros, como el aspecto o comportamiento de ese objeto.

Por ejemplo, si no hubiésemos introducido texto en la etiqueta del control anterior, esta habría desaparecido al hacer clic en cualquier otro lado. Para volver a visualizarla tendríamos que obtener el menú **pop-up** de ese control y seleccionar **Label** del menú **Show** (Figura 1.8).

1.6 HERRAMIENTAS DE LabVIEW (Tools)

Una herramienta es un modo de funcionamiento especial del ratón. Las usamos para llevar a cabo funciones específicas de edición o ejecución. Para acceder a ellas hemos de seleccionar la opción **Show Tools Palette** del menú **Window**. Una forma alternativa es pulsar <Shift>+botón derecho del ratón.

- **Automatic Tool Selection** (Selección Automática de herramienta) . Permite habilitar la tecla <Tab> para cambiar entre las cuatro herramientas más comunes de la paleta Tools.

- **Operate Value** (Valor Operativo) . Maneja los controles del panel frontal (y los indicadores en el modo **Edit**). Es la única herramienta disponible en el modo **Run**.

- **Position/Size/Select** (Situación / Tamaño / Selección) . Selecciona, mueve y redimensiona objetos.

- **Edit Text** (Edición de Texto) . Crea y edita textos.

- **Connect Wire** (Conexión de Cables) . Enlaza objetos del diagrama de bloques y asigna a los terminales del conector del VI los controles e indicadores del panel frontal.

- **Object Shortcut Menu** (Menú pop-up del objeto) . Despliega el menú pop-up asociado al objeto. Tiene el mismo efecto que si pulsamos el botón derecho del ratón sobre el objeto.

- **Scroll Window** (Desplazamiento de la pantalla) . Desplaza la pantalla en la dirección que deseemos para ver posibles zonas ocultas.

- **Set/Clear Breakpoint** (Establecer/Quitar puntos de ruptura) . Permite poner tantos puntos de ruptura como deseemos a lo largo del diagrama de bloques.

Cuando durante la ejecución se llega a uno de ellos, LabVIEW conmuta automáticamente al diagrama de bloques. Usamos esta misma herramienta para quitar los puntos.

- **Probe Data** (Sonda de datos) . Permite capturar resultados intermedios en la ejecución de un VI que da resultados inesperados o dudosos.

- **Get Color** (Capturar Color) . Permite saber de manera específica qué color tiene un objeto, texto u otros elementos.

- **Set Color** (Colorear) . Colorea diversos objetos y los fondos.

Se puede cambiar de herramienta haciendo lo siguiente:

- Clic sobre el icono de la herramienta que queremos.

- Usando la tecla TAB para seleccionar la siguiente herramienta.

- Pulsando la tecla SPACE para cambiar entre la herramienta **Operating** y **Positioning** cuando la ventana **Panel** está activa, y entre las herramientas **Wiring** y **Positioning** cuando la ventana **Diagram** es la activa.

1.7 AYUDA Y VENTANA DE AYUDA

La ventana **Help** de LabVIEW ofrece información sobre funciones, constantes, subVIs, controles e indicadores. Para visualizarla, escoger **Show Context Help** del menú **Help**. Podemos situar la ventana **Help** en cualquier punto de la pantalla.

Cuando pasamos el cursor sobre una función, un VI o subVI (incluyendo el icono del VI abierto, situado en la parte derecha superior de la ventana del VI), la ventana **Help** muestra su icono con los cables del tipo de dato apropiado para cada terminal. Las variables de entrada quedan a la izquierda y las de salida a la derecha. Los nombres de los terminales aparecen junto a cada cable.

Si el VI tiene asociada una descripción, esta se visualizará. Estas descripciones se introducen mediante el diálogo **VI Description** que encontramos haciendo **File>>VI Properties...>>Category>>Documentation**.

Los nombres de los terminales son las etiquetas o **Labels** de los correspondientes controles e indicadores del panel frontal.

Cuando pasamos el cursor sobre una constante universal, la ventana **Help** visualiza su valor. Cuando se pasa sobre un control o indicador, se visualiza la descripción para ese control o indicador en concreto, si existe la información.

Al poner la herramienta **Wiring** sobre un cable, la ventana **Help** visualiza el tipo de dato transportado por ese cable. Asimismo, cuando se mueve la herramienta **Wiring** sobre el icono del VI, el terminal correspondiente al conector se ilumina en la ventana **Help**.

También podemos usar el comando **Lock Context Help** (Bloquear Ayuda) del menú **Help** para mantener una ayuda particular en pantalla, de manera que el hecho de mover las diferentes herramientas sobre el diagrama no cambia la visualización de la ventana **Help**.

Uno de los aspectos más significativos se aprecia cuando trabajamos con la herramienta **Connect Wire** ![icon]. Al situarla sobre una función, de su icono sale un pequeño trozo de cada terminal; y no sólo esto, sino que queda reflejado en una etiqueta el nombre del terminal al que vamos a realizar la conexión. Todo esto asegura una unión prácticamente sin posibilidad de errores. Un ejemplo puede verse en la Figura 1.9.

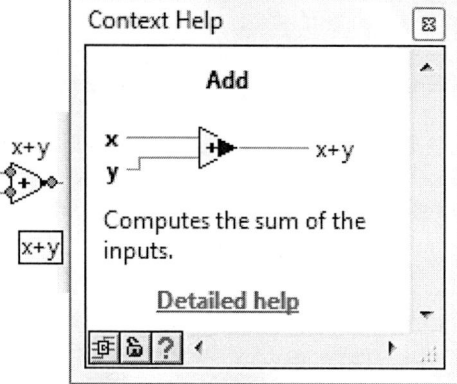

Figura 1.9 Ventana de Ayuda. Opciones: Mostrar terminales, bloquear ayuda, más ayuda

1.8 TIPOS DE DATOS EN LabVIEW. CONTROLES E INDICADORES

LabVIEW ofrece una gran variedad de tipos de datos con los que podemos trabajar respondiendo a las necesidades reales con las que nos encontraremos. Uno de los aspectos más significativos de LabVIEW es la diferenciación que efectúa en el diagrama de bloques entre los diferentes tipos de controles o indicadores, basada en que cada uno de ellos tiene un color propio. De esta manera, y como consecuencia de una memorización o asimilación práctica, nos será muy fácil identificarlos y reconocer inmediatamente si estamos trabajando con el tipo de datos adecuado. Distinguimos los siguientes tipos, los cuales pueden funcionar tanto como controles como indicadores (entre paréntesis queda reflejado el color con el que queda representado en el diagrama de bloques):

- Boolean   (verde   claro)

Los tipos de datos booleanos son enteros de 16 bits. El bit más significativo contiene el valor Booleano. Si el bit 15 se pone a 1, entonces el valor del control o indicador es **true** (verdadero); por el contrario, si este bit 15 vale 0, el valor de la variable booleana será **false** (falso).

- Numéricos: Hay diferentes tipos

  - Extended (naranja)

    Según el modelo de ordenador que estemos utilizando los números de coma flotante con precisión extendida presentan el siguiente formato:

    Macintosh: 96 bits (formato precisión extendida MC68881 - MC68882)
    Windows: 80 bits (formato precisión extendida 80287)
    Sun: Formato 128 bits
    HP-UX: Son almacenados como los números en coma flotante de doble precisión.

    ```
                        79          64                        0
    Windows: s 15 exp 0 63  mantissa   0
    ```

  - Double (naranja)

    Los números en coma flotante de doble precisión cumplen con el formato de doble precisión IEEE de 64 bits. Es el valor por defecto de LabVIEW.

    ```
                    63        52                  0
                    s 10 exp 0 51   mantissa   0
    ```

  - Single (naranja)

    Los números en coma flotante de precisión simple cumplen con el formato de precisión simple IEEE de 32 bits.

    ```
                    31        23              0
                    s 7  exp  0 22   mantissa  0
    ```

  - Long Integer (azul)

    Los números enteros largos tienen un formato de 32 bits, con o sin signo.

    ```
    31                              0
    ```

  - Word Integer (azul)

    Estos números tienen un formato de 16 bits, con o sin signo.

    ```
    15              0
    ```

  - Byte Integer (azul)

    Tienen un formato de 8 bits, con o sin signo.

    ```
    7    0
    ```

- Unsigned Long (azul)　　　　　Entero largo sin signo.

- Unsigned Word (azul)　　　　　Palabra sin signo.

- Unsigned Byte (azul)　　　　　Byte sin signo.

- Complex Extended (naranja)　Número complejo con precsión extendida.

- Complex Double (naranja)　　Complejo con precisión doble.

- Complex Single (naranja)　　Complejo con precisión simple.

- Arrays (depende del tipo de datos que contenga)

LabVIEW almacena el tamaño de cada dimensión de un array como **long integer** seguido por el dato. El ejemplo que sigue muestra un array uni-dimensional con números en coma flotante de precisión simple. Los números decimales a la izquierda presentan el desplazamiento donde empieza cada array en la posición de memoria.

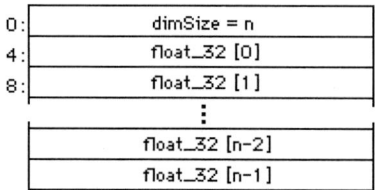

Los arrays booleanos se almacenan de manera diferente a los booleanos escalares. Estos arrays se almacenan como bits empaquetados. El tamaño de la dimensión viene dado en bits en lugar de bytes. El bit 0 se guarda en la posición más alta de memoria (215), y el bit 15 en la posición más baja (20).

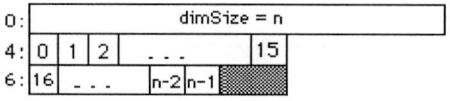

La Figura 1.10 muestra un ejemplo de un array booleano bi-dimensional. El elemento 0 de cada dimensión se almacena en una nueva palabra entera ignorándose los bits sin usar de las dimensiones previas.

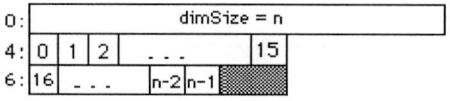

Figura 1.10 Array booleano bi-dimensional

- Strings (rosa)

LabVIEW almacena los strings como si fueran un array uni-dimensional de bytes enteros (caracteres de 8 bits).

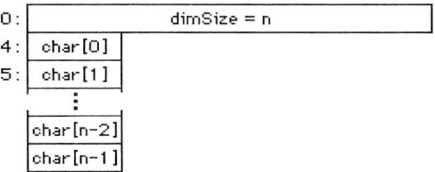

- Handles

Un handle es un puntero que apunta a un bloque de memoria relocalizable. Un handle sólo apunta a datos definidos por el usuario. LabVIEW no reconoce qué es lo que hay en ese bloque de memoria. Es especialmente útil para pasar un bloque de datos por referencia entre nodos de interface de código (Code Interface Nodes o CINs).

- Paths (verde oscuro)

LabVIEW almacena las componentes tipo y número de un path en palabras enteras, seguidas inmediatamente por las componentes del path. El tipo de path es 0 para un path absoluto y 1 para un path relativo. Cualquier otro valor indicaría que el path no es válido. Cada componente del path es una cadena Pascal (P-string), en la cual el primer byte es la longitud de la P-string (sin incluir el byte de longitud).

- Clusters (marrón o rosa)

Un cluster almacena diferentes tipos de datos de acuerdo a las siguientes normas: Los datos escalares se almacenan directamente en el cluster; los arrays, strings, handles y paths se almacenan indirectamente. El cluster almacena un handle que apunta al área de memoria en la que LabVIEW ha almacenado realmente los datos.

1.9 INTERCONEXIÓN DE BLOQUES

Para conectar terminales se usa la herramienta **Connect Wire** (cableado). La figura siguiente muestra dicha herramienta, indicando su punta cursor o **hot spot**.

hot spot

Para una mejor explicación, diremos que este símbolo representa el ratón. En las próximas ilustraciones la flecha al final muestra dónde hacer clic, mientras que el número impreso indica cuántas veces hacer clic.

Para unir un terminal a otro hacemos clic con la herramienta **Connect Wire** en el primer terminal, desplazaremos la herramienta hasta el segundo terminal y entonces haremos clic sobre ella, tal y como se indica en la figura inferior. Es indiferente el terminal por el que se empiece. El área del terminal parpadea cuando el **hot spot** se sitúa correctamente sobre él. Haciendo clic conectamos un cable a ese terminal. Una vez hemos hecho esa primera conexión LabVIEW va dibujando un cable a medida que nos movemos por el diagrama sin necesidad de mantener pulsado el botón del ratón.

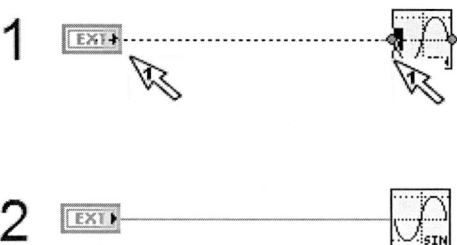

Para unirnos a un cable ya existente, realizar la operación que acabamos de describir, empezando o acabando en el cable existente. Dicho cable parpadea cuando la herramienta **Connect Wire** se coloca correctamente.

Podemos unir directamente un terminal fuera de una estructura con otro dentro de esa estructura usando las técnicas descritas anteriormente. LabVIEW crea un *túnel* en el límite de la estructura, allí donde el cable lo cruza, como se muestra en la siguiente figura (rectángulo negro de ②):

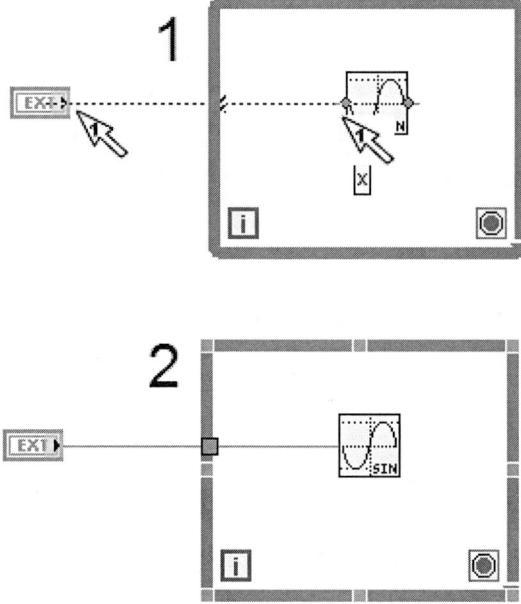

Los cables pueden ir horizontal o verticalmente, dependiendo de la dirección en que movemos inicialmente la herramienta **Connect Wire**. LabVIEW centra las conexiones sobre los terminales, sin tener en cuenta la posición exacta del **hot spot** cuando hacemos clic, como se muestra en la siguiente ilustración.

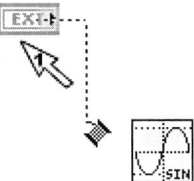

Podemos desplazar el cable sin tener que hacer clic. Haremos clic cuando queramos detener el avance y/o cambiar la dirección de desplazamiento, como se muestra en la siguiente ilustración.

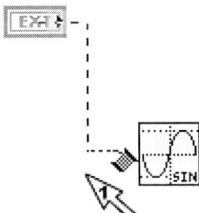

También podemos cambiar la dirección en aquellos puntos en los que el cable ha de girar pulsando la barra de espacio. Podemos hacer doble clic con la herramienta **Connect Wire** para empezar o acabar un cable de conexión en una zona abierta, tal y como se indica a continuación.

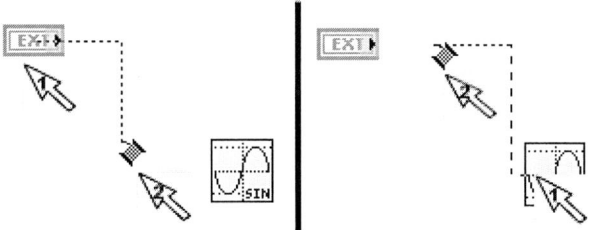

terminando en una zona abierta   comenzando en una zona abierta

Cuando los cables se cruzan aparece un pequeño corte en el primer cable que se había dibujado, como si el segundo cable pasase por debajo, como se indica a continuación.

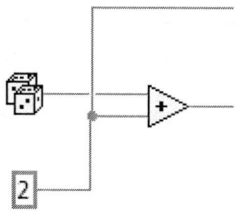

Otra utilidad para conectar bloques es el *cableado automático* (**automatic wiring**). Si lo habilitamos, LabVIEW conectará automáticamente los objetos a medida que los situemos sobre el diagrama de bloques. También se pueden conectar automáticamente objetos que ya estén presentes en el diagrama de bloques. LabVIEW conecta los terminales que mejor se ajustan y deja los que no sin conexión.

Cuando movemos un objeto seleccionado alrededor de otros objetos en el diagrama de bloques, LabVIEW dibuja cables de manera temporal para mostrarnos las conexiones válidas. Cuando soltamos el botón del ratón para fijar el objeto en el diagrama, LabVIEW conecta automáticamente los cables.

Mientras movemos el objeto con la herramienta de posicionamiento, podemos conmutar al cableado automático con sólo pulsar la barra espaciadora.

Por defecto, el cableado automático se habilita cuando seleccionamos un objeto desde la paleta **Functions** o cuando copiamos un objeto ya presente en el diagrama usando la tecla **Ctrl** y arrastrando el objeto. Se deshabilita por defecto cuando usamos la herramienta de posicionamiento para mover un objeto ya presente en el diagrama.

Podemos saber cuándo el cableado automático está habilitado o no observando los objetos al ser arrastrados. Si mantienen su apariencia, diremos que está activado. Si por el contrario sólo vemos el contorno del objeto dibujado con puntos o rayas discontinuas, diremos que el cableado automático está deshabilitado.

Para configurar el cableado automático hemos de seguir los siguientes pasos:

1.- Seleccionar **Tools > Options…**
2.- Seleccionar **Block Diagram** en el menú desplegable.
3.- Marcar la opción **Enable Auto Wiring** para habilitarlo.
4.- Editar la distancia máxima (**Maximum Distance**) y mínima (**Minimum Distance**). Indicamos la máxima distancia a la cual pueden estar los objetos y aún poder ser cableados automáticamente y la distancia mínima que ha de haber entre ellos para cablearlos.

1.10 DEPURACIÓN DE ERRORES

1.10.1 Ejecución paso a paso. Flujo de datos

Como ya sabemos, si queremos hacer la ejecución normal haremos clic sobre el botón ⬚; si lo que queremos es una ejecución continua, el clic se haría sobre ⬚. Para detener completamente la ejecución y volver al modo **edit** pulsaríamos ⬚ (icono que substituye a ⬚ cuando estamos en el modo **run**).

Asimismo, para la depuración de nuestro VI, nos interesará **ver** la ejecución paso a paso de su diagrama de bloques. Para habilitar este modo hacer clic sobre el botón **Highlight Execution** (ejecución resaltada) ⬚, que cambia a ⬚. Hacer clic sobre este botón en cualquier momento para volver al modo de visualización normal. Normalmente usaremos el modo de **Highlight Execution** junto con el de ejecución paso a paso (**single-step mode**) para poder observar cómo se realiza el flujo de datos a través de los nodos. Este modo de ejecución reduce mucho las prestaciones del VI.

A medida que los datos pasan de un nodo a otro su movimiento se indica por unas burbujas que van recorriendo los cables. Además, en el modo paso a paso, el siguiente nodo parpadea rápidamente. Todo ello se muestra en la Figura 1.11.

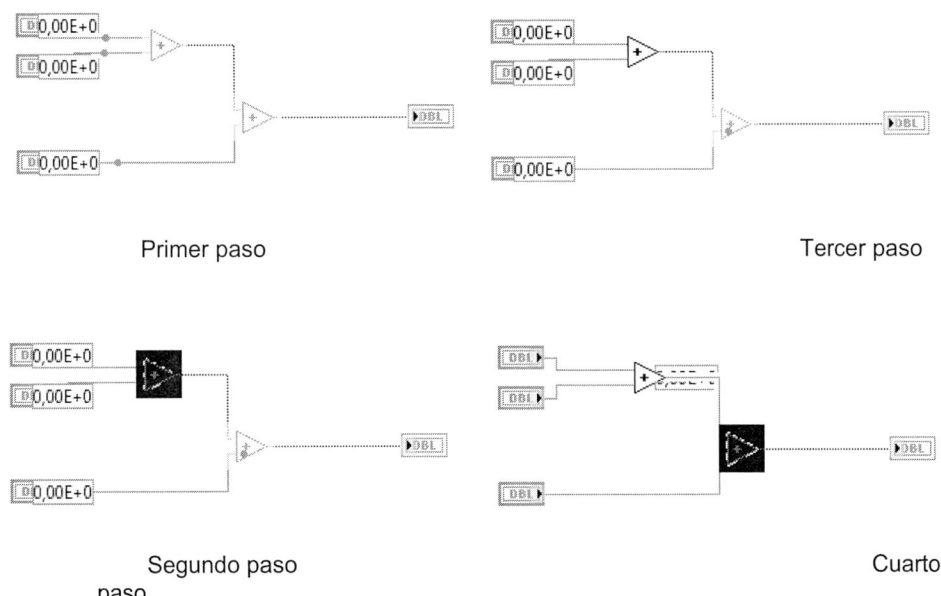

Primer paso   Tercer paso

Segundo paso   Cuarto
paso

Figura 1.11 Ejecución paso a paso

Podemos compilar el VI sin las opciones de los modos **single-step** y **Highlight Execution**. Esto reduce los requisitos de memoria y aumenta el rendimiento de cada VI compilado de esta manera. Para ello usamos la opción **VI Properties...** (Propiedades del VI) del menú pop-up del icono del VI y seleccionamos la opción que permite ocultar estos botones (**Category > Execution > Allow Debugging**).

Por otro lado, si lo que buscamos es realizar una pausa momentánea (tan larga como queramos), pulsaremos ▐▐ . Al hacerlo, LabVIEW conmuta al diagrama de bloques (si no estábamos en él), y resalta, parpadeando, la siguiente función a ejecutarse. Pulsando sobre el mismo botón, que ahora pasa a llamarse **Continue** o Continuación y tiene el siguiente aspecto, ▐▐ , volvemos al modo de ejecución que teníamos establecido.

Básicamente hay dos modos distintos de ejecución **Single-Step**. Estos dos modos quedan diferenciados con los iconos ⬕ y ⬔ . Si observamos cuidadosamente sus dibujos podemos deducir en qué consiste la diferencia. En ⬕ tenemos una flecha que "entra" en un objeto, mientras que en ⬔ se lo "salta". Así pues, supongamos que tenemos el siguiente diagrama de bloques:

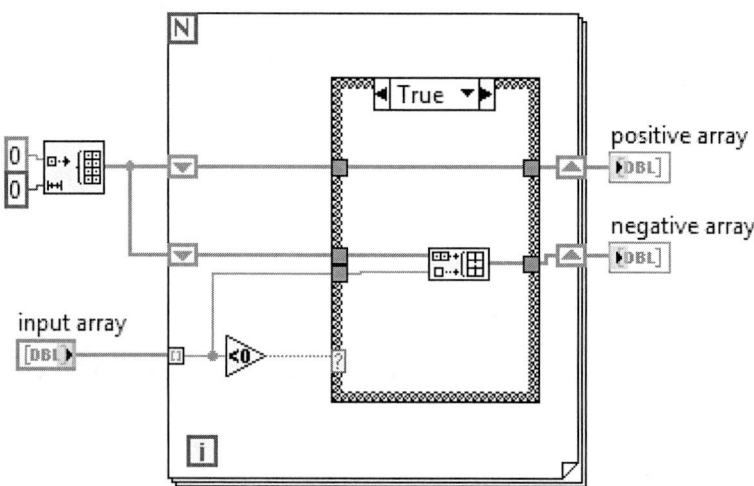

Gracias al modo de funcionamiento que permite el icono ⬔ , podremos ir ejecutando paso a paso todo el diagrama menos, por ejemplo, la función **Case**, que se ejecutará a velocidad normal.

En caso de que no haya ningún nodo en el que podamos "meternos", tanto ⬕ como ⬔ realizan la misma función:

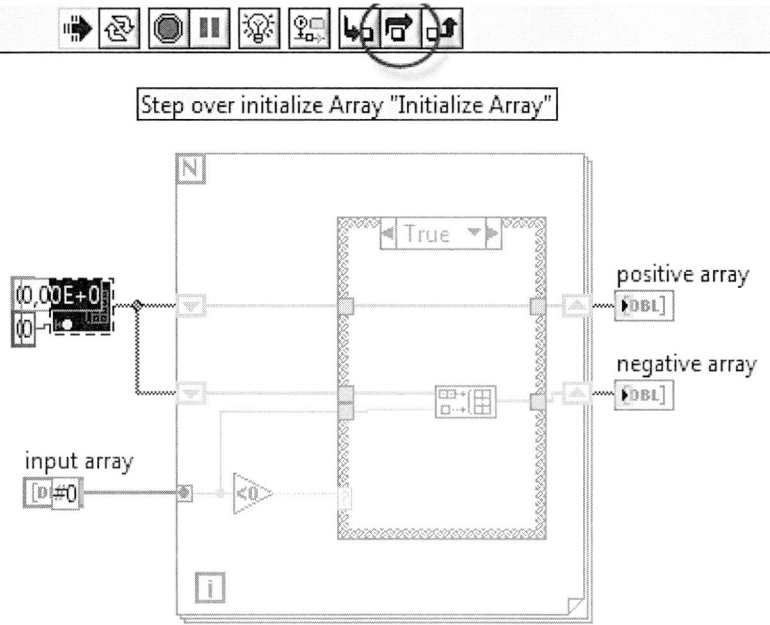

En la Figura 1.12 podemos observar la diferencia de la que hemos estado hablando. ⬛indica **Step into For Loop** (Paso al interior del For Loop), mientras que ⬛ indica **Step over For Loop** (Paso sobre el For Loop).

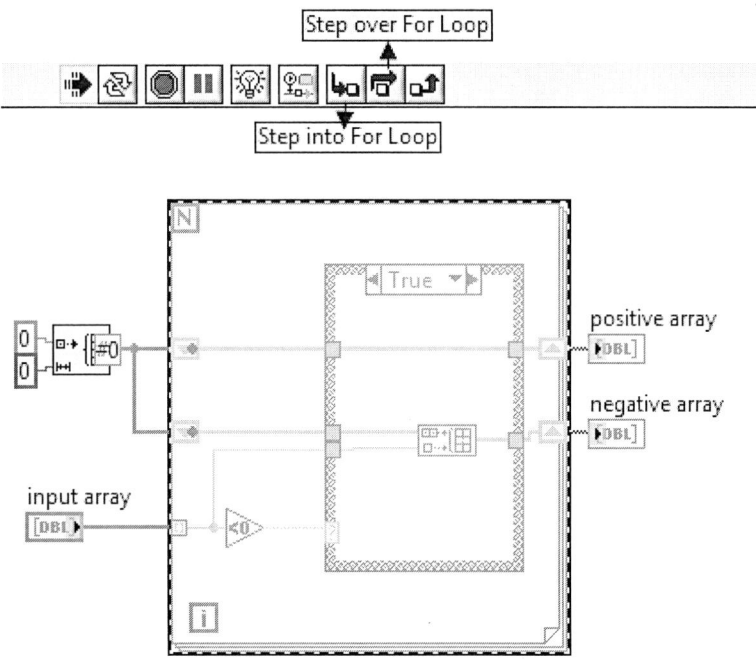

Figura 1.12 Ejecuciones paso a paso del bucle For

La Figura 1.13 muestra el efecto de pulsar . Si hubiésemos pulsado sencillamente habríamos saltado todo este bloque.

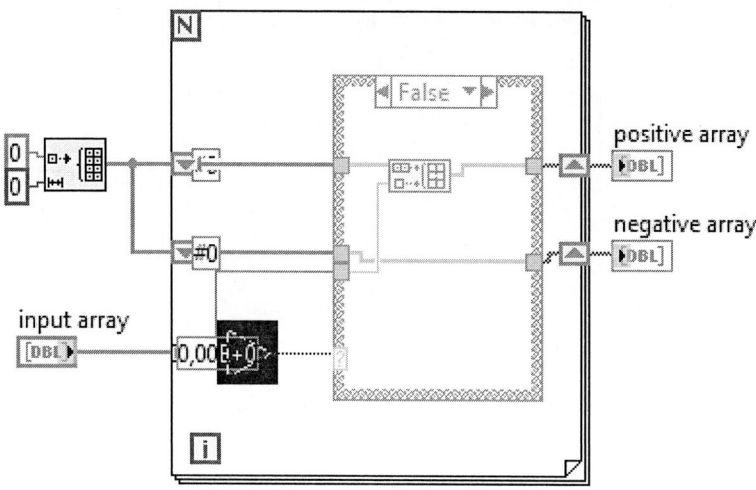

Figura 1.13 Step into For Loop

Finalmente, el botón detiene la ejecución paso a paso, es decir, nos devuelve a un modo de ejecución normal, contínuo y/o **highlighting**.

1.10.2 Errores de Sintaxis en un VI

Un VI no puede compilarse o ejecutarse si contiene errores de sintaxis. Cuando un VI tiene errores de sintaxis en su diagrama de bloques, el botón de ejecución (run) aparece con una flecha quebrada . Los Vis contienen errores mientras los estamos construyendo hasta que unimos todos los iconos del diagrama de bloques. Si una vez hecho esto continuasen los errores, lo primero que haríamos sería ejecutar la opción **Remove Bad Wires** (Quitar cables sueltos) del menú Edit o **Ctrl+B**. A menudo esto consigue arreglar el VI.

Para averiguar las razones por las que un VI permanece contiene errores de programación haremos clic sobre el botón **List Errors** (Lista de Errores) . Aparecerá una ventana llamada **Error List** donde se indican todos los errores (Figura 1.14).

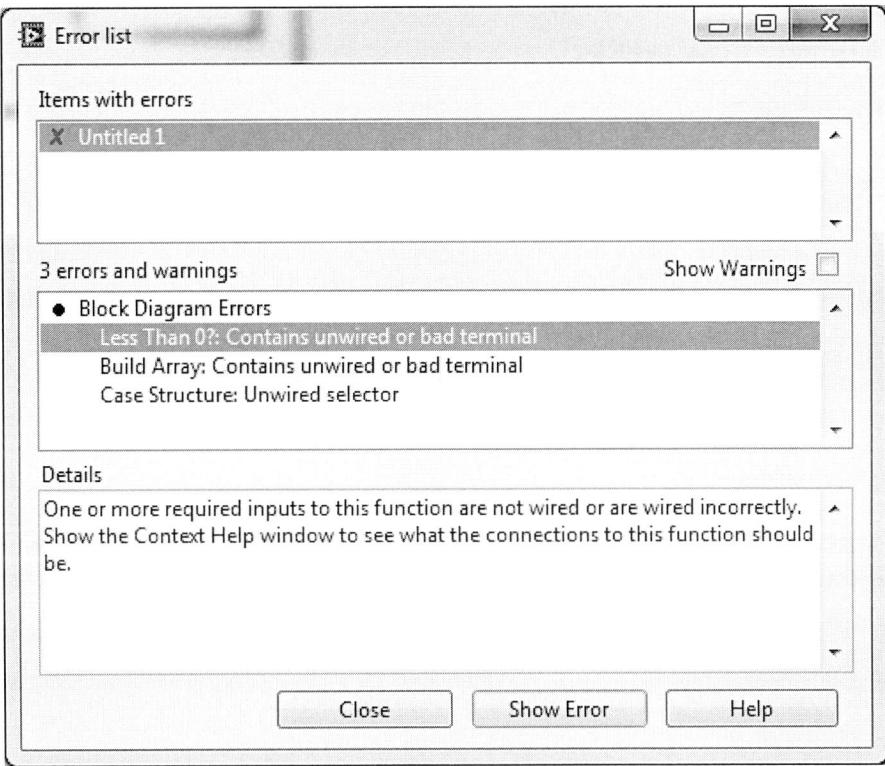

Figura 1.14 Ejemplo de lista de errores

Igualmente podemos acceder a esta ventana haciendo clic sobre el botón **Warning** (aviso) ⚠ del VI o seleccionando **Show Error List** (mostrar lista de errores) del menú Window. El botón **Warning** sólo está visible cuando el VI tiene errores y se dan las siguientes situaciones: Configuración de LabVIEW para que muestre las advertencias (opción **Show Warnings** (mostrar avisos) en el diálogo **Options…**), y activación de la opción **Show Warnings** en la ventana de diálogo **Error List**.

Para localizar un error particular hacer doble clic sobre el texto que lo describe. LabVIEW nos enseña el error mostrando la ventana en cuestión e iluminando el objeto causante del error. También podemos ver los errores y avisos de otros VIs seleccionando sus nombres desde el menú **VI List** (lista de VI).

A continuación se indican algunas de las razones más comunes por las que un VI contiene errores de sintaxis durante el modo de edición:

- Se ha dejado sin conectar el terminal de una función que necesita una entrada. Por ejemplo, debemos conectar todas las entradas de una función aritmética. No podemos dejar funciones sin conectar en el diagrama de bloques mientras hacemos pruebas de nuestro diseño.

- El diagrama de bloques contiene un cable roto debido a una incompatibilidad de tipos de datos, pérdidas o conexiones sin fin. Debemos eliminar todos estos cables. La forma más rápida y precisa es mediante el comando **Remove Bad Wires** (Ctrl+B) del menú Edit.

- Un SubVI está roto o hemos editado su conector después de que hayamos situado su icono sobre el diagrama de bloques.

- Podemos tener problemas con objetos que hayamos hecho invisibles, deshabilitados o alterados de alguna manera a través de su **Property Node** (nodos de propiedades). Si fuese posible hemos de restablecer el objeto para eliminar el problema.

Hay dos mnemónicos que pueden aparecer en la visualización de un número en coma flotante para indicar un fallo en los cálculos o resultados sin sentido. *NaN* (Not A Number, no un número) es un símbolo que aparece como resultado de determinadas operaciones como, por ejemplo, la raíz cuadrada de un número negativo. *Inf* (infinito) es otro símbolo especial que aparece, por ejemplo, al dividir por cero.

Los datos indefinidos pueden desvirtuar todas las operaciones posteriores. Las operaciones en coma flotante propagan los NaN o ± Inf, los cuales, al ser pasados de forma explícita o implícita en enteros o booleanos, se transforman en valores sin sentido. Por ejemplo, dividir por cero devuelve *Inf*, pero convirtiendo este valor a una palabra entera obtenemos el valor 32.767, el cual puede parecer un valor normal. Por ello, antes de hacer la conversión a los tipos enteros, hemos de comprobar los valores en coma flotante intermedios para validar los resultados, a menos que estemos seguros que este tipo de error no ocurre en nuestro VI.

A continuación se presentan algunas técnicas para la depuración de un VI que ya funciona pero que no da los resultados esperados:

- Comprobar que los cables están conectados a los terminales correctos. Haciendo triple-clic sobre el cable que nos preocupa con la herramienta **Positioning**, se ilumina todo el cable. Un cable que parece que sale de un terminal puede realmente salir de otro totalmente diferente.

- Usar la ventana **Help** (del menú **Help**) para asegurarse de que la función está correctamente conectada.

- Si determinadas funciones o SubVIs tienen terminales de entrada sin conectar hacia otras funciones o SubVIs, asegurarse de que el valor por defecto es el que esperamos que sea realmente.

- Usar los puntos de ruptura y ejecución paso a paso mostrando el flujo de datos para comprobar que el VI funciona como lo habíamos planeado. Desactivar estos modos cuando no queramos que interfieran con el funcionamiento normal.

- Utilizar la opción **Probe** (sonda) para comprobar el valor intermedio de las variables. También comprobar los errores de las funciones y SubVIs de salida, especialmente en el caso de operaciones I/O.

- Observar el comportamiento del VI o SubVI con diferentes valores de entrada. Para los controles numéricos en coma flotante podemos probar con los valores *NaN* y $\pm Inf$ además de los valores normales.

- Si el VI funciona más lentamente de lo que esperábamos, asegurarse de que no haya ningún SubVI que esté en el modo de ejecución **Highlight Execution**. .Asimismo cerrar las ventanas de los SubVIs que no se estén utilizando.

- Comprobar la representación de los controles sobre el panel frontal para ver dónde tenemos overflows debido a la conversión de un valor en coma flotante en entero o de un entero en otro menor.

- Comprobar el rango de los datos y de error de los controles e indicadores. Podría ser que no actuasen ante un error como habíamos presupuesto.

- Comprobar los **For Loops** que de manera inadvertida se ejecuten cero veces y creen un array vacío.

- Comprobar los **While Loops**, de manera que el hecho de que no se cumpla la condición de fin no dé como resultado un desbordamiento de memoria o bucle infinito.

- Verificar que inicializamos los registros de desplazamiento de la manera adecuada, a menos que específicamente queramos guardar los datos de una ejecución a otra.

- Comprobar el orden de los elementos de un cluster tanto en su punto de origen como final. Aunque LabVIEW detecta incompatibilidades de tipos de datos y de tamaño del cluster en el momento de la edición, no se detectarían errores con datos del mismo tipo. Usar la opción **Cluster Order...** del menú pop-up para comprobar el orden del cluster.

- Comprobar el orden de ejecución de los nodos. Aquellos nodos que no estén unidos a otros pueden ejecutarse en cualquier orden. La disposición *espacial* sobre el diagrama de bloques no es sinónimo de orden de ejecución. Esto es, la ejecución no tiene por qué ir de izquierda a derecha o de arriba a abajo como en otros lenguajes de programación convencionales.

- A diferencia de las funciones, los SubVIs sin unir no generan error mientras se está en el modo **edit**. Si por equivocación situamos un SubVI sobre el diagrama de bloques, dicho SubVI se ejecutará cuando lo haga su VI, entorpeciendo la ejecución y, quizás, desvirtuando los resultados. Podemos ocultar un SubVI inadvertidamente de tres maneras: poniéndolo directamente sobre otro nodo o icono; disminuyendo el tamaño de una estructura sin mantener el icono a la vista; o poniéndolo fuera del área principal del diagrama de bloques. Podemos usar las opciones del menú **Browse** para determinar si existe algún SubVI extraño. A veces deberemos redimensionar y mover las diferentes estructuras de un diagrama de bloques para localizar todos los diferentes iconos extras.

Para completar la depuración de nuestro VI disponemos de las siguientes herramientas: Ejecución paso a paso (**single-step mode**), visualización del flujo de datos (**Highlight Execution**), visualización de valores intermedios (**Probe**) y establecimiento de puntos de ruptura (**Breakpoints**). Los dos primeros ya han sido vistos en puntos anteriores por lo que ahora se pasarán a tratar los dos últimos.

1.10.3 Uso del Probe

Probe (sonda) es una herramienta que podemos utilizar para comprobar los valores intermedios dentro de un VI que es ejecutable pero que genera resultados sospechosos o inesperados. Por ejemplo, podemos tener un diagrama de bloques con un conjunto de operaciones una de las cuales da un resultado incorrecto. Podríamos ir conectando un indicador a la salida de cada una de esas operaciones o bien utilizar la herramienta **Probe**.

La opción primera de colocar un indicador y realizar su conexión no es precisamente una buena técnica de depuración. Consume mucho más tiempo y nos obliga a disponer elementos sobre el panel frontal y diagrama de bloques que posteriormente tendremos que eliminar.

El **Probe** es similar a un indicador pero mucho más fácil de usar. El siguiente ejemplo (Figura 1.15) muestra cómo acceder a esta herramienta. Estando en el modo **run**, desplegamos el menú pop-up del cable que sale del icono **Random Number (0-1)** y seleccionamos **Probe**. Se visualizará una ventana *flotante*. La primera vez que aparece presenta el valor por defecto. Se actualiza tan pronto como el VI se pone en funcionamiento y pasan los datos a través de ese cable.

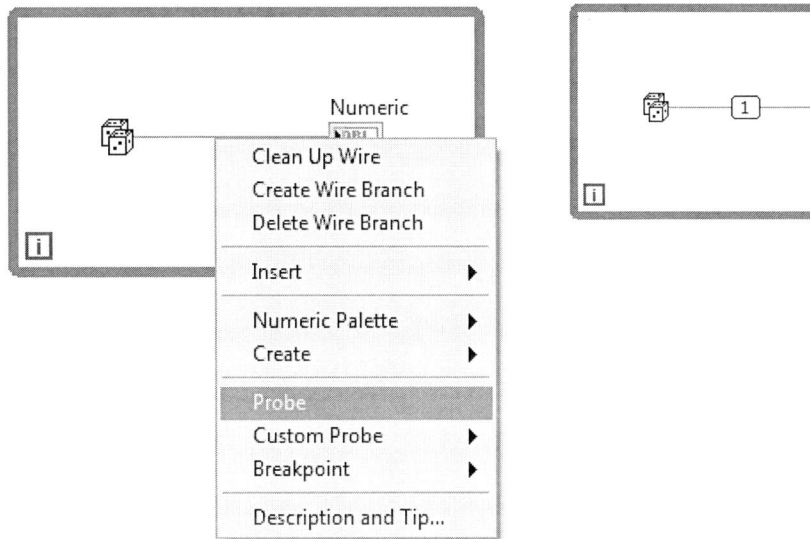

Figura 1.15 Visualización de los datos intermedios mediante probe

Podemos usar el **Probe** en unión con la ejecución paso a paso y flujo de datos para ver los valores con mucha más facilidad. El **Probe** se debe insertar antes de comenzar la ejecución para ver los datos. No podemos cambiar el valor de los datos con el **Probe**, que además no tiene efecto en la ejecución del VI.

Si creamos diferentes **Probe**s podemos olvidar cuál de ellos está asociado a un cable en concreto. Si desplegamos el menú pop-up de un cable que tiene asociado un **Probe**, podremos seleccionar **Find Probe** (encontrar sonda). Al seleccionar esta opción la ventana del **Probe** correspondiente pasa a ser la activa y se ilumina momentáneamente. Asimismo, si desplegamos el menú pop-up de la ventana **Probe**, podremos encontrar el cable asociado tomando la opción **Find Wire** (encontrar cable). Al seleccionarla el diagrama que contiene dicho cable pasa a ser el activo y el cable queda resaltado.

También disponemos de una herramienta específica que permite poner un **Probe** directamente sin tener que desplegar el menú pop-up del cable. Dicha herramienta es 🔲, llamada **Probe Data** (Sonda de Datos).

1.10.4 Establecimiento de los Puntos de Ruptura

La herramienta que utilizamos es **Set/Clear Breakpoint** (Establecer/Quitar puntos de ruptura) 🔲. Podemos establecer paradas dentro del propio diagrama de bloques, lo cual resulta ser, más que una utilidad, una absoluta necesidad de primer orden.

Al ejecutar el VI, este correrá a velocidad normal hasta llegar a dicho punto, momento en que parará la ejecución y parpadeará el siguiente bloque a tratarse. Una vez aquí podemos pasar el VI a ejecución paso a paso y/o **highlighting** y buscar los posibles errores.

Para quitar un punto de ruptura haremos clic con la misma herramienta sobre el punto a eliminar.

1.11 EJERCICIOS

1. Poner las ventanas Panel y Diagrama una al lado de la otra primero, y después una encima de la otra.

La solución es:

Para el primer caso:
- Clic en el menú **Window**.
- **Tile Left and Right**.

Para el segundo caso:
- Menú **Window**.
- **Tile Up and Down**.

2. Abrir el VI **Pulse Demo** que está en la librería plsexmpl.llb del directorio ANALYSIS (NO GRABAR en ningún caso).

La solución es:

- Menú **File**.
- **Open...**
- Seguir el camino **C:\ Archivos de Programa \ National Instruments \ LabVIEW 2010 \ Examples \ ANALYSIS**.
- Doble clic en **plsexmpl.llb**.
- Doble clic en **Pulse Demo**.

No cerrarlo.

3. Ver la ayuda del SubVI **Receiver**.

La solución es:

- Menú **Help**.
- **Show Context Help** (o **Ctrl+H**). O utilizar el botón **Ayuda** [?]
- Ir al diagrama de bloques (**Ctrl+E** o menú **Window + Show Diagram**)
- Situar el cursor sobre el icono **Receiver**.

4. Realizar las siguientes modificaciones en el VI **Pulse Demo** (NO GRABAR):

- Cambiar **filter order** por *Orden del Filtro*.
- Cambiar **samples** por *Muestras*.
- Hacer más grande la gráfica.
- Poner **additive noise** en *0,55*.
- Cambiar el color del fondo a *rojo*.

La solución es:

- Para los dos primeros puntos, seleccionar la herramienta ⬚. Marcar el texto a cambiar y escribir el nuevo. Hacer clic con el botón derecho en cualquier punto de la pantalla.

- Para el tercer punto seleccionar la herramienta ⬚. Situarse en la esquina superior o inferior derecha. Hacer clic y arrastrar el mouse hasta conseguir el tamaño deseado.

- Para el cuarto punto seleccionar la herramienta ⬚. Situarla sobre la raya amarilla del control y hacer clic. Nos desplazaremos hacia la derecha hasta que en el indicador aparezca 0,55.

- Para el quinto punto seleccionar la herramienta ⬚. Hacer clic con el botón derecho en cualquier punto libre de la pantalla. Aparece la paleta con todos los colores. La pantalla cambia al color sobre el que situamos el cursor. Seleccionar el rojo que más nos guste y soltar el botón derecho.

5. Ejecutar el VI **Pulse Demo**, primero desde el modo **Edit**; y después desde el modo **Run**; y, finalmente, en el modo de ejecución continua.

La solución es:

Desde el modo **Edit**

- Clic en ⬚. En la gráfica obtendremos un pulso con ruido añadido.

Desde el modo **Run**

- **Operate >> Change to Run Mode (o Ctrl+M)**
- Clic en ⬚.

Modo de ejecución continua

- Pasar al modo **Run**
- Clic en ⬚.
- Cambiar los valores de los diferentes controles y observar cómo va variando el resultado obtenido en la gráfica.

- Para parar hacer clic en ⬛ o ⬛.

6. Salir del VI **Pulse Demo** sin grabar las modificaciones en disco.

La solución es:

- Menú **File**.
- **Close**.
- Ante la pregunta de si queremos guardar los cambios responder **No**.

7. Hacer el Panel Frontal de la Figura 1.16 y grabarlo en disco como C:\Mis documentos**EJEM1**.VI.

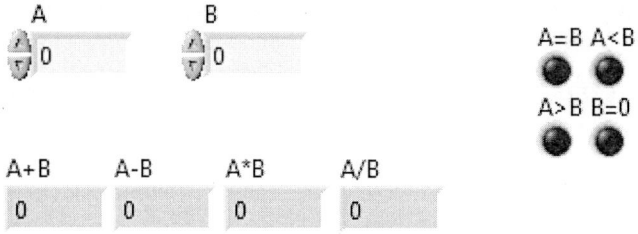

d

Figura 1.16 Panel frontal Ejem1.vi

La solución es:

- Para A y B: Herramienta ⬛. Clic con el botón derecho en zona libre o menú **Controls**. Tomamos de la opción **Numeric Controls** el elemento **Num Ctrl**. Cuando el control esté sobre el panel, y antes de hacer nada más, escribir A (o B). Hacer clic en cualquier punto del panel.

- Para A+B, A-B, A*B y A/B: Una vez en **Numeric Indicators**, coger **Num Ind** y escribir las etiquetas.

- Para A=B, A>B, A<B y B=0. Clic con el botón derecho en zona libre. De la opción **Controls** tomamos **Led** (Round Led) y escribimos las etiquetas.

Si alguna etiqueta no estuviese visible, nos situaríamos sobre el control o indicador en cuestión y desplegaríamos su menú **pop-up**. Se toma la opción **Show**, y dentro de esta, **Label**. Si el problema fuese una etiqueta escrita incorrectamente, seleccionaríamos la herramienta ⬛, marcaríamos la etiqueta errónea y escribiríamos el texto correcto. Finalmente, para grabarlo en disco:

- Menú **File**.
- **Save**.
- Escribir **C:\Mis Documentos\EJEM1.VI**.
- Pulsar **Enter**.

8. Abrir **ejem1.vi** y realizar la conexión de los diferentes terminales del diagrama de bloque, de manera que en los indicadores obtengamos el resultado esperado.

La solución es:

- Una vez abierto vamos a la ventana **Diagram**.

- Para las funciones A+B, A-B, A*B y A/B desplegamos el menú **Functions** o hacemos clic con el botón derecho sobre cualquier área libre del Diagrama de bloques. Vamos a la opción **Numeric** y cogemos los siguiente iconos:

A+B	**Add**
A-B	**Subtract**
A*B	**Multiply**
A/B	**Divide**

- Para las funciones A=B, A>B, A<B y B=0, del menú **Functions** vamos a la opción **Comparison** y cogemos

A=B	**Equal?**
A>B	**Greater?**
A<B	**Less?**
B=0	**Equal To 0?**

- Utilizando la herramienta realizar las conexiones adecuadas de manera que se obtenga el diagrama de la Figura 1.17.
- Utilizar todas las técnicas de depuración de errores para que el VI sea operativo (básicamente Ctrl+B).
- Una vez que sea operativo grabarlo en disco (**Ctrl+S**).

9. Comprobar que se obtienen los siguientes resultados:

- Para A = 2 y B = -1:

A+B = 1	A-B = 3	A*B = -2	A/B = -2
A=B OFF	A>B ON	A<B OFF	B=0 OFF

- Para A = 0 y B = 0:

A+B = 0	A-B = 0	A*B = 0	A/B = NaN
A=B ON	A>B OFF	A<B OFF	B=0 ON

donde OFF significa led apagado y ON led encendido.

La solución es:

- Ir al **Panel**.
- Introducir los valores correspondientes en A y B mediante la herramienta .
- Clic en .

- Repetir los pasos con todos los valores que queramos.

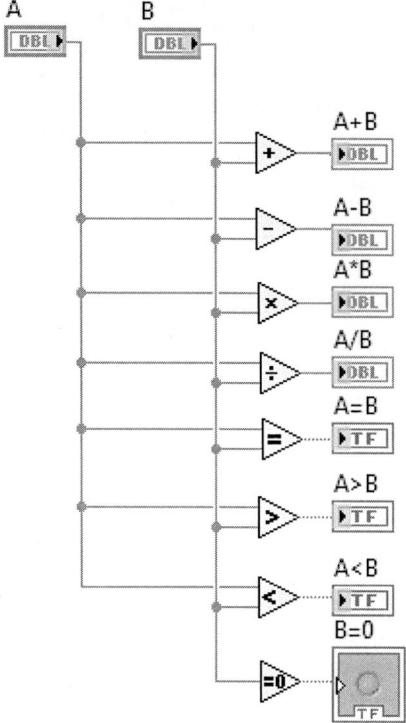

Figura 1.17 Conexionado entre bloques

10. Ejecutarlo en el modo **single-step** y **Highlight Execution**.

La solución es:

- Pasar al diagrama de bloques.
- Clic en [ ]. Pasamos al modo **run**.
- Clic en [ ]. Pasa a [ ].
- Para que se ejecute el siguiente nodo haremos clic en [ ].

Si no se hubiesen obtenido los resultados esperados, ver dónde se encuentra el problema y corregirlo.

11. Visualizar las ventanas **Probe** de los resultados A>B, B=0 y A/B.

La solución es:

- Para los tres casos: Estando en el modo **run**, situarnos sobre el cable que lleva al indicador que queramos comprobar y desplegar su menú pop-up. Tomar la opción **Probe** de cada uno de ellos.

- Ejecutar el VI tanto en modo **normal** como **single-step** y **execution highlighting** y ver cómo quedan reflejados los valores en las ventanas **Probe**.

2

Programación estructurada

2.1 INTRODUCCIÓN ESTRUCTURAS BÁSICAS

A la hora de programar, muchas veces es necesario ejecutar un mismo conjunto de sentencias un número determinado de veces, o que éstas se repitan mientras se cumplan ciertas condiciones. También puede ocurrir que queramos ejecutar una u otra sentencia dependiendo de las condiciones fijadas o simplemente forzar que unas se ejecuten siempre antes que otras.

Para ello LabVIEW dispone de cuatro estructuras básicas fácilmente diferenciables por su apariencia y disponibles en la opción:
All Functions>>Structures del menú **Functions** de la ventana **Diagram**:

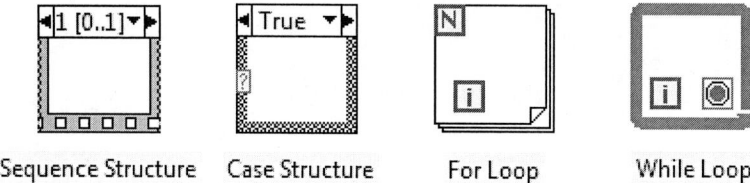

Sequence Structure   Case Structure   For Loop   While Loop

2.2 ESTRUCTURAS ITERATIVAS: FOR LOOP Y WHILE LOOP

FOR LOOP

Usaremos **For Loop** cuando queramos que una operación se repita un número determinado de veces. Su equivalente en lenguaje convencional es:

For i = 0 to N-1
Ejecuta subdiagrama

Al colocar un **For Loop** en la ventana **Diagram** observamos que tiene asociados dos terminales:

1.- Terminal contador: Contiene el número de veces que se ejecutará el subdiagrama creado en el interior de la estructura. El valor del contador se fijará externamente (véase también **Arrays** en este capítulo).

2.- Terminal de iteración: Indica el número de veces que se ha ejecutado la estructura: cero durante la primera iteración, uno durante la segunda y así hasta N-1.

Ambos terminales son accesibles desde el interior de la estructura, es decir, sus valores podrán formar parte del subdiagrama, pero en ningún caso se podrán modificar.

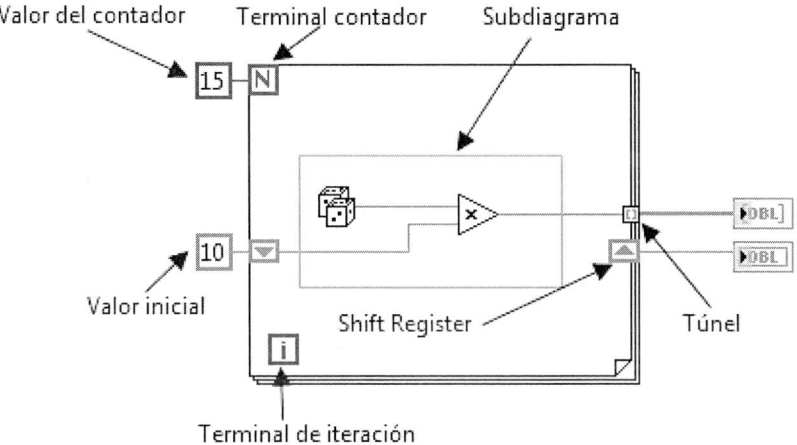

Figura 2.1 For Loop

WHILE LOOP

Usaremos **While Loop** cuando queramos que una operación se repita mientras una determinada condición sea cierta o falsa. Su equivalente en lenguaje convencional es:

Do ejecutar subdiagrama
While condición **is TRUE (or FALSE)**

(Aunque esta estructura es más similar al comando *Repeat-Until,* ya que se repite como mínimo una vez, independientemente del estado de la condición).

Al igual que **For Loop** contiene dos terminales:

1.- Terminal condicional: A él conectaremos la condición que hará que se ejecute el subdiagrama. LabVIEW comprobará el estado de este terminal al final de cada iteración. Podemos configurar este terminal de manera que pare si la condición es cierta (**Stop if True**) o bien que pare si la condición es falsa (**Continue if True**).

2.- Terminal de iteración: Indica el número de veces que se ha ejecutado el bucle y que, como mínimo, siempre será una (i=0).

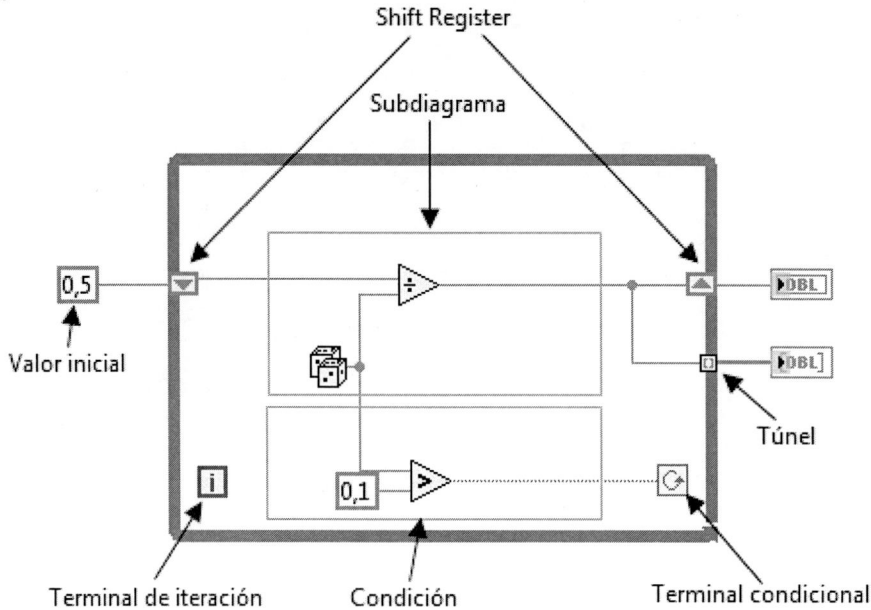

Figura 2.2 While Loop

Los menús shortcut correspondientes al **For Loop** y **While Loop** se presentan a continuación:

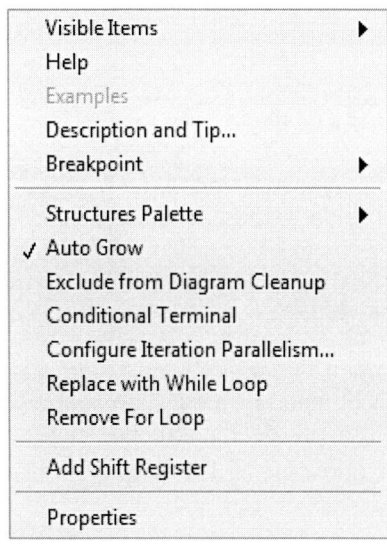

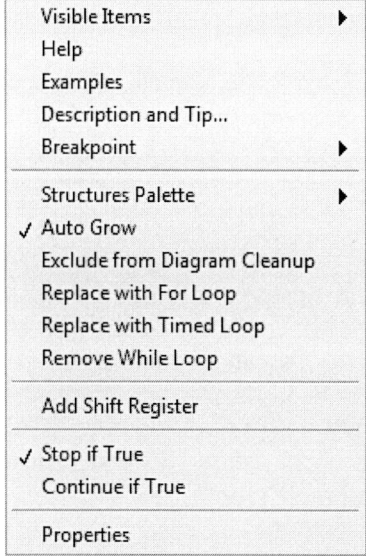

For Loop

While Loop

- Visible Items: Oculta o visualiza la etiqueta de identificación y, si no existe, permite ponerla.
- Description and Tip: Permite añadir comentarios.
- Set Breakpoint: Establece un punto de ruptura para depurar nuestro VI.
- Replace: Cambia el **For Loop** o el **While Loop** por cualquier otra función de la paleta **Functions**.
- Remove Loop: Borra la estructura **While** o **For** pero sin eliminar el subdiagrama de su interior.
- Add Shift Register: Añade los **Shift Register** (registros de desplazamiento).
- Stop if True/Continue if True: Controla la condición de finalización del **While**.

En el Block Diagram si accedemos a Functions/ Execution Control en la versión LabVIEW 2010, disponemos de la estructura While/Loop que incorpora el botón de control para parar el bucle; esta estructura ya nos incluye el botón Stop en el panel de control. En la Figura 2.3 podemos ver su apariencia en el diagrama de bloques.

Figura 2.3 While Loop en LabVIEW 2010

A partir de la version LabVIEW 2009 es posible el uso de una estructura FOR LOOP combinada con un terminal de condición tal como aparece en la Figura 2.4. Mediante esta estructura mixta el bucle se repetirá un máximo de N veces o se detendrá antes si llega un valor TRUE al terminal de condición.

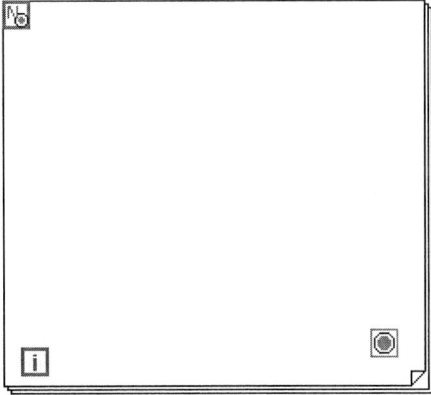

Figura 2.4 For Loop con terminal de condición

2.3 LA TEMPORIZACIÓN EN LA EJECUCIÓN DE CÓDIGO

Para sincronizar actividades disponemos de las funciones **Wait Until Next ms Multiple** y **Wait ms** , que podemos encontrar en Functions/All Functions/Time&Dialog.

Si colocamos en un bucle la función **Wait Until Next ms Multiple,** esta función monitoriza un contador de milisegundos y espera hasta que el contador alcanza un múltiplo de la cantidad que hemos especificado. Esta función espera hasta que el reloj interno del ordenador se encuentra en el múltiplo especificado. La función **Wait (ms),** agrega el tiempo de espera al tiempo de ejecución para alcanzar el retardo programado.

TIMED LOOP

La estructura **Timed Loop** (Figura 2.5) nos permite la temporización en la ejecución de código. El caso más sencillo es utilizarlo para ejecutar un número determinado de veces por segundo una parte de código. La fuente de clock utilizada ⊙ᵂ 1 kHz y otros parámetros como el período de ejecución dt 1000 y el desfase t0 0 se pueden configurar mediante las propiedades del Timed Loop como vemos en la Figura 2.6 o como parámetros de entrada si seleccionamos la opción *Use terminal*.

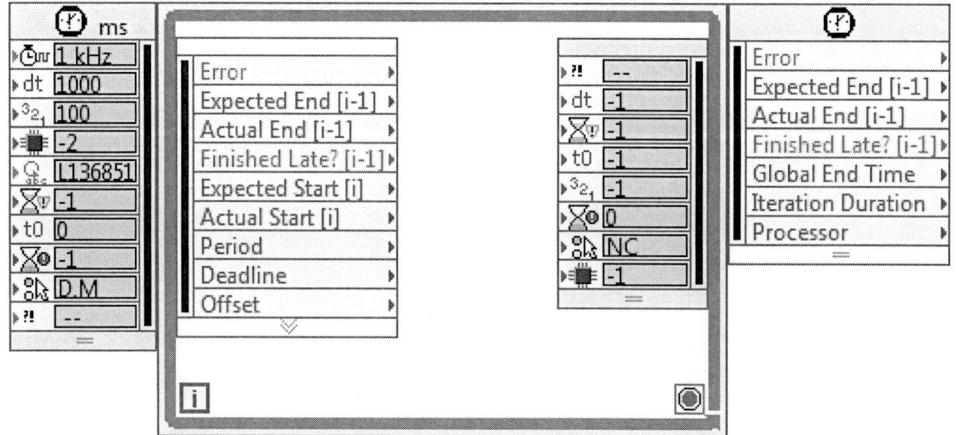

Figura 2.5 Timed Loop

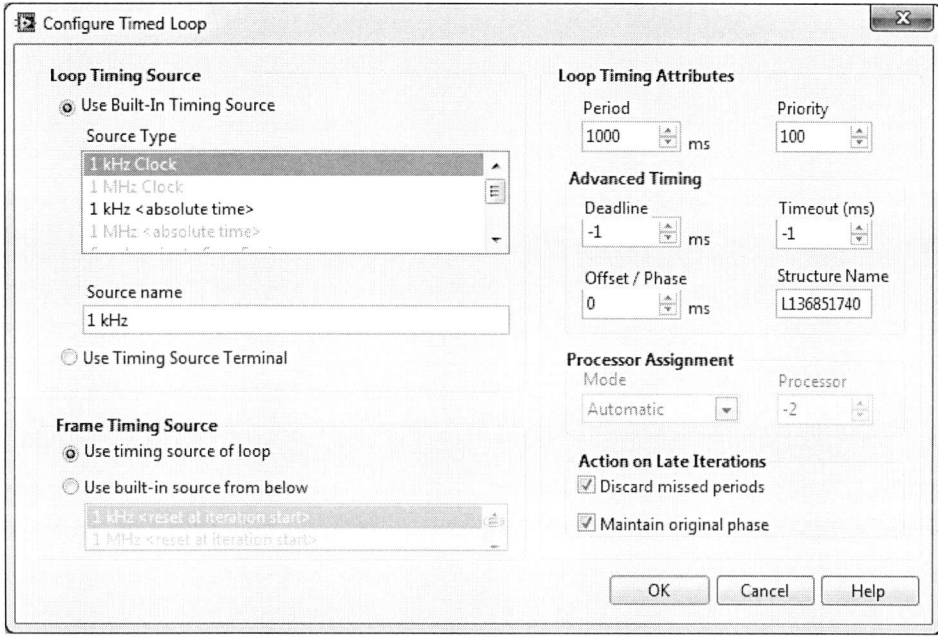

Figura 2.6 Configuración del Timed Loop

En un ordenador personal, la fuente de clock puede ser interna o externa. Como fuente interna podemos utilizar los tics del sistema operativo que nos permiten una resolución de 1ms (1KHz o 1000 tics por segundo).

En el caso de sistemas de tiempo real podríamos disponer de una resolución de hasta 1us (1MHz o 10^6 tics por segundo). Como fuente externa podemos utilizar alguno de los canales de una tarjeta de adquisición de datos configurando el *Source type* con un terminal de entrada (*Use terminal*).

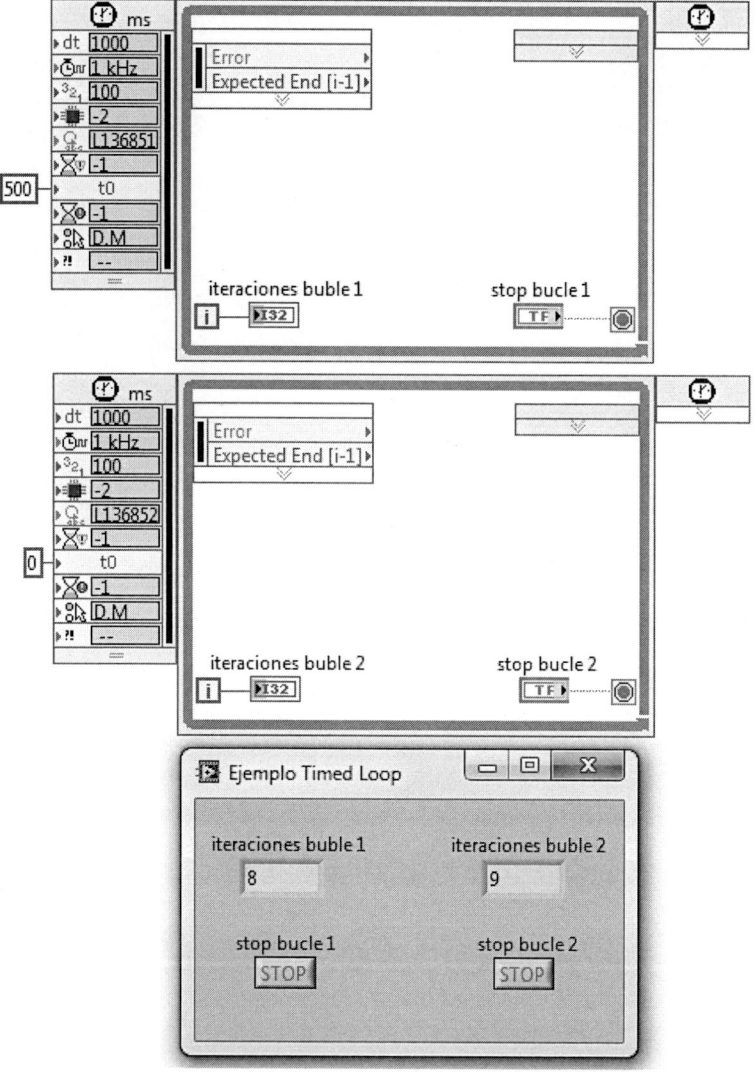

Figura 2.7 Dos bucles ejecutándose en paralelo sincronizados con un desfase de 500ms

Como ejemplo podemos ver en la Figura 2.7 una aplicación de dos bucles que se ejecutan en paralelo a una velocidad de 1 iteración por segundo con un desfase de 500ms. Cuando ejecutemos la aplicación, primero empezará a ejecutarse el bucle 2 una vez por segundo (dt=1000).Transcurridos 500ms (to=500) empezará la ejecución del bucle 1 también con una periodo de una vez por segundo. Implementar una sincronización de dos bucles y configurar el tiempo de desfase que habrá entre uno y otro es ahora mucho más sencillo gracias a esta estructura.

2.4 REGISTROS DE DESPLAZAMIENTO

Los registros de desplazamiento o **Shift Register** son variables locales, disponibles tanto en el **For Loop** como en el **While Loop**, que permiten transferir los valores del final de una iteración al principio de la siguiente.

Inicialmente **Shift Register** tiene un par de terminales colocados a ambos lados del **Loop**; el terminal de la derecha almacena el valor final de la iteración hasta que una nueva hace que este valor se desplace al terminal de la izquierda, quedando en el de la derecha el nuevo valor. Un mismo registro de desplazamiento puede tener más de un terminal en el lado izquierdo; para añadirlo escogeremos la opción **Add Element** (añadir elemento) del menú pop-up. Cuantos más terminales tengamos en el lado izquierdo más valores de iteraciones anteriores podremos almacenar.

Un mismo **Loop** puede tener varios registros de desplazamientos siendo conveniente inicializarlos, para que los terminales de la izquierda tengan el valor deseado cuando se produzca la primera iteración. **Shift register** puede trabajar con cualquier tipo de datos siempre y cuando los datos que se conecten a cada terminal sean del mismo tipo.

Al finalizar la ejecución de todas las iteraciones el último valor quedará en el terminal de la derecha; uniéndolo a un indicador del mismo tipo de dato fuera del **Loop** podremos obtener su valor.

Pero existe otra posibilidad para pasar datos de forma automática desde el interior de la estructura al exterior. Cuando un cable atraviesa los límites del **Loop**, aparece en el borde un nuevo terminal llamado túnel que hace de conexión entre el interior y el exterior, de forma que los datos fluyen a través de él después de cada iteración del **Loop**, pudiendo guardar de esta manera no sólo el último valor de todas las iteraciones sino también los valores intermedios. A esta posibilidad que tienen tanto el **For** como el **While** de acumular arrays en sus límites automáticamente se le llama **auto-indexing** o autoindexado.

LabVIEW habilita por defecto **auto-indexing** en el **For Loop** ya que es más frecuente utilizar esta estructura para crear arrays que no el **While Loop**, en el cual esta opción está deshabilitada por defecto y cuya utilización podría provocar problemas de memoria debido a que no sabemos cuantas veces se va a ejecutar. No obstante, haciendo pop-up en el túnel se puede habilitar o deshabilitar esta opción.

2.5 ESTRUCTURAS CASE Y EVENT

Este tipo de estructuras se diferencia de las iterativas en que puede tener múltiples subdiagramas, de los cuales solamente uno es visible a la vez. En la parte superior de cada estructura existe una pequeña ventana que muestra el identificador del subdiagrama que se está mostrando. A ambos lados de esta ventana existen dos botones que decrementan o incrementan el identificador de forma que podamos ver el resto de subdiagramas.

CASE

Usaremos la estructura **Case** (Figura 2.8) en aquellas situaciones en las que el número de alternativas disponibles sean dos o más. Según qué valor tome el selector dentro de los n valores posibles, se ejecutará en correspondencia uno de los n subdiagramas.

La estructura **Case** consta de un terminal llamado selector y un conjunto de subdiagramas, cada uno de los cuales está dentro de un case o suceso y etiquetado por un identificador del mismo tipo que el selector. En cualquier caso siempre hemos de cubrir todo el rango de posibles valores, y al menos ha de haber un **Case** por defecto, el cual se ejecutará en caso que el selector no corresponda a ninguno de los previstos.

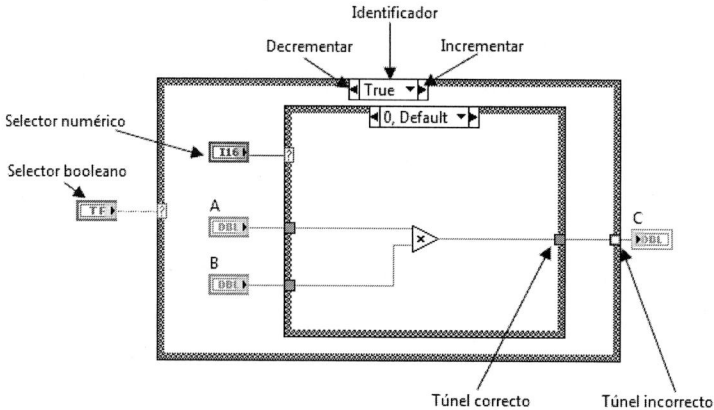

Figura 2.8 Estructura Case

En este caso la estructura **Case** engloba dos sentencias diferentes de otros lenguajes convencionales:

1.- If condición true then ejecutar case true
                 else ejecutar case false
2.- Case selector of
       1:ejecutar case 1;
           ...
      n:ejecutar case n
   end

Case no cuenta con los registros de desplazamiento de las estructuras iterativas pero sí podemos crear los túneles para sacar o introducir datos. Si un case o suceso proporciona un dato de salida a una determinada variable será necesario que todos los demás también lo hagan; si no ocurre de esta manera será imposible ejecutar el programa.

EVENT

Una de las nuevas estructuras de programación de la versión LabVIEW 2010 es **Event Structure**. La podemos encontrar junto con el resto de estructuras de programación en el diagrama de bloques, paleta de funciones, subpaleta de estructuras; en la Figura 2.9 podemos ver el aspecto que presenta.

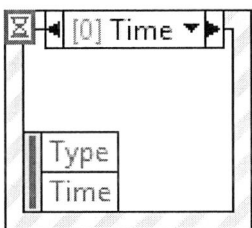

Figura 2.9 Event Structure

Event Structure es una estructura parecida a la estructura Case, nos permite ejecutar una u otra parte de código, en función de diferentes eventos relacionados con nuestra aplicación, tales como clicks o movimientos del ratón, de ventanas para maximizar o minimizar, pulsación de teclas del teclado, etc.

Esta estructura nos permite añadir tantas ventanas como eventos queramos controlar y configurar. Cuando la ejecución del programa llega al **Event Structure**, por defecto el programa espera hasta que se dé alguno de los eventos programados. También existe la posibilidad de programar un evento de Time Out y configurar el tiempo de espera mediante una conexión al símbolo ⧖.

La configuración de los eventos para cada uno de los casos se realiza mediante el cuadro de diálogo de la Figura 2.10. En la ventana de **Event Sources** disponemos de las diferentes fuentes de eventos como pueden ser los diferentes controles e indicadores del panel frontal, acciones relativas a un VI en concreto o a cualquier VI que forme parte de la aplicación.

Tal como ya hemos comentado, algunos de los eventos que podemos utilizar son movimientos y clicks del ratón, del teclado y de ventanas. Para cada uno de los diferentes casos del **Event Structure** se pueden configurar más de un evento por caso que iremos añadiendo con el botón [+ Add Event].

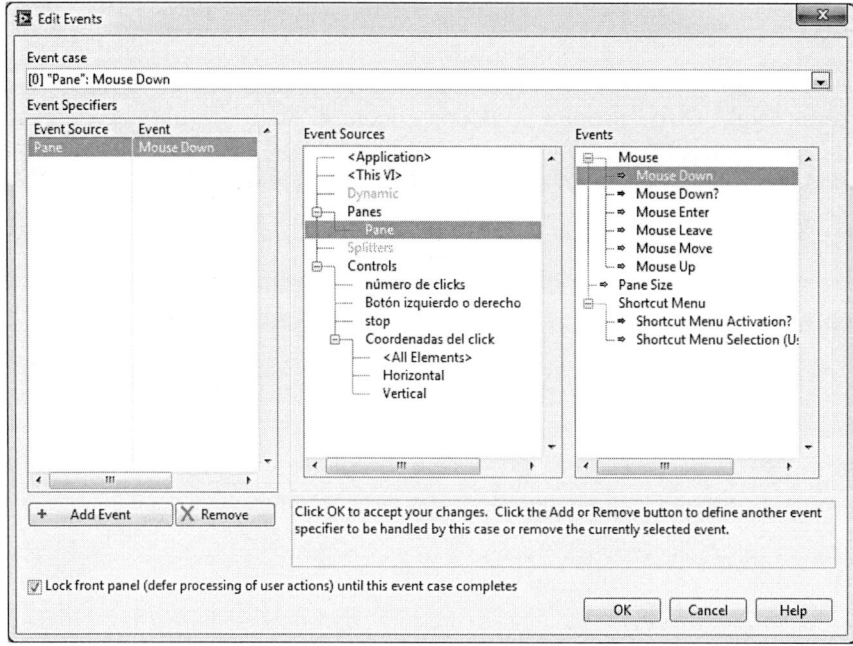

Figura 2.10 Configuración del Event Structure

En la Figura 2.11 podemos ver una aplicación que cuenta cuantos clics se realizan con el ratón sobre el panel frontal, y muestra si el clic se ha hecho con el botón derecho, el izquierdo y la posición dentro de la pantalla. Se ha configurado un tiempo de 100ms de espera. Cada vez que hacemos un clic con el ratón, se ejecuta el código que aparece en la figura y incrementamos en 1 el número de clics. Mediante el Shift Register disponemos del valor anterior.

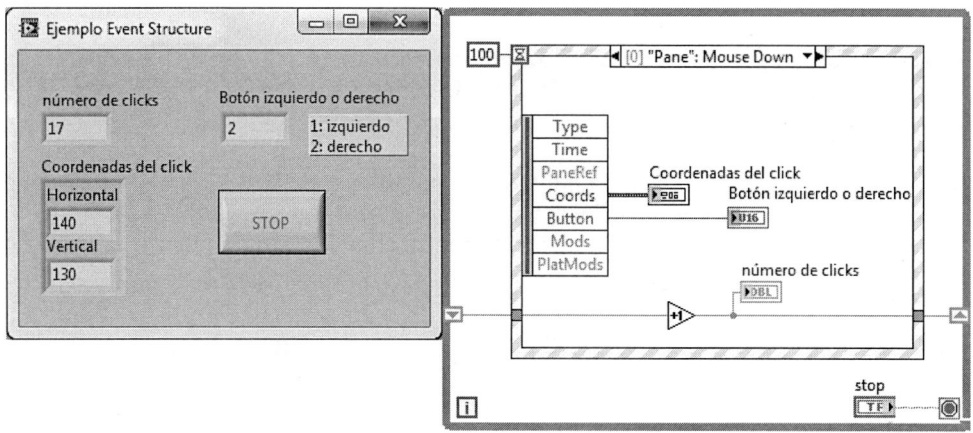

Figura 2.11 Ejemplo de Event Structure para contar el número de clics del ratón

2.6 ESTRUCTURAS SEQUENCE

Esta estructura no tiene su homóloga en los diferentes lenguajes convencionales, ya que en éstos las sentencias se ejecutan en el orden de aparición pero, como ya sabemos, en LabVIEW una función se ejecuta cuando tiene disponible todos los datos de entrada. Se produce de esta manera una dependencia de datos que hace que la función que recibe un dato directa o indirectamente de otra se ejecute siempre después, creándose un flujo de programa.

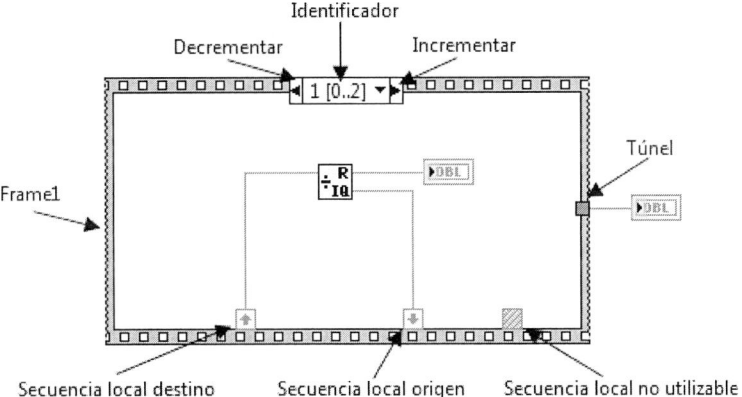

Figura 2.12 Estructura Sequence

Pero existen ocasiones en que esta dependencia de datos no existe y es necesario que un subdiagrama se ejecute antes que otro; es en estos casos cuando usaremos la estructura **Sequence** para forzar un determinado flujo de datos. Cada subdiagrama estará contenido en un **Frame** o marco y estos se ejecutarán en orden de aparición: Primero el *Frame 0 o marco 0*, después el *Frame 1* y así, sucesivamente, hasta el último.

Al contrario del **Case**, si un **Frame** aporta un dato de salida a una variable los demás no tendrán por qué hacerlo. Pero tendremos que tener en cuenta que el dato estará solamente disponible cuando se ejecute el último **Frame** y no cuando se ejecute el **Frame** que transfiere el dato.

En la versión de LabVIEW 2010 disponemos de dos Estructuras Sequence:

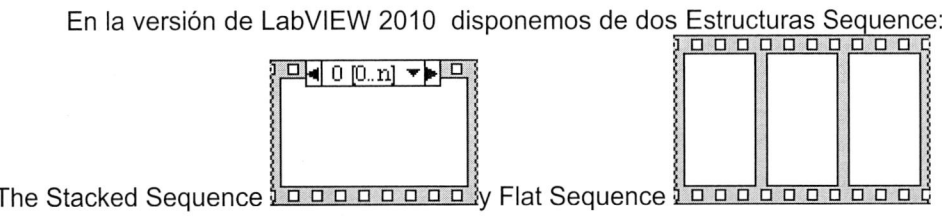

The Stacked Sequence y Flat Sequence

Si la secuencia se ejecuta en orden sin paso de datos entre **Frames,** no hay secuencias locales y se emplea el Flat Sequence. El Stacked Sequence es la Estructura Sequence de que se disponía en versiones anteriores.

Debido a la similitud de los menús pop-up de las estructuras **Case** y **Stacked Sequence** vamos a estudiarlos de forma conjunta indicando en cada caso las posibles diferencias que puedan existir:

- Visible Items: Oculta o visualiza la etiqueta de identificación de la estructura y, si no existe, permite ponerla.
- Description and Tip: Permite añadir comentarios.
- Set Breakpoint: Pone un punto de ruptura para depuración.
- Replace: Cambia la estructura **Case** o **Sequence** por cualquier otra función de la paleta **Functions**.
- Remove Case Structure o Sequence: Borra completamente la estructura **Case** o **Sequence** y todos los subdiagramas menos el que se esté visualizando en el momento de la ejecución de este comando.
- Add Sequence Local (añadir secuencia local): Esta opción está sólo disponible en el menú de la estructura **Sequence** y se utiliza para pasar datos de un **Frame** a otro. Una pequeña flecha con la punta hacia el exterior de la estructura indica el **Frame** de origen de la secuencia local, mientras que una flecha apuntando hacia el interior indica que la secuencia local contiene un dato de salida. Todos los **Frames** posteriores al que contiene la secuencia local que origina el dato podrán disponer de él, no siendo así para los **Frames** anteriores en los cuales aparecerá un cuadrado vacío que indicará que los datos no están disponibles.

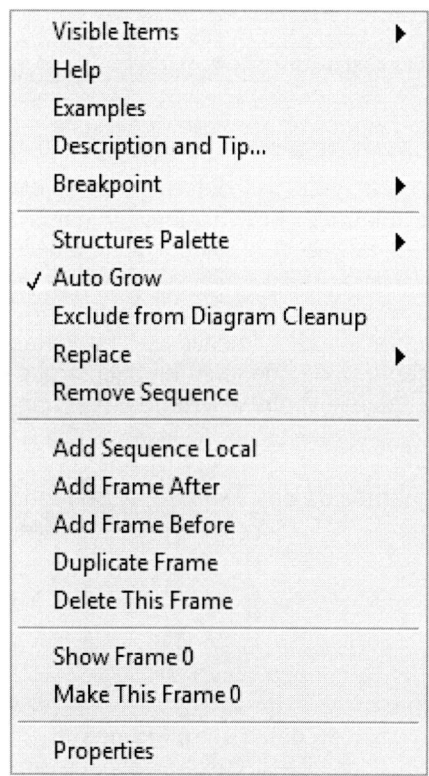

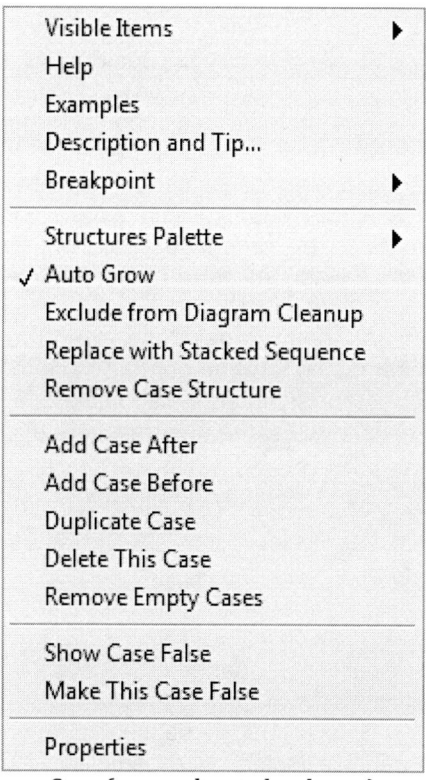

Stacked Sequence   Case (para selector booleano)

- Show Case o Show Frame: Nos permite ir directamente al subdiagrama que queremos visualizar sin tener que pasar por todos los Case o Frame intermedios que pudiera haber. Al pulsar esta opción, un menú conteniendo todos los identificadores se desplegará y sólo tendremos que señalar con el cursor del ratón el que deseamos ver. Si sólo hubiese dos subdiagramas nos aparecerá directamente el nombre del único identificador que podemos visualizar, como es el caso del Case con selector booleano.

- Add Case After o Add Frame After: Este comando inserta un subdiagrama vacío inmediatamente después del que se está visualizando.

- Add Case Before o Add Frame Before: Inserta un subdiagrama vacío justo un nivel por encima del que se está visualizando.

- Duplicate Case o Duplicate Frame: Inserta una copia del subdiagrama visible inmediatamente después de él.

- Make This Case o Make This Frame: Mueve un subdiagrama a otra posición.

- Remove Case o Remove Frame: Borra el subdiagrama visible. Este comando no está disponible si solamente existe un **Case** o un **Frame**.

2.7 FORMULA NODE

Formula Node o nodo de fórmula es una función de características similares a las estructuras vistas anteriormente, disponible en la paleta **Structures** del menú **Functions**, pero que, en lugar de contener un subdiagrama, contiene una o más fórmulas separadas por un punto y coma. Usaremos **Formula Node** cuando queramos ejecutar fórmulas matemáticas que serían complicadas de crear utilizando las diferentes herramientas matemáticas que LabVIEW incorpora en sus librerías.

Una vez escrita la fórmula en el interior del rectángulo sólo tendremos que añadir los terminales que harán la función de variables de entrada o de salida; para ello desplegaremos el menú pop-up de la estructura y ejecutaremos el comando **Add Input** (añadir entrada) o **Add Output** (añadir salida).

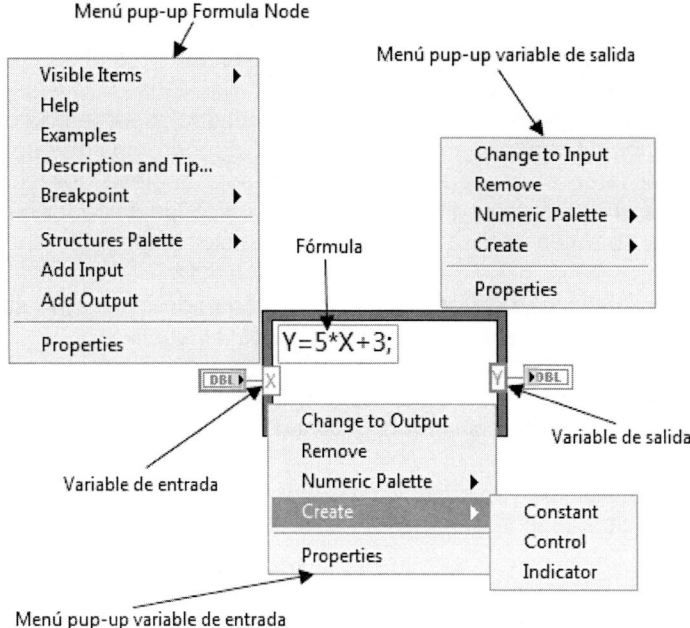

Figura 2.13 Formula Node

Cada variable, además, tendrá otro menú pop-up que permitirá definirla como de salida si anteriormente era de entrada, o de entrada si en un principio era de salida (**Change to Output** o Cambiar a Salida, **Change to Input** o Cambiar a Entrada). También podremos eliminarla mediante el comando **Remove**.

No hay límite para el número de variables o de fórmulas y nunca podrá haber dos entradas o dos salidas con el mismo nombre, aunque una salida sí podrá tener el mismo nombre que una entrada. Todas las variables de salida deberán estar asignadas a una fórmula por lo menos una vez.

La tabla muestra algunas de las funciones de **Formula Node**:

FUNCIÓN	DESCRIPCIÓN
abs(x)	Devuelve el valor absoluto de x.
acos(x)	Calcula el coseno inverso de x en radianes.
acosh(x)	Calcula el coseno hiperbólico inverso en radianes.
asin(x)	Calcula el seno inverso de x en radianes.
asinh(x)	Calcula el seno hiperbólico inverso en radianes.
atan(x,y)	Calcula la tangente inversa de y/x en radianes.
atanh(x)	Calcula la tangente hiperbólica inversa en radianes.
cos(x)	Calcula el coseno de x en radianes.
cosh(x)	Calcula el coseno hiperbólico de x en radianes.
cot(x)	Calcula la cotangente de x en radianes.
csc(x)	Calcula la cosecante de x en radianes.
exp(x)	Calcula el valor de e elevado a x.

ln(x)	Calcula el logaritmo natural de x.
log(x)	Calcula el logaritmo de x en base 10.
log2(x)	Calcula el logaritmo de x en base 2.
max(x,y)	Compara x con y, y devuelve el mayor valor.
min(x,y)	Compara x con y, y devuelve el menor valor.
mod(x,y)	Calcula el cociente de x/y.
rand()	Genera un número aleatorio entre 0 y 1.
sec(x)	Calcula la secante de x en radianes.
sign(x)	Devuelve 1 si x es mayor que 0, 0 si x es igual a 0 y -1 si x es menor que cero.
sin(x)	Calcula el seno de x en radianes.
sinc(x)	Calcula el seno de x dividido por x en radianes.
sinh(x)	Calcula el seno hiperbólico de x en radianes.
sqrt(x)	Calcula la raíz cuadrada de x.
tan(x)	Calcula la tangente de x en radianes.
tanh(x)	Calcula la tangente hiperbólica de x en radianes.
x^y	Calcula el valor de x elevado a y.

Si únicamente queremos implementar una ecuación compuesta sólo por una variable podemos utilizar la función **Expression Node** (Figura 2.14) que aparece en la subpaleta de *numerics*, de la paleta de funciones. Las funciones que podemos utilizar y la sintaxis es idéntica a la estructura **Formula Node**.

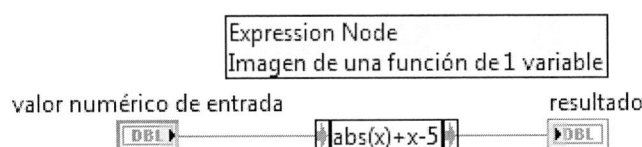

Figura 2.14 Uso de Expression Node para ecuaciones de una sola variable

2.8 VARIABLES LOCALES, GLOBALES y COMPARTIDAS (Shared Variables)

Las variables son imprescindibles en cualquier tipo de aplicación, ya que permiten almacenar la información necesaria para su resolución.

En LabVIEW todos los controles introducidos en el Panel Frontal que generan un terminal en la ventana Diagrama van a ser variables, identificables por el nombre asignado en la etiqueta. Pero puede ocurrir que queramos utilizar el valor de cierta variable en otro subdiagrama o en otro VI o, simplemente, que queramos guardar un resultado intermedio. La forma más sencilla de hacerlo es generando variables locales y/o globales dependiendo de la aplicación.

VARIABLES LOCALES

En las variables locales los datos se almacenan en algunos de los controles o indicadores existentes en el Panel Frontal del VI creado, es por eso que estas variables **no** sirven para intercambiar datos entre VI's. La principal utilidad de estas variables radica en el hecho de que una vez creada la variable local no importa que proceda de un indicador o de un control, ya que se podrá utilizar en un mismo Diagrama tanto de entrada como de salida.

Las variables locales están disponibles en el menú **All Functions/Structures** de la paleta **Functions** y disponen del siguiente menú pop-up:

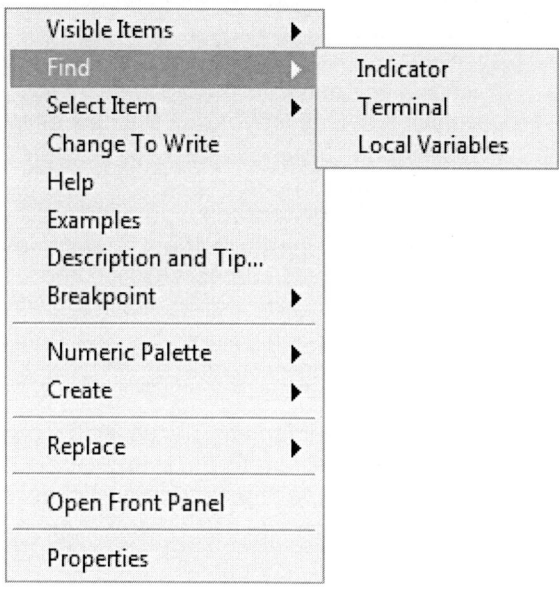

- Visible Items: Oculta o visualiza la etiqueta de identificación de la estructura y, si no existe, permite ponerla.
- Find: Permite encontrar el Control y Terminal del cual procede la variable local, así como otras variables locales de ese mismo control.
- Change To Read o Change To Write: Permite escoger entre leer o escribir en el control.
- Select Item: Visualiza una lista con el nombre de todos los controles existentes en el Panel Frontal y de ella escogeremos el control al cual queremos que haga referencia nuestra variable. Es por esto que para poder crear la variable local será imprescindible que el control tenga asignado un nombre de identificación. Una vez creada la variable local, si en algún momento se cambia el nombre del control origen, no será necesario cambiar también el nombre de la variable local ya que LabVIEW actualiza los cambios.
- Description and Tip: Permite añadir comentarios.
- Set Breakpoint: Pone un punto de ruptura para depuración.
- Create: Crea un Control, Indicador o Constante conectados a esa local.
- Replace: Sustituye la variable local por cualquier otra función.

VARIABLES GLOBALES

Las variables globales son un tipo especial de VI, que únicamente dispone de Panel Frontal, en el cual se define el tipo de dato de la variable y el nombre de identificación imprescindible para después podernos referir a ella.

Cuando escogemos la función **Global** del menú **All Functions/Structures** creamos un nuevo terminal en el Diagrama; este terminal corresponde a un VI que inicialmente no contiene ninguna variable. Para poderlas añadir haremos doble clic en el terminal y se abrirá el panel frontal. Una vez abierto, las variables se definen igual que cualquier control o indicador de un VI normal. Podemos crear un VI para cada variable global o definirlas todas en el mismo, que es la opción más indicada para cualquier aplicación.

Cuando terminemos de colocar todas las variables grabaremos el VI y lo cerraremos. Si una vez cerrado queremos añadir nuevas variables, bastará con volverlo a abrir e introducir los cambios necesarios.

Para añadir nuevos terminales que hagan referencia a las variables globales creadas, no volveremos a ejecutar la función *Global* ya que esto crearía un nuevo VI sino que abriremos el ya existente mediante el comando **Select a VI...** del menú *Functions* y seleccionaremos la variable en concreto a través de la ventana **Choose the VI to open**. El menú asociado a una variable global es prácticamente similar al de una local.

VARIABLES COMPARTIDAS (SHARED)

Las variables compartidas (Shared Variables), son un tipo de variables globales que permiten su uso en varios VIs dentro del mismo PC o incluso dentro de una misma LAN (Figura 2.15). Además permiten utilizar buffers, de manera que disponemos de los últimos n valores que toma la variable.

Las variables compartidas deben declararse dentro del proyecto y pueden declararse con diferentes tipos de datos (numéricos, booleans, strings, tanto escalares como arrays). La configuración de la variable se realiza mediante el acceso a sus propiedades desde el Explorador de Proyectos con clic en el botón derecho sobre la variable.

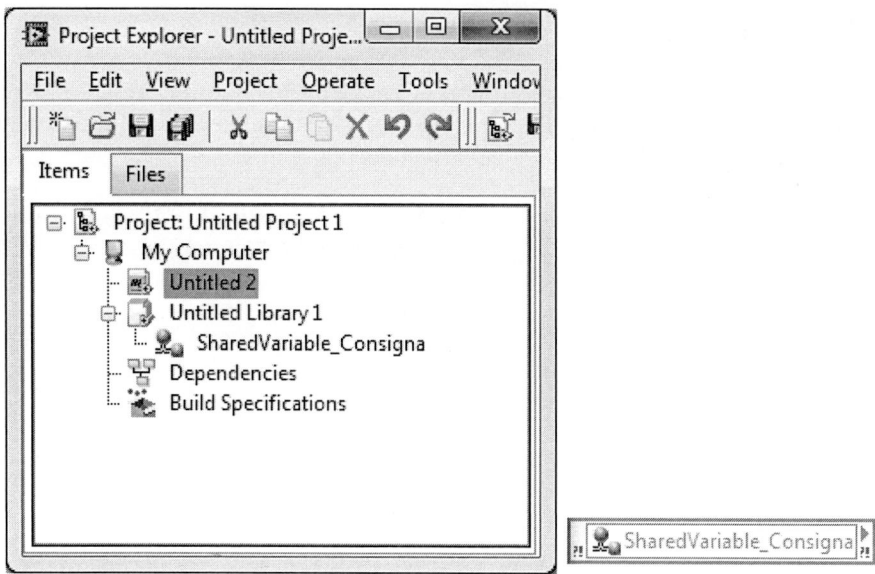

Figura. 2.15 Declaración de una variable compartida en el explorador de Proyectos y su terminal en el diagrama de bloques

2.9 PROPERTY NODE

Los **Property Nodes** o nodos de propiedad se pueden considerar como variables que dependen únicamente del terminal a partir del cual se han creado y que permiten leer o modificar atributos del panel frontal de un control o indicador como, por ejemplo, cambiarlo de color, hacerlo invisible, desactivarlo, leer posiciones de cursores, cambiar escalas, etc. Para crear un **Property Node** basta con seleccionar la opción *Create >> Property Node* del menú pop-up de cualquier control del Panel Frontal o terminal del Diagrama de Bloques. Una vez creado aparece en el Diagrama un nuevo nodo que puede ser tanto de escritura como de lectura. Una pequeña flecha a la izquierda del nodo indica que éste es de escritura, mientras que una flecha a la derecha indica que es de lectura. Además los **Property Nodes** tienen su propio menú pop-up como se muestra a continuación.

- Change All To Read o Change All To Write: Dependiendo de si el nodo es de escritura o de lectura aparecerá una opción u otra que nos permitirá cambiar entre ambas. Debido a que un mismo **Property Node** puede tener más de un terminal usaremos esta opción cuando queramos que todos ellos sean de escritura o de lectura.
- Find: Hay diferentes opciones:
  Control: Encuentra el control asociado a dicho **Property Node** en el Panel Frontal.
  Terminal: Encuentra el terminal asociado a dicho **Property Node** en el Diagrama de Bloques.

Property Nodes: Muestra todos los **Property Nodes** existentes en el Diagrama y que están asociados a dicho control.
Local Variables: Muestra las variables locales asociadas al control.

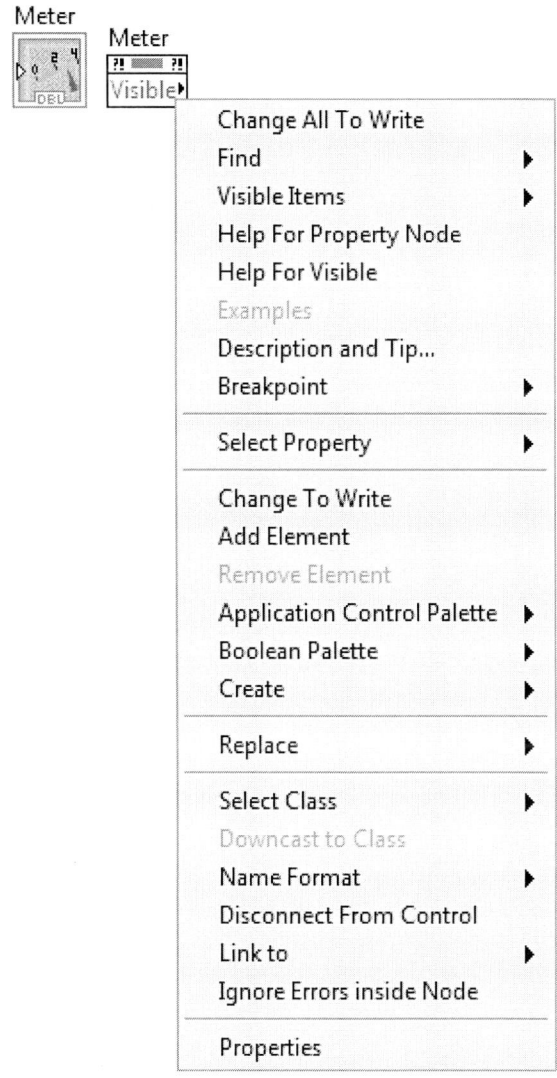

- Visible Items: Oculta o visualiza la etiqueta identificativa del **Property Node**.

- Description and Tip: Permite añadir comentarios.

- Replace: Sustituye el **Property Node** por cualquier otra función.

- Change To Read o Change To Write: Cambia a modo de escritura o de lectura únicamente el terminal seleccionado dejando los demás tal y como estaban.

- Select Property: Visualiza todas las propiedades disponibles para el control asociado al **Property Node** y permite cambiar una propiedad por otra diferente.

Podemos acceder directamente a esta opción colocándonos encima del atributo que deseamos cambiar y pulsando el botón izquierdo del ratón.

Por ejemplo, algunos de las propiedades para un control numérico son:

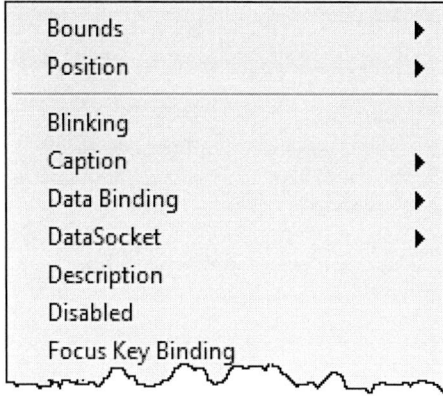

Add Element: Añade un nuevo terminal.

Remove Element: Borra el terminal seleccionado.

Algunos controles como los **Graph** tienen un gran número de propiedades. Muchas de estas propiedades se agrupan en categorías, como es el caso de **Y Scale** para un indicador **XY Graph**. Una pequeña flecha a la derecha del atributo nos indica que se trata de una categoría.

Se pueden seleccionar todos los atributos de una categoría de una sola vez mediante el comando **All elements** (todos los elementos), aunque también podemos seleccionarlos individualmente escogiendo el atributo específico.

La utilización de **Property Nodes**, así como de variables locales y globales, es muy importante ya que permite resolver de forma muy sencilla problemas de una gran complejidad que, de otra manera, serían prácticamente imposibles de solucionar. Por eso se aconseja al programador que se familiarice con el uso de estos tres nodos que le permitirán ahorrar mucho tiempo en un futuro.

2.10 EJERCICIOS

1. Aplicación estructura Bucle FOR

Deseamos realizar una aplicación que nos permita dado un número entero obtener como resultado la potencia en base 2 que nos indica ese número.

La solución es:

En la Figura 2.16 observamos el diagrama de bloque empleando la función **Scale by 2^n** que localizaremos en Functions/Arithmetic&Comparisson/Numeric. En la Figura 2.17 se visualiza el resultado de 2 elevado a 9, en un panel con un control y un indicador numéricos.

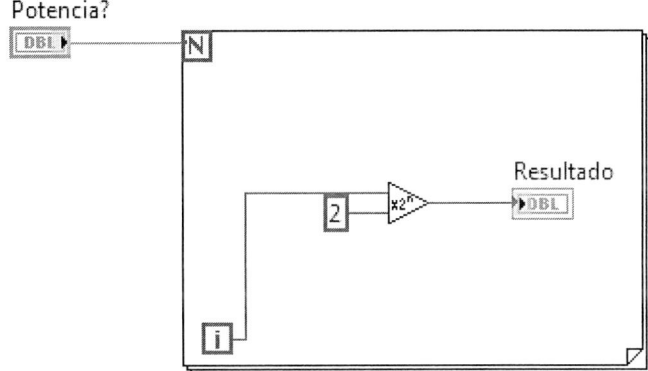

Figura 2.16 Ejemplo de Estructura FOR

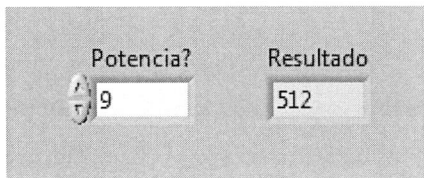

Figura 2.17 Panel frontal compuesto por un control y un indicador numéricos

2. Aplicación estructura Bucle WHILE

Deseamos introducir un valor numérico y obtener a la salida ese mismo valor incrementado en uno. Esa operación deseamos se realice de modo continuo hasta que pulsemos el botón stop.

La solución es:

En la Figura 2.18 observamos el diagrama de bloques empleando la función **Increment** que localizaremos en Functions/Arithmetic&Comparisson/Numeric. En la Figura 2.19 se visualiza el panel frontal.

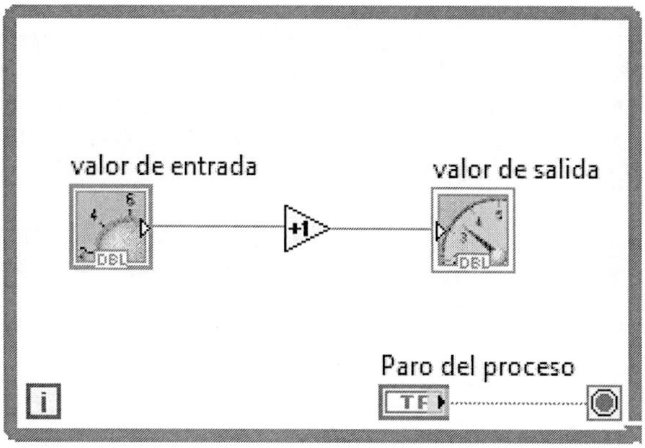

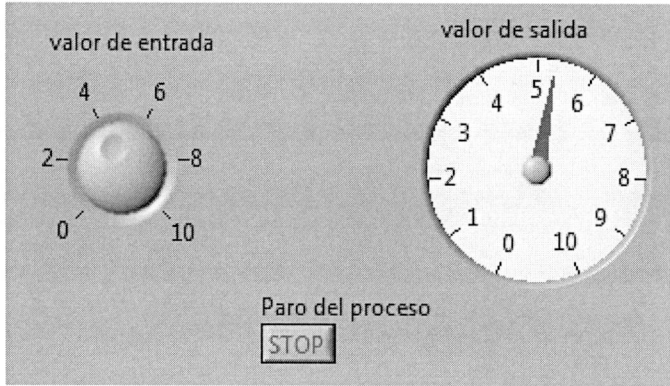

Figura 2.18 Diagrama de bloques empleando estructura WHILE DO

Figura 2.19 Panel frontal. Con control e indicador numéricos, así como botón de paro

3. Aplicación estructura Bucle WHILE y conexión túnel

Dado un valor numérico entero entre 0 y 100 y empleando la variable aleatoria, indicar cuantas veces intenta el programa la concordancia con el número propuesto hasta alcanzar el valor especificado.

La solución es:

En la Figura 2.20 observamos el diagrama de bloques empleando la función **Random Number (0-1)** que localizaremos en Functions/Programming/Numeric . En la Figura 2.21 se visualiza el panel frontal.

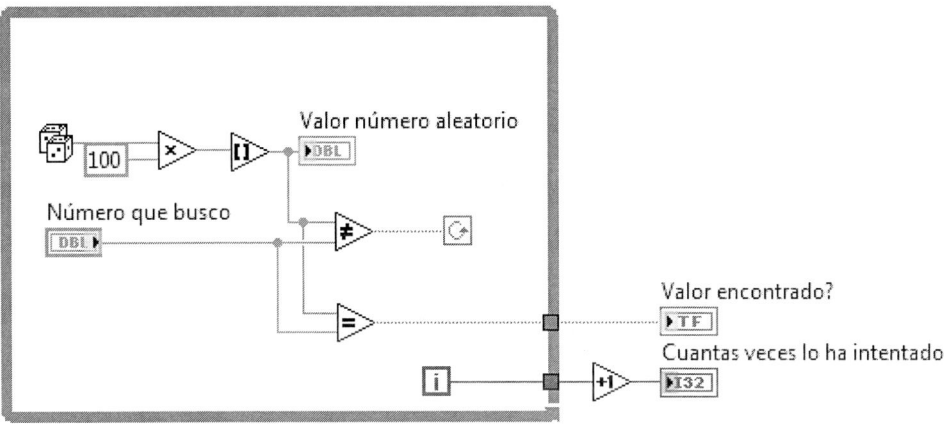

Figura 2.20 Diagrama de bloques empleando estructura WHILE DO y conexión túnel

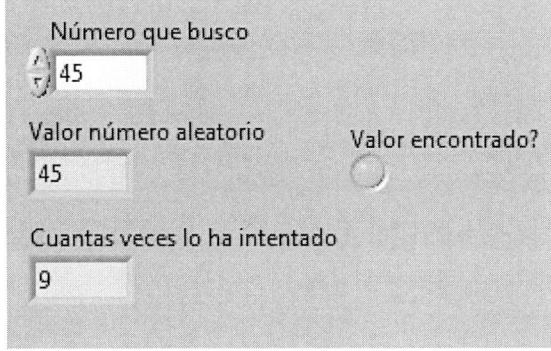

Figura 2.21 Panel frontal. Con Variable entrada (valor a buscar) e indicadores valor actual, número de iteraciones e indicador led de valor encontrado

Ajustar el rango de datos. Si al introducir el valor a buscar se coloca un valor fuera del rango especificado, veremos que el programa nunca finaliza ya que estamos comparando 100 en el mejor de los casos con otro valor mucho mayor. Para evitar este problema, vamos a fijar el rango de variación de nuestro control numérico de entrada entre 0 y 100 con incrementos de 1. Para ello debemos realizar clic con el botón derecho en el control numérico *Número que busco* y seleccionar **Data Entry**.

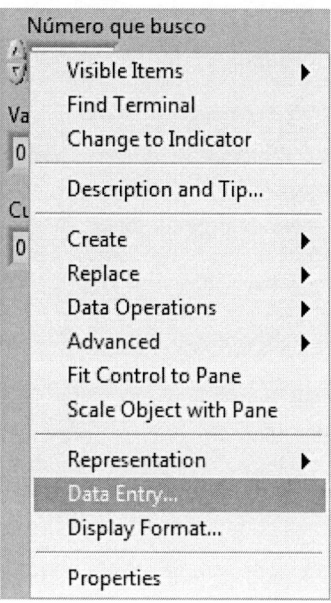

Al seleccionar Data Range nos aparece la pantalla que se muestra en la Figura 2.22 donde introducimos los valores del rango, valor máximo, mínimo e incremento.

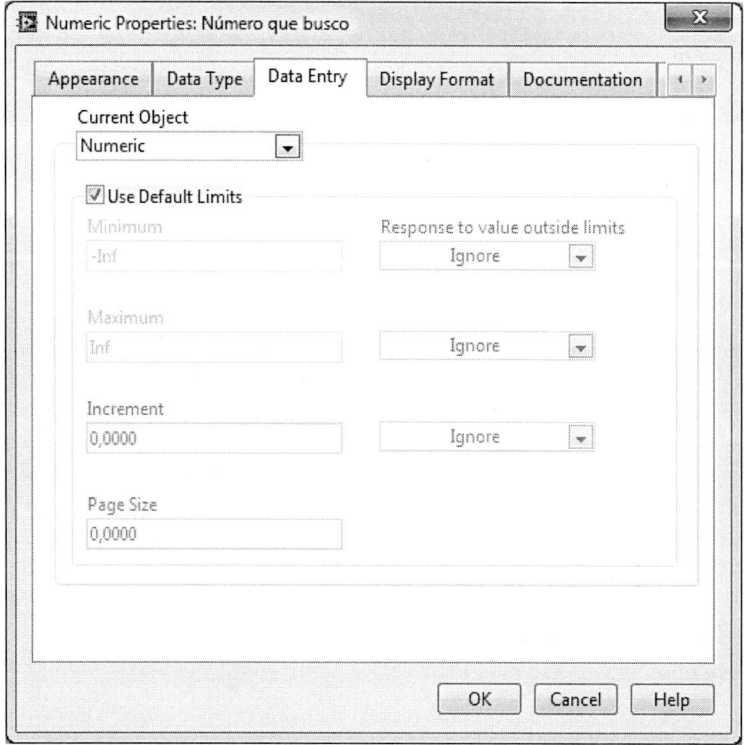

Figura 2.22 Pantalla para definir el rango y formato de los datos

> ➢ Se quita la marca de Use Default Range
> ➢ Se ajusta el Default value al valor deseado, por ejemplo 10
> ➢ Se ajusta el valor mínimo a cero. Out of range action a Coerce
> ➢ Se ajusta el valor máximo a 100. Out of range action a Coerce
> ➢ Se ajusta el increment a 1. Out of range action a Coerce to Nearest
> ➢ La representación se ajusta a la más idónea. En este caso integer I8 byte

Una vez ajustado el rango de valores, veremos que si intentamos dar al control numérico un valor mayor o menor del rango establecido, el programa nos fija el valor introducido al máximo o mínimo permitido según sea el caso.

En la opción Format and Precision podremos acabar de definir la presentación de los datos en pantalla.

4. Funciones de Espera

En el ejercicio anterior hemos comprobado como la ejecución del programa prácticamente es instantánea y no permite ver la evolución en tiempo de ejecución. Podemos incorporar funciones de espera como Wait Until Next ms Multiple para controlar la velocidad de ejecución del bucle.

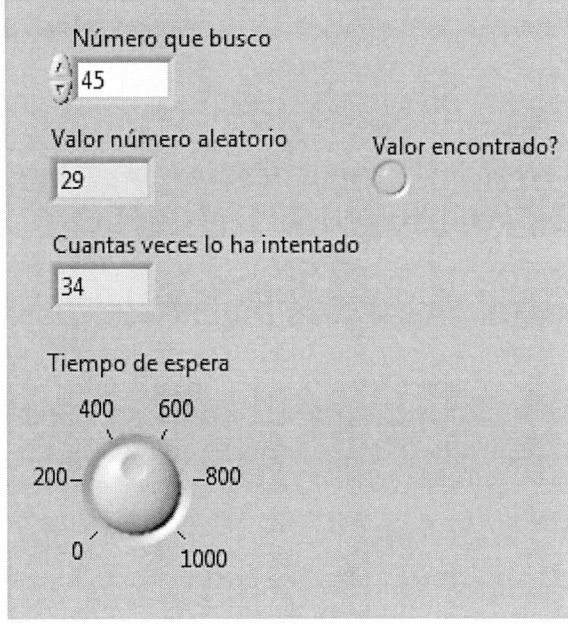

Figura 2.23 Panel frontal. Con Variable entrada (valor a buscar) e indicadores valor actual, número de iteraciones, indicador led de valor encontrado y valor del retardo

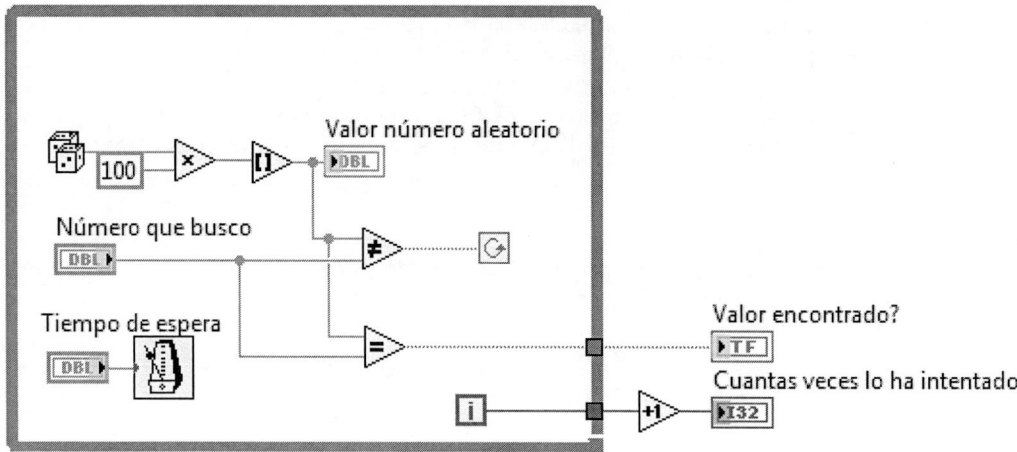

Figura 2.24 Diagrama de bloques empleando estructura WHILE DO, sincronización actividades y conexión túnel

5. Aplicación registro de DESPLAZAMIENTO

Deseamos realizar una aplicación que nos permita dado un número entero obtener como resultado 2 elevado a ese valor numérico.

La solución es:

En la Figura 2.25 observamos el diagrama de bloque empleando la función Multiply que localizaremos en Functions/Programming/Numeric . En la Figura 2.26 se visualiza el resultado de 2 elevado a 7.

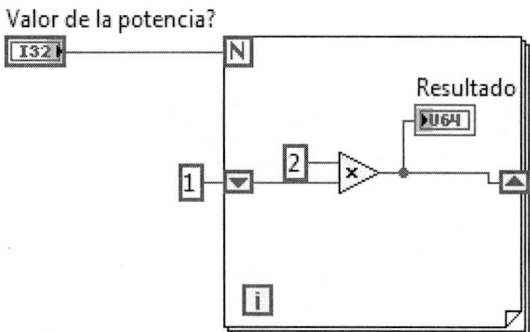

Figura 2.25 Diagrama de bloques empleando FOR

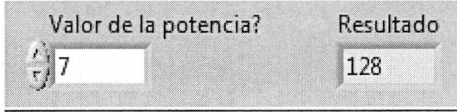

Figura 2.26 Panel frontal. Con Variable entrada (valor a buscar) e indicadores valor actual, número de iteraciones, indicador led de valor encontrado y valor del retardo

Los registros de desplazamiento o **Shift Register** tiene un par de terminales colocados a ambos lados del **Loop**, disponibles tanto en el **For Loop** como en el **While Loop**, permiten transferir los valores del final de una iteración al principio de la siguiente. El terminal de la derecha almacena el valor final de la iteración hasta que una nueva hace que este valor se desplace al terminal de la izquierda, quedando en el de la derecha el nuevo valor. Un mismo registro de desplazamiento puede tener más de un terminal en el lado izquierdo; para añadirlo escogeremos la opción **Add Element** (añadir elemento) del menú pop-up.

6. Aplicación estructura Case

Deseamos realizar una aplicación que nos permita elegir entre realizar el producto o la división de dos valores numéricos de entrada, y una vez elegida la opción realice la operación.

La solución es:

Se emplea una estructura case con una variable selectora booleana, que permitirá acceder a la realización de la operación de multiplicación en la opción TRUE (véase Figura 2.28), y a la división en la de FALSE. En ese segundo caso hemos de considerar la división por cero, caso que se considera en el panel frontal de la Figura 2.29, y se desarrolla en los diagramas 2.30 y 2.31.

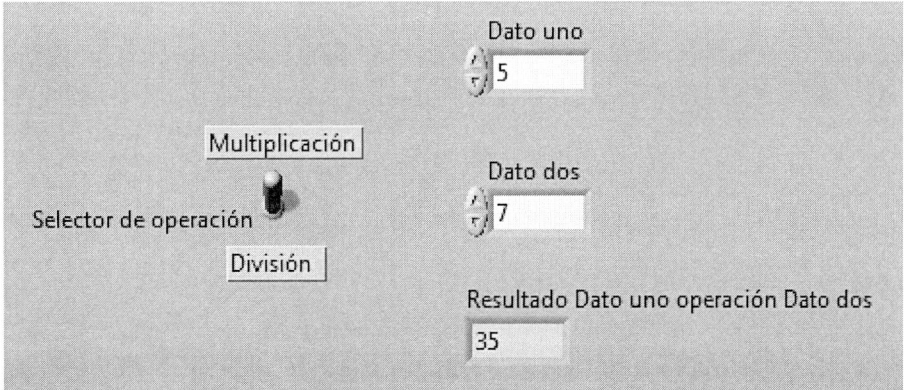

Figura 2.27 Panel frontal. Con Variable selectora booleana de entrada, indica la operación a realizar. Dos controles y un indicador, valores todos numéricos

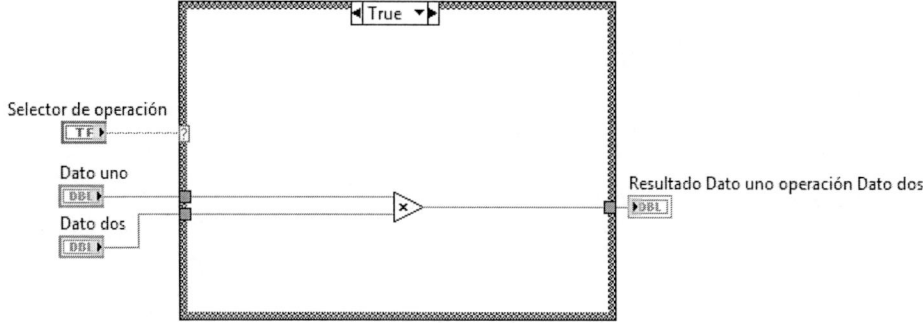

Figura 2.28 Diagrama de bloques utilización estructura CASE

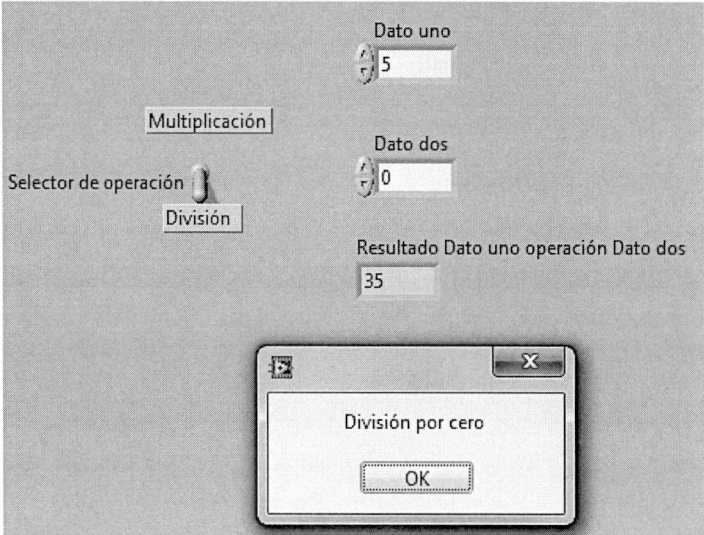

Figura 2.29 Panel frontal aplicación empleo de la estructura case en el que se considera el tratamiento de la división por cero

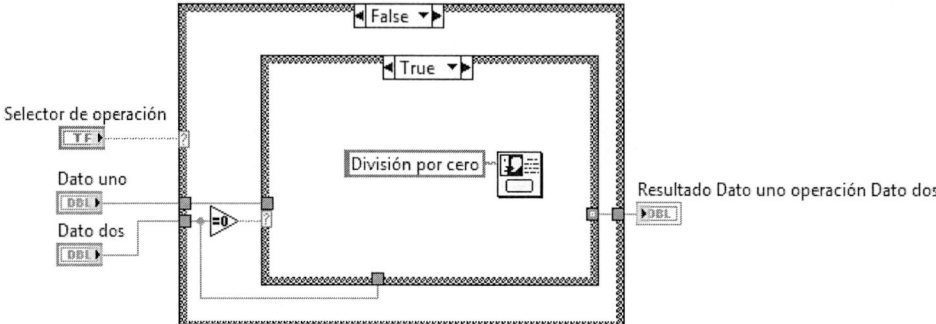

Figura 2.30 Diagrama de bloques si el denominador vale cero. Empleo One Button Dialog de la paleta Dialog&User de Programming para colocar el texto que sale en pantalla al dividir por cero; este botón de dialogo espera que aceptemos el error con un clic en OK

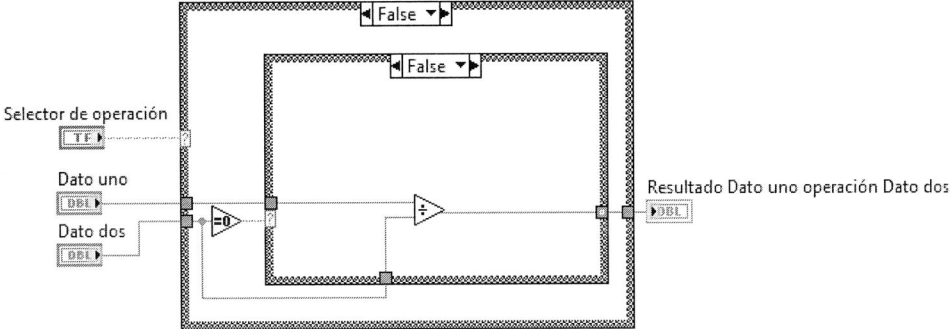

Figura 2.31 Diagrama de bloques con denominador distinto de cero. Funciones matemáticas de división y Equal to 0 en carpeta Arithmetic&Comparison de Functions

7. Aplicación estructura Sequence

En el Ejercicio 3 hemos diseñado una aplicación donde dado un valor numérico entero intenta encontrarlo mediante el empleo de una variable aleatoria. Ahora deseamos saber cuántos milisegundos tardará en encontrar ese valor.

La solución es:

Empleo de estructura Sequence. En primera casilla insertamos la función Tick Count (ms) del menú Programing/Timing, que devuelve el valor del tiempo actual. En la segunda casilla se realiza la búsqueda y en la tercera se conoce el valor actual al que se le resta el de la primera casilla. De ese modo sabemos cuánto ha tardado la búsqueda en realizarse.

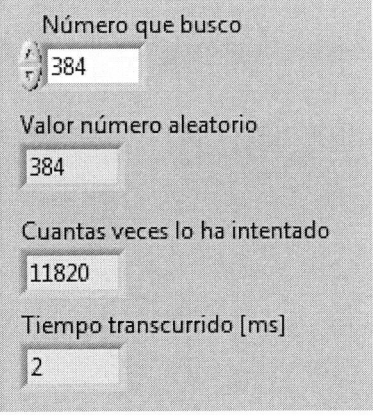

Figura 2.32 Panel frontal tiempo empleado en la búsqueda valor rango de 0 a 100.000

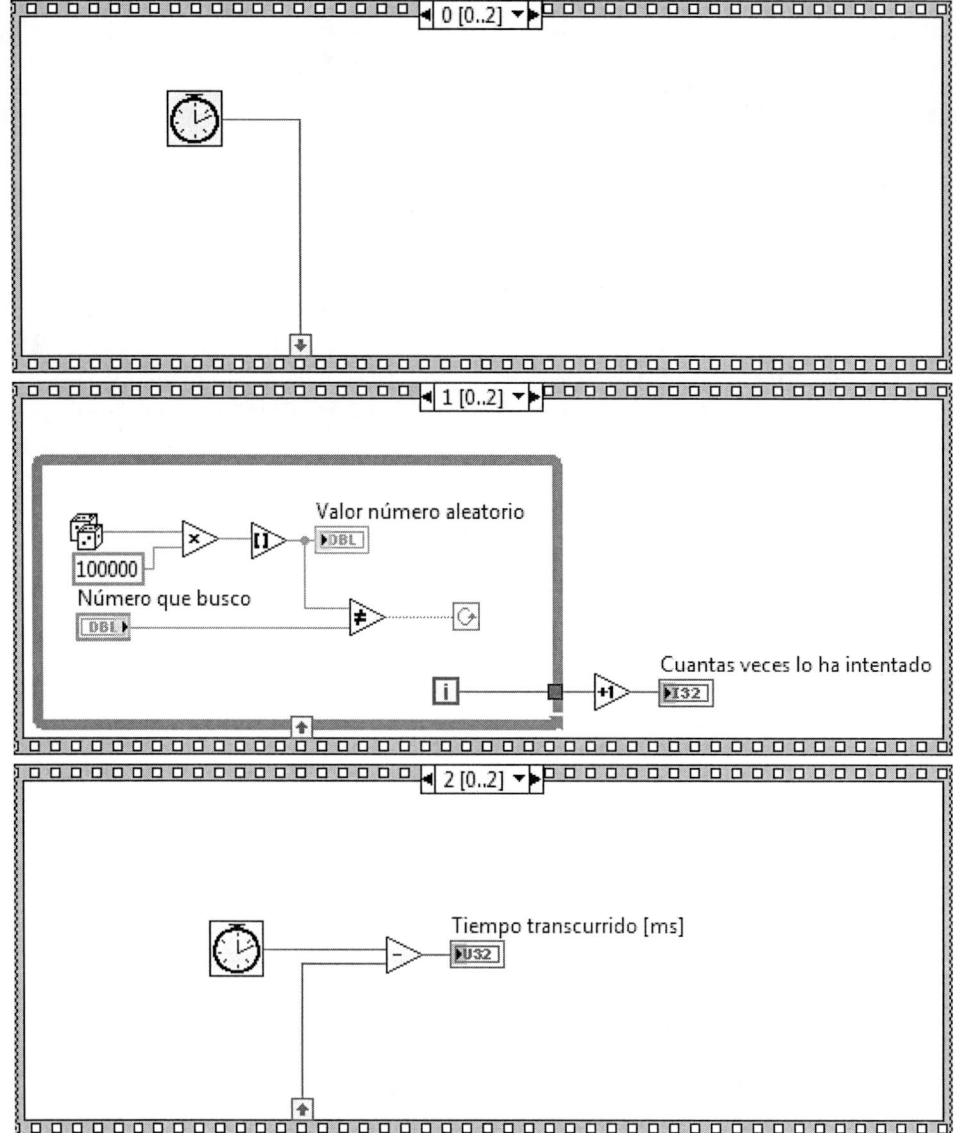

Figura 2.33 Diagrama de bloques cálculo tiempo invertido en la búsqueda valor numérico

Dado que el tiempo de ejecución para un valor de búsqueda tan pequeño es casi instantáneo, hemos cambiado el rango del valor de entrada del ejercicio 3 a un rango entre 0 y 100.000.

Otra alternativa de solución del ejercicio se muestra en la Figura 2.34, aquí no se emplean sequence local, para pasar valores de unas casillas a otras posteriores. Se emplea la herramienta túnel para acceder a determinados valores en cualquiera de las casillas del sequence.

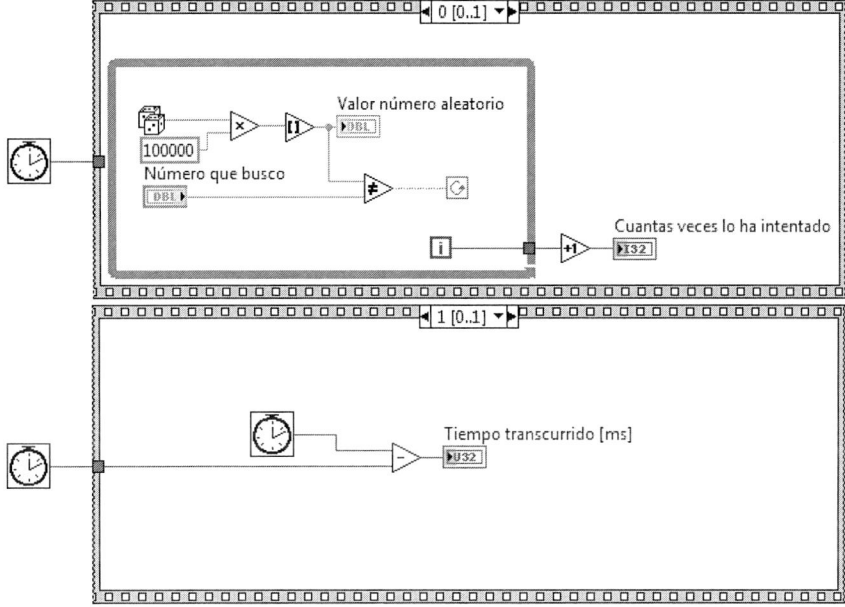

Figura 2.34 Diagrama de bloques cálculo tiempo invertido en la búsqueda valor numérico accediendo a los valores de la función Tick Count (ms) mediante túnel

3

Tipos de datos estructurados

3.1 INTRODUCCIÓN A LOS ARRAYS

Un array es un conjunto de datos, todos ellos del mismo tipo. Puede tener una o más dimensiones y hasta 2^{31} elementos por dimensión, según la memoria disponible. Un array puede ser de cualquier tipo excepto otro array, chart o graph (ver capítulo 4). Se accede a cada elemento de un array mediante un índice, el cual es cero-base, es decir, va de 0 a N-1, donde N es el número de elementos.

La creación de arrays de control o indicadores en el panel frontal se hace mediante la combinación del icono **Array** de la paleta **Array & Cluster** del menú **Controls**, con un objeto de datos, que puede ser numérico, booleano o string.

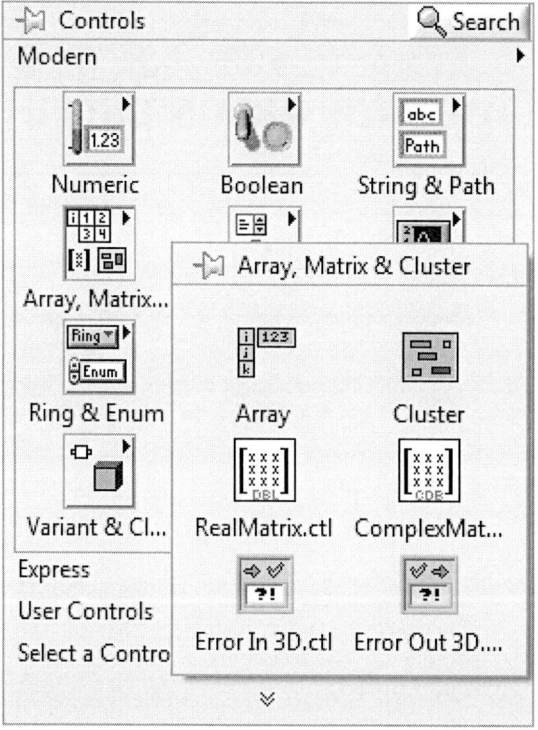

En la figura que sigue se presenta un **Array** vacío. Para crear un array hemos de llevar un objeto dentro de la *Ventana de Objetos* o situarlo directamente usando el menú pop-up.

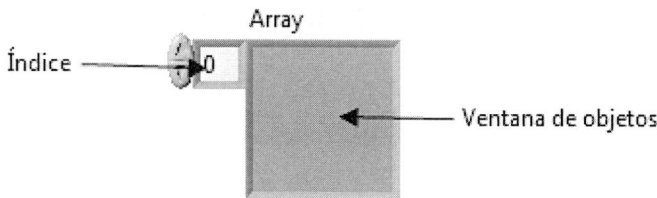

Un array de n-dimensiones necesita de n índices (cero-base) para localizar un elemento. En la figura siguiente hay un array de N columnas por M filas, conteniendo N veces M elementos.

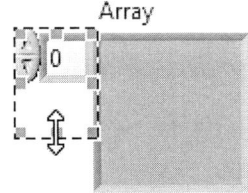

Se pueden añadir dimensiones a un array control o indicador de dos maneras: Desplegando el menú del **Index Display** (visualizador del índice) y, a continuación, escogiendo la opción **Add Dimension** (añadir dimensión); o situando el cursor sobre el **Index Display** y arrastrando hacia abajo tantas dimensiones como queramos.

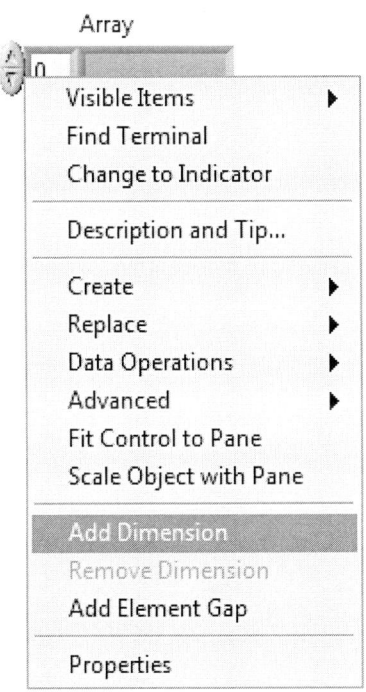

Podemos indexar e introducir elementos dentro de los arrays en los bordes de las estructuras **For Loop** y **White Loop** de manera automática. Esto es lo que se llama **auto-indexing** (autoindexado). La figura inferior presenta un ejemplo de ello: Cada iteración crea el siguiente elemento del array; una vez que se ha completado, el array pasa al indicador. Observar que el cable se hace más grueso al cambiar a array.

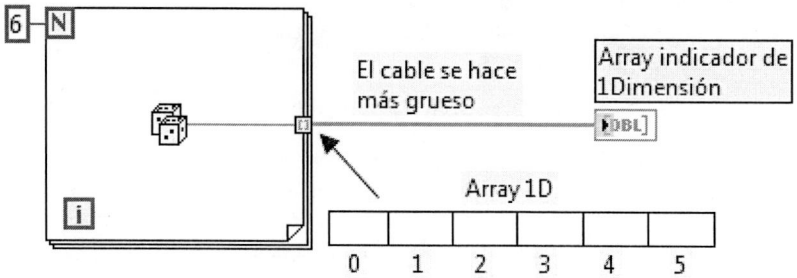

Para anular el auto-indexing hemos de desplegar el menú sobre el túnel de salida y escoger la opción **Disable Indexing** (deshabilitar indexado). Al desactivarlo, sólo el último valor pasará a través de túnel.

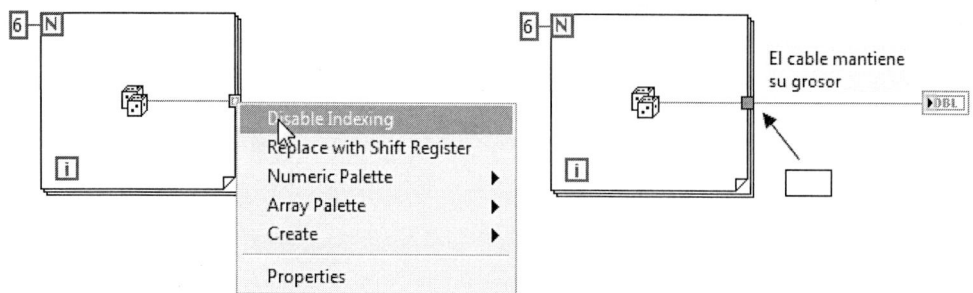

Sólo un valor (el de la última iteración) sale fuera del For Loop

Si queremos introducir elementos en un array de dos dimensiones podríamos usar un **For Loop** dentro de otro **For Loop**. El interior crea los elementos de columna, mientras que el exterior crea los elementos de fila.

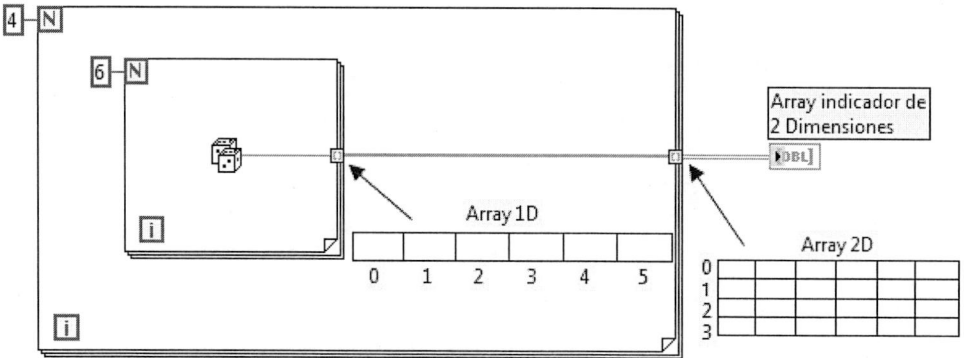

Si se habilita el auto-indexing sobre el túnel de entrada de un **For Loop**, LabVIEW toma el tamaño del array como el número de iteraciones; por tanto, no es necesario conectar ningún valor en **N**.

Si lo hubiese, o diversos arrays tuvieran **auto-indexing** de entrada, se tomaría como número de iteraciones el de menor tamaño.

Las funciones aritméticas (sumar, restar, multiplicar, dividir, etc.) son polimórficas, es decir, sus entradas pueden ser de diferentes tipos. Por ejemplo, podemos sumar un escalar con un array o dos arrays juntos.

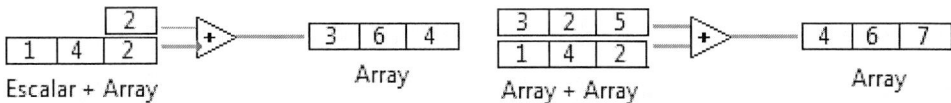

Escalar + Array   Array   Array + Array   Array

3.2 FUNCIONES CON ARRAYS

LabVIEW tiene en la paleta **Array** del menú **All Functions** de **Functions** un gran número de funciones para manipular arrays. Algunas de las más comunes se describen a continuación:

Array Size (tamaño del array): Da el número de elementos del array.

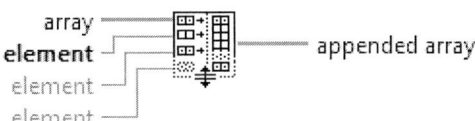

Build Array (construir array): Concatena arrays o añade elementos extras a un array. La función aparece como ▭⋯▭ cuando se pone en el diagrama de bloques. Podemos redimensionarla para incrementar el número de entradas.

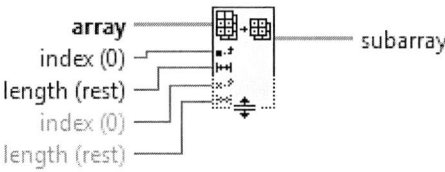

Array Subset (subarray de un array): Devuelve una parte de un array a partir de un índice y longitud determinados.

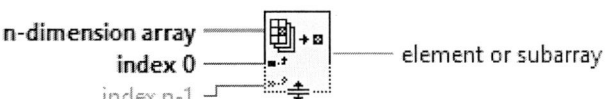

Index Array (indexar array): Accede a un elemento de un array.

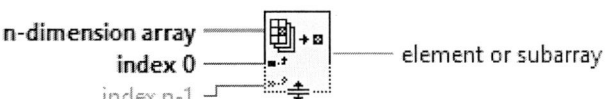

Insert Into Array (insertar dentro de un array): Inserta un elemento o un subarray en el array de entrada en el punto que especifiquemos en el **index**.

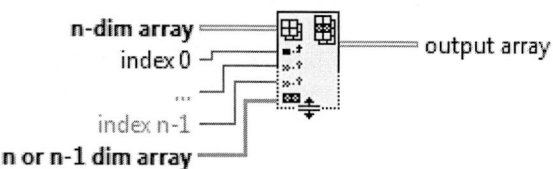

Replace Array Subset (reemplazar una parte de un array): Reemplaza un elemento o array en el array de entrada en el punto especificado por **index**.

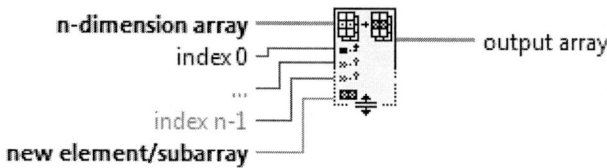

Delete From Array (borrar del array): Borra un elemento o sub-array del array especificado en **n-dimension array** y devuelve el nuevo array en **array w/ subset delete**. El elemento o sub-array eliminado es devuelto en **deleted portion**.

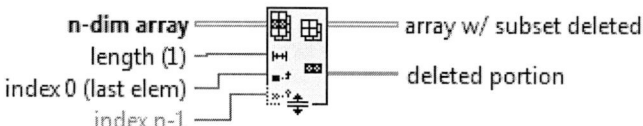

3.3 CLUSTERS

Un **cluster** en LabVIEW es una colección ordenada de uno o más elementos, similar a las estructuras **Record** del Pascal o **Struct** de C. A diferencia de los arrays, los **clusters** pueden contener cualquier combinación de tipos de datos. Se accede a sus elementos **unbundling** (literalmente "desenvolviéndolos") todos a la vez, en lugar de indexarlos uno a uno. Otra diferencia con los arrays es que los **clusters** tienen un tamaño fijo. Al igual que en el caso de los arrays, los **clusters** no pueden contener combinación de indicadores y controles.

Creamos un **cluster** de indicadores o controles poniendo cualquier combinación de booleanos, strings, charts, graphs, escalares, arrays o, incluso, otros clusters dentro de un **cluster shell**, al cual se accede a través del menú **Controls** del panel frontal. Un **cluster shell** nuevo tiene un borde redimensional y una etiqueta opcional.

Cuando hacemos pop-up dentro del área vacía del **cluster shell** aparece el menú **Controls**. Podemos situar cualquier elemento de este menú o bien arrastrarlo desde cualquier punto del panel frontal. El **cluster** pasa a ser indicador o control dependiendo del primer elemento que situemos en su interior.

Posteriormente podemos utilizar las opciones **Change to Control** (cambiar a control) o **Change to Indicator** (cambiar a indicador) para cambiar todos los elementos a la opción deseada.

A continuación se presentan las funciones más comunes para los **clusters**:

Unbundle (separar): Descompone un **cluster** en sus elementos individuales.

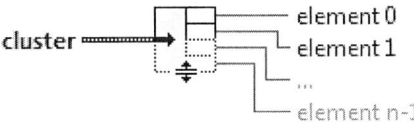

Bundle (unir): Une todas las entradas individuales en un único **cluster** o cambia los valores de los componentes conectados.

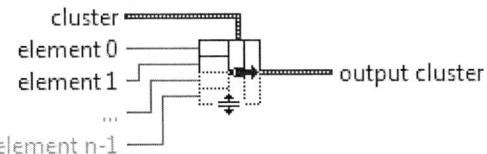

Unbundle by Name (separar por nombre): Devuelve los elementos del **cluster** cuyos nombres especificamos. Seleccionamos los elementos a los que queremos acceder haciendo pop-up sobre el nombre de los terminales de salida y seleccionando un nombre de la lista de elementos dentro del **cluster**.

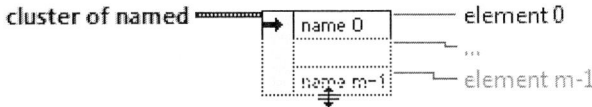

Bundle by Name (unir por nombre): Reemplaza componentes en un **cluster** ya existente. Siempre hemos de conectar las entradas del **cluster**. Si estamos creando un **cluster** como indicador podemos conectar una variable local de ese indicador. Si el **cluster** funcionará como control en un subVI, podemos hacer una copia de ese control sobre el panel frontal del VI y conectar los controles a la entrada el **cluster**.

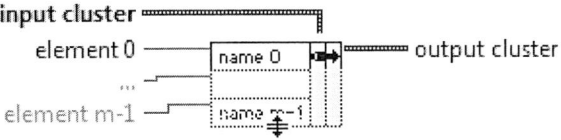

3.4 CONTROLES E INDICADORES *STRING*

En este apartado se describe cómo usar los controles e indicadores de **string** (cadenas de caracteres). Se puede acceder a estos objetos a través de la paleta **Text Inds** y **Text Ctrls** del menú **Controls**.

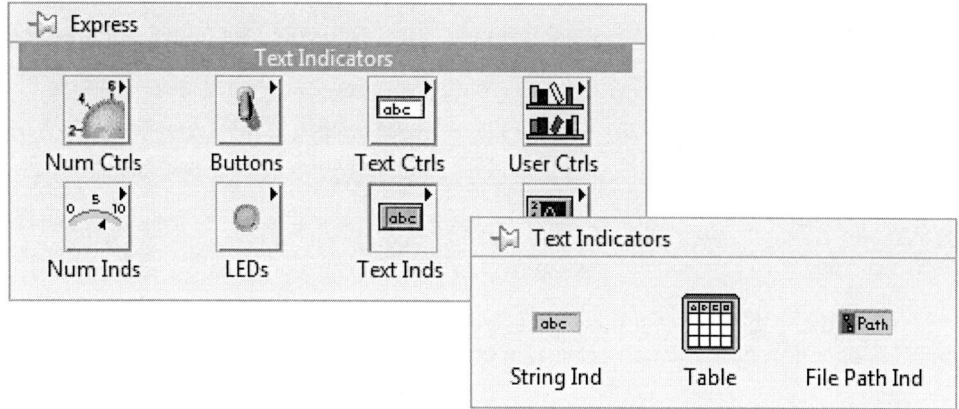

Un **string** es una colección de caracteres ASCII. No sólo se usan como mensajes de texto. En el control de instrumentos pasamos los datos numéricos como cadenas de caracteres o **strings**. A continuación convertimos esas cadenas en números. Así mismo se necesitan **strings** para almacenar datos numéricos en disco.

Control   Indicador

Se puede introducir o cambiar texto en un control **string** con las herramientas **operating** o **labeling**. El texto nuevo o cambiado no pasa al diagrama hasta que se pulsa Enter del teclado numérico, se hace clic en cualquier otra parte del panel o se pulsa Enter de la barra de herramientas. Pulsando la tecla Enter del teclado alfanumérico se consigue un salto de línea en el **string**.

Para entrar una tabulación en el **string** se ha de seleccionar la opción **\Codes** del menú pop-up del **string** y escribir \t. En la tabla siguiente se listan todos los códigos de los caracteres no-imprimibles que podemos usar con los **strings**:

Códigos	Interpretación en LabVIEW
\00 - \FF	Valor hexadecimal de un carácter de 8 bits. Debe ir en mayúsculas
\b	Backspace (ASCII BS, equivalente a \08)
\f	Formfeed (ASCII FF, equivalente a \0C)
\n	New line (ASCII LF, equivalente a \0A)
\r	Return (ASCII CR, equivalente a \0D)
\t	Tab (ASCII HR, equivalente a \09)
\s	Space (equivalente a \20)
\\	Backslash (ASCII \, equivalente a \5C)

Si necesitamos disminuir el espacio que ocupa un **string** en el panel frontal, podemos usar la opción **Scrollbar** (mostrar barra de desplazamiento) de su menú pop-up.

LabVIEW presenta un gran número de funciones para manipular **strings**. Estas funciones están disponibles desde la paleta **String** del menú **Functions** (Figura 3.1).

A continuación se describen algunas de las funciones más comunes:

String Length (longitud de la cadena): Devuelve el número de caracteres (bytes) en la cadena, que pude ser un escalar, un array n-dimensional o un cluster.

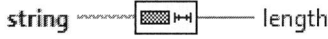

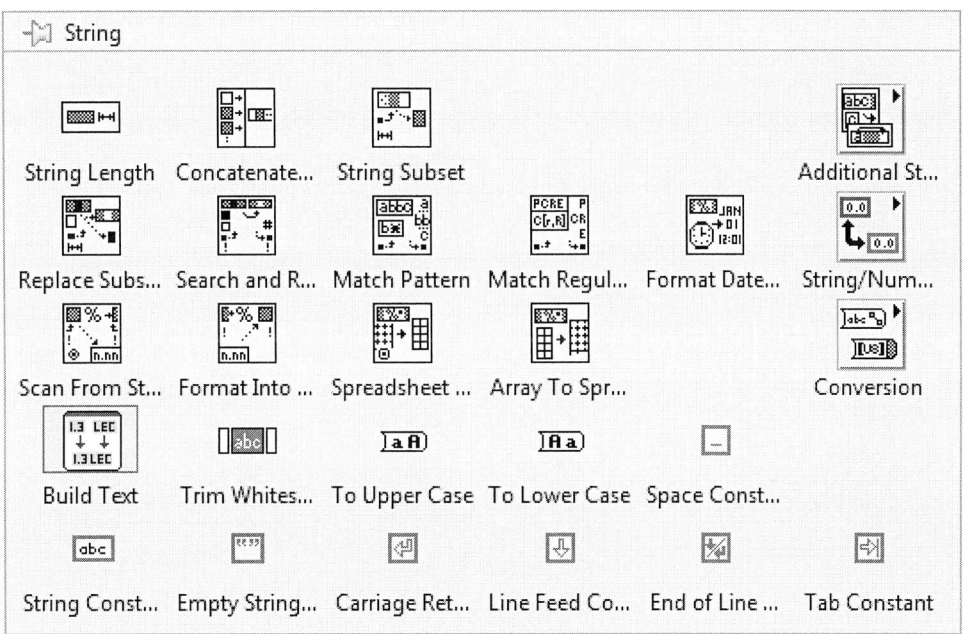

Figura 3.1 Funciones manipulación de strings

Concatenate Strings (unir cadenas): Concatena todos los strings de entrada en un único string de salida. String 0 y string 1 son los terminales de entrada por defecto. Se pueden añadir tantos como sean necesarios.

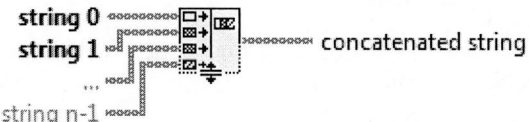

String Subset (subcadena de un string): Devuelve un *substring* del string original comenzando en el valor del *offset* y con la longitud determinada por *length*.

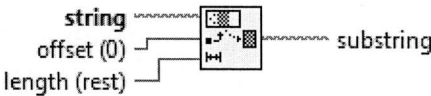

To Fractional (paso a fraccional): Se encuentra en **String/Number Conversion**. Convierte un número en un string de punto flotante con notación fraccional. El tamaño viene determinado por los parámetros *width* (ancho) y *precision*.

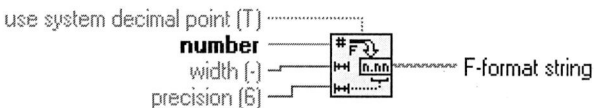

From Exponential/Fract/Eng (convierte desde los formatos exponencial / fraccional / ingeniería): En **String/Number Conversion**. Interpreta los caracteres 0 a 9, signo más, signo menos, e, E y punto decimal dentro de una cadena y a partir del *offset* como un número en formato coma flotante en notación de ingeniería o formato exponencial o fraccional y devuelve ese número.

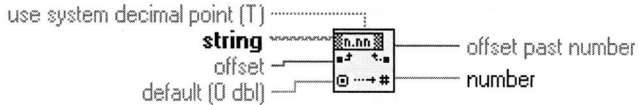

3.5 MANEJO DE FICHEROS

Las operaciones de entrada/salida (o escritura y lectura) con ficheros nos permiten almacenar y recuperar información a y desde un disco. LabVIEW presenta una gran variedad de funciones para tratar diferentes tipos de operaciones con ficheros. Estas funciones se encuentran en la paleta **File I/O** (entrada/salida de ficheros) de la Paleta de Funciones.

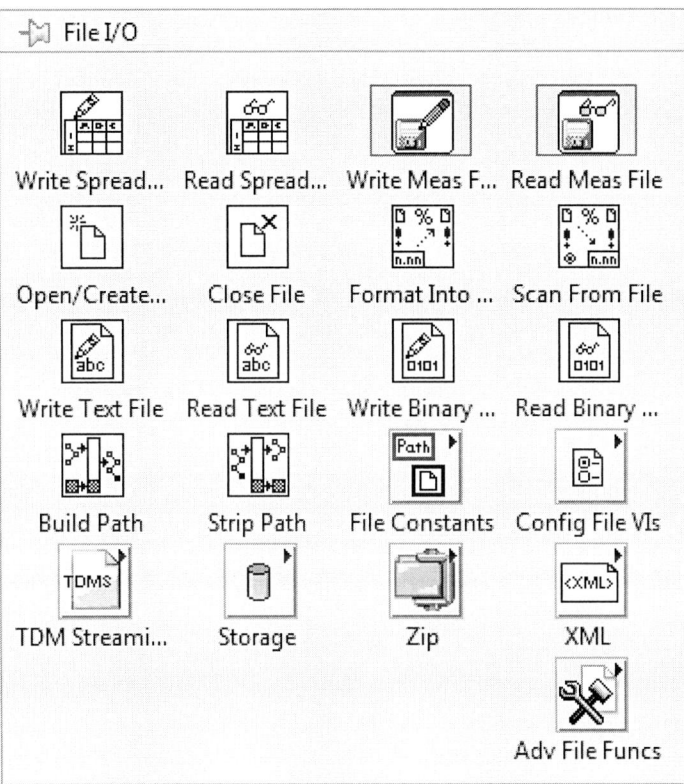

Disponemos en LabVIEW de varias opciones para almacenar datos en función del tipo de archivo que queramos utilizar. De entrada, podemos dividir los tipos de archivo en:

. archivos ASCII
. archivos binarios

Los archivos de tipo ASCII tiene la gran ventaja de poder ser interpretados por diferentes programas: desde el Bloc de Notas, a cualquier paquete de edición de documentos como Microsoft Office, o OpenOffice. El acceso a la información contenida en un archivo ASCII por cualquier persona es muy fácil, y esta es una de las grandes ventajas.

Por el contrario, el uso de archivos ASCII tiene algunos inconvenientes cuando nos interesa que la velocidad de escritura de los datos sea elevada, cuando el volumen de datos a guardar sea grande y el tamaño de los archivos a generar sea un parámetro crítico, o bien cuando la precisión de los datos numéricos sea importante y no nos interese truncar valores reales a un determinado número de decimales.

Los inconvenientes sobre el uso de archivos ASCII son resueltos con el uso de archivos binarios, puesto que el tamaño de los datos en el archivo vendrá definido por el tipo de datos, y no re realiza ningún tipo de truncamiento en los decimales cuando los datos son de tipo real, y en aplicaciones donde la velocidad de escritura en el archivo sea crucial será recomendable el uso de archivos binarios.

Como ejemplo, una variable numérica de precisión doble (DBL) con valor 247,54321 ocuparía en un archivo ASCII 9 bytes si decidimos configurar una precisión de 5 decimales, mientras que en un archivo binario, la misma variable con el mismo valor ocuparía los 4 bytes que se utilizan para codificar un valor numérico de precisión doble. Además, en el momento de realizar la escritura en binario, debemos decidir cuántos decimales utilizaremos, y esta operación conllevará un truncamiento y una pérdida de precisión.

Para el manejo de archivos disponemos de varios subVIs en función del tipo de archivo y los tipos de datos que queramos guardar.

Unas de las funciones disponibles en LabVIEW son los subVIs:

Write To Spreadsheet file.vi y Read from Spreadsheet file.vi

Estos subVIs generan un archivo ASCII donde los datos se guardan en filas y columnas utilizando por ejemplo el tabulador para su separación o cualquier otro carácter que nosotros configuremos. Estos subVIs están indicados cuando los datos a almacenar sean arrays numéricos, de una o dos dimensiones. De esta manera, el array se almacena en el archivo de la misma forma que los representamos en el panel frontal de forma matricial.

Como ejemplo en la siguiente figura podemos ver el uso de Write To Spreadsheet File.vi donde vamos a almacenar en un archivo ASCII el contenido de la variable tipo array 2D data donde los valores van a estar separados por el tabulador (\t) y vamos a utilizar una precisión de 3 decimales. La precisión, el formato (decimal, hexadecimal, octal, fraccional o de ingeniería), el separador de decimales (punto o coma), etc… son parámetros que pueden configurarse. Para más detalles sobre esta configuración buscar en la ayuda "Format Specifier Syntax", donde se detalla la sintaxis de este parámetro.

Es importante saber que la función Write To Spreadsheet File.vi nos permitirá añadir más datos al final del archivo fácilmente. Esta función tiene un parámetro de entrada que configura la opción de añadir datos al final del archivo (*append to file?*), o por el contrario generar un archivo nuevo y/o reemplazar los datos anteriores.

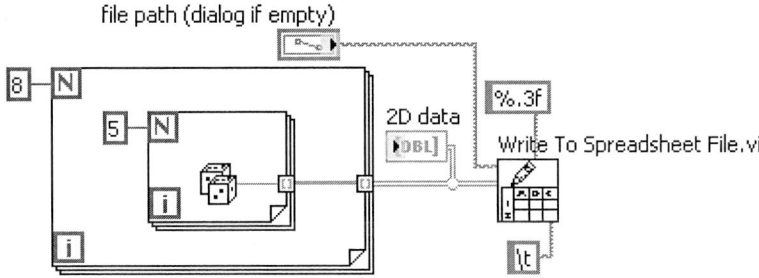

Los datos almacenados podemos verlos directamente mediante el Bloc de Notas de Windows o también con Microsoft Excel, y la apariencia se muestra en la siguiente figura.

spreadsheet.txt: Bloc de notas				
Archivo	Edición	Formato	Ver	Ayuda
0,467	0,933	0,383	0,575	1,000
0,862	0,660	0,410	0,743	0,616
0,292	0,158	0,991	0,111	0,686
0,008	0,228	0,887	0,881	0,548
0,895	0,476	0,233	0,955	0,784
0,903	0,604	0,510	0,510	0,533
0,720	0,998	0,848	0,031	0,145
0,811	0,720	0,705	0,407	0,276

En el caso que nos interese darle formato diferente a cada una de las variables numéricas o intercalar información adicional como por ejemplo la fecha o la hora debemos realizar conversión de cada variable numérica a String, y concatenar la información: variables, separadores y finales de línea tal como aparece en la siguiente figura. En este caso, utilizaremos la función Write To Text File.vi para guardar los datos en el archivo.

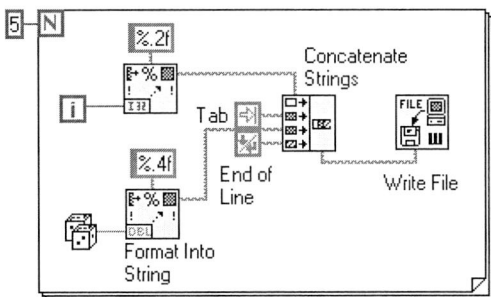

Tal como se muestra en la figura anterior, las funciones Write To Text File.vi, y Read From Text File.vi nos permiten leer y escribir Strings en un archivo. Es necesario generar el contenido del string completo mediante la función Concatentate Strings. La función Write to Text File.vi también permite un array de Strings de 1 dimensión. Los datos se guardan en fichero ASCII donde cada elemento del array ocupará una fila.

Es necesario tener en cuenta, que el subVI Write To Text File, utilizado tal y como se muestra en la figura anterior, no permite añadir más datos a un archivo ya existente. Si necesitamos ir añadiendo strings de datos al archivo ASCII mediante la función Write to Text File.vi, será necesario utilizar las funciones de bajo nivel como se presentan en la figura siguiente donde es necesario recordar las operaciones básicas con ficheros (abrir – escribir o leer – y cerrar el archivo).

En este caso primero abrimos el archivo, después vemos la cantidad de datos en el archivo, posicionamos el puntero de escritura en el archivo al final mediante Set File Posicion, y finalmente escribimos los datos. Estas operaciones de bajo nivel no son necesarias si utilizamos los VIs de más alto nivel.

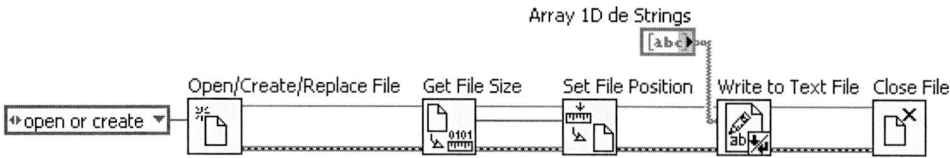

En cualquier caso, es necesario recordar que las operaciones de abertura y cierre del fichero conllevan un tiempo importante. Para aquellas aplicaciones donde la velocidad de escritura en un fichero sea importante utilizaremos técnicas conocidas como el Data Streaming a disco, donde la apertura del fichero se realiza una vez, después se realizan todos los accesos de escritura necesarios y finalmente y solo al final, cerramos el archivo tal como se muestra en la figura siguiente.

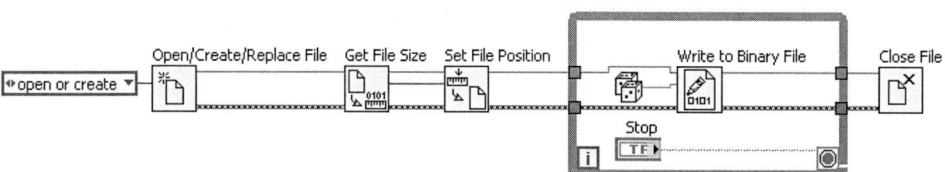

Vamos a ver ahora el uso de las funciones que nos permiten escribir o leer archivos binarios que aparecen en la figura siguiente:

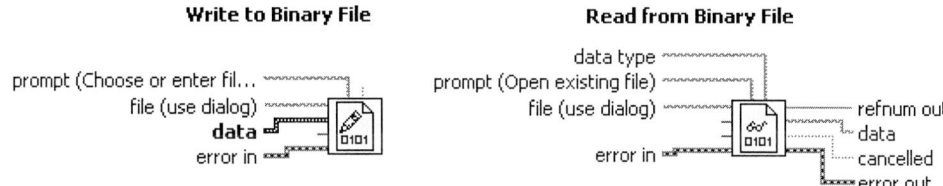

La función Write to Binary File.vi nos va a permitir escribir cualquier tipo de variable en un archivo binario: desde variables numéricas, booleanas, cadenas de caracteres, arrays o clusters. La estructura interna del fichero binario puede llegar a ser compleja, por lo que se aconseja que la lectura se realice también desde LabVIEW. Es muy recomendable que en un archivo binario únicamente convivan datos del mismo tipo, aunque sería posible mezclarlos, pero en este caso la lectura será realmente complicada.

Así pues, como vemos en la figura siguiente, es posible escribir en binario cualquier tipo de variable. Desde un array de numéricos, hasta un cluster, incluso un array de clusters. Lo más importante de esta técnica es recordar el tipo de datos que almacenamos en el archivo binario, pues después es necesario al hacer la lectura. Como vemos en la figura, la función Read From Binary File.vi, necesita un parámetro que especifica el tipo de datos guardado. Este puede ser una constante del mismo tipo. Es necesario ser cuidadoso con esta técnica, porque si olvidamos el tipo de variables que guardamos será prácticamente imposible recuperar los datos del archivo. Este tipo de almacenamiento en archivos binarios es conocido como "LabVIEW DataLog Files".

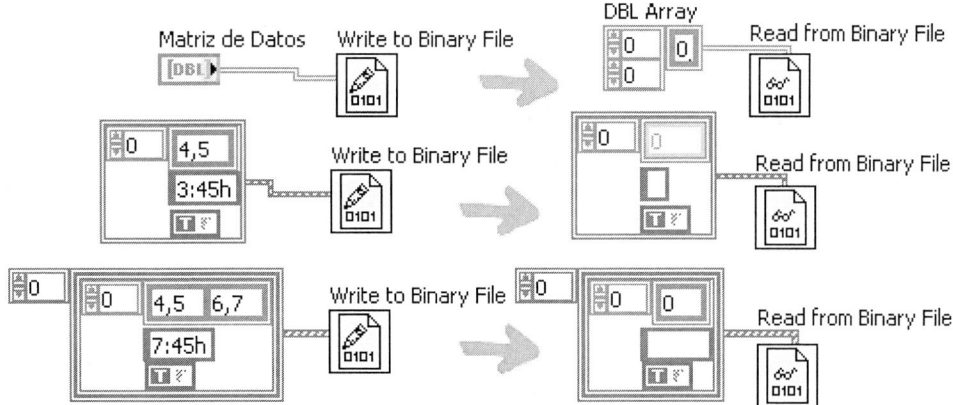

Por otro lado, National Instruments para facilitar el uso de archivos binarios dado sus ventajas ha generado un nuevo formato de archivos binarios conocido como archivos TDMS (Technical Data Management Streaming).

Para acceder a la información contenida en estos archivos es sencillo si lo realizamos desde LabVIEW, LabWindows/CVI o Diadem. Además también hay disponible un plug-in para Microsoft Excel que permite la importación de archivos TDMS.

El formato de cómo se estructuran los datos está estructurado y es público (http://zone.ni.com/devzone/cda/tut/p/id/5696) y nos permitiría generar nuestras propias aplicaciones para acceder a esta información.

En cualquier caso, si vamos a utilizar LabVIEW como herramienta para poder escribir y leer archivos TDMS disponemos de una completa API para el manejo de dicho formato tal como se muestra en la figura siguiente:

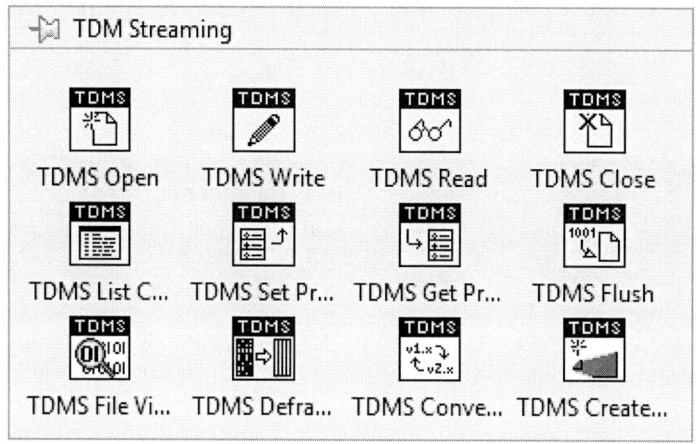

No vamos a extendernos en el uso de todas las funciones, pero si comentar algunos detalles más importantes. Los archivos TDMS tiene extensón .tdms y cada archivo .tdms lleva ligado otro archivo con extensión .tdms_index. Este otro contiene la información de cómo está estructurado el archivo .tdms internamente.

Los archivos TDMS están indicados principalmente para registrar mediciones dado que es realmente fácil crear "canales" para cada serie de datos y después si es necesario realizar agrupamientos de canales. Esta organización facilita posteriormente el acceso a la información. La API para archivos TDMS incluye el subVI TDMS File Viewer.vi que permite visualizar el contenido de cualquier archivo TDMS.

Una de las características muy importantes de los archivos TDMS es la posibilidad de almacenar, a parte de los datos de un canal, los metadatos de dicho canal, es decir las propiedades de dicho canal el nombre y código del test que se esta realizando, el nombre del operador que realiza las mediciones, números de identificación del dispositivo bajo test, la duración, etc.

3.6 EJERCICIOS

Primer ejercicio

Realizar la unión de dos arrays numéricos, uno de 3 elementos (llamado A1) y otro de 4 (A2). Al array resultante lo llamaremos A3. De este, extraer otro array que contenga 4 elementos a partir del tercero (llamado A4). Hacer la suma de A2 y A4, llamando al resultado A5. Extraer el valor situado en la mitad de A3 (llamado V3) y multiplicarlo con el valor medio de los elementos del array A5 (llamarlo VM5). El resultado de la multiplicación será M5. Grabarlo como C:\Mis Documentos\Arrays.vi

La solución es:

• Abrimos un panel nuevo con **Ctrl+N**.

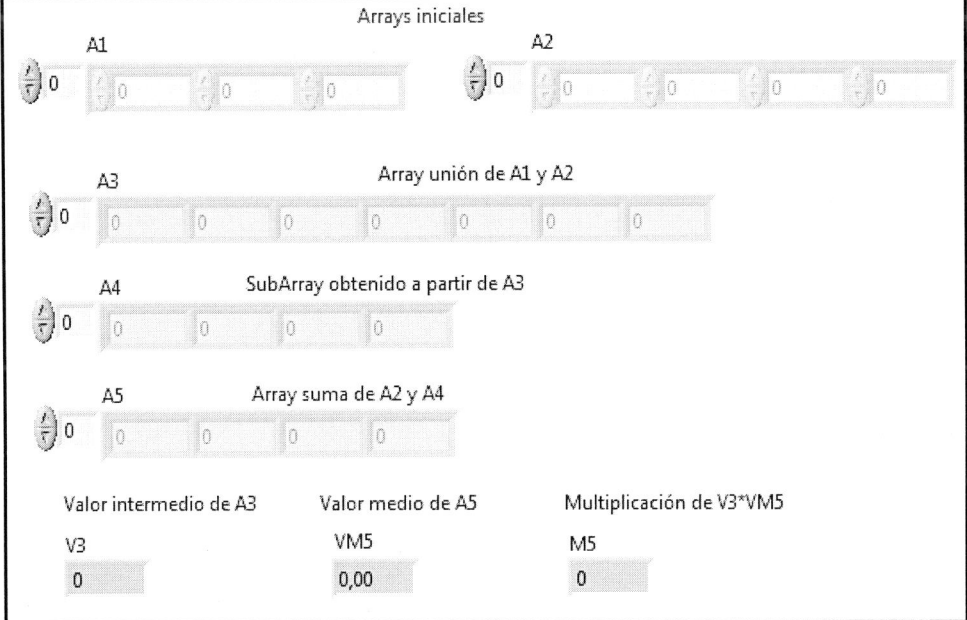

• Para crear A1 desplegar el menú **Controls>> All Controls** y tomar la opción **Array & Cluster**, cogiendo el elemento **Array**. Introducir el nombre del array (en este caso A1). Pondremos el cursor sobre el área vacía del array y de la opción **Numeric** de **Controls** tomaremos **Num Ctrl**.

• Una vez hecho esto situaremos la herramienta sobre una de las esquinas superior o inferior derecha del array y desplazaremos hacia la derecha hasta tener 3 elementos (en la esquina aparece una rejilla).

- Para crear A2 seguir los mismos pasos que para A1, con las modificaciones necesarias.

- El array A3 ha de tener 7 elementos (3 de A1 más 4 de A2). Seguiremos los pasos de A1 con las modificaciones necesarias. Tener en cuenta que ahora hemos de tener indicadores, por lo que en lugar de **Num Ctrl** tomaremos **Num Ind**.

- Para A4 seguiremos los pasos de A3, teniendo ahora 4 elementos.

- En el caso de A5, la suma de dos arrays da otro array, por lo que seguiremos los mismos pasos de A4.

- V3, VM5 y M5 serán sencillamente **Num Ind**.

- El siguiente paso es crear el diagrama de bloques. Vamos a él haciendo, por ejemplo, **Ctrl+E**.

- El aspecto ha de ser similar a:

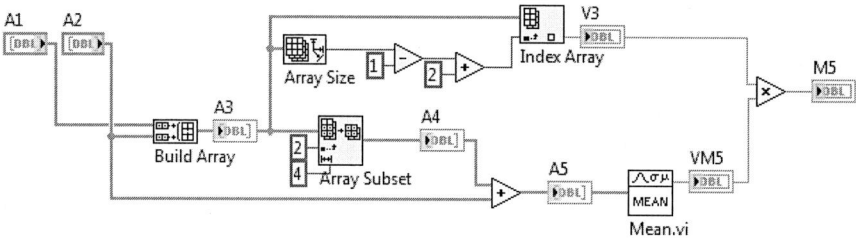

- A3 lo obtenemos con la función **Build Array** (All Functions → Array). El resultado pasa a la función **Array Subset** (All Functions → Array para obtener el subarray A4. El "2" representa el tercer elemento (recordar que los arrays son cero-base), mientras que el "4" indica cuántos elementos cogemos. Una vez obtenido A4, lo sumamos con A2 para obtener A5. Pasamos este último por el VI **Mean** (Functions → Analyze → Mathematics → Probability & Statistics) y obtenemos su valor medio.

- Para calcular el valor intermedio de A3 (o de cualquier otro array) primero obtenemos su longitud con la función **Array Size** (Functions → Array). Lo decrementamos en una unidad y lo dividimos por dos. De esta manera tenemos la posición intermedia. Finalmente usamos la función **Index Array** con esa posición y obtenemos el valor intermedio.

- Por último multiplicamos los valores intermedio de A3 y medio de A5.

- Para grabar haremos **Ctrl+S** y **C:\Mis Documentos\Array.vi**

Llenar el array A1 con los valores 1, 2, 3 y el array A2 con los valores 4, 5, 6 y 7. Comprobar que se obtienen los siguientes resultados:

La solución es:

- Pasamos al modo **run** con Ctrl+M.
- Con la herramienta 👆 vamos introduciendo los valores especificados para A1 y A2.
- Clic en ⇨ .

- Probar con otros valores y verificar el funcionamiento.

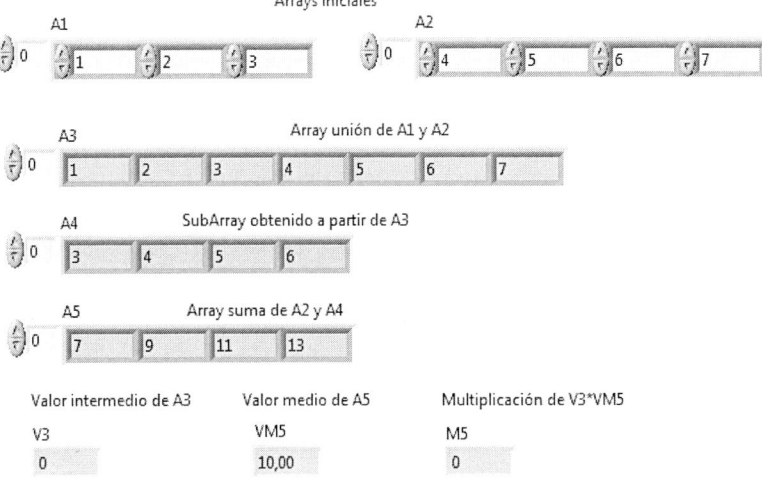

Ejercicio segundo

Construir un VI que convierta un número en un string, el cual se ha de concatenar con otro dos strings para formar una única cadena de salida. También hemos de determinar la longitud de la cadena final. Guardar como String.vi. El panel frontal ha de ser como sigue:

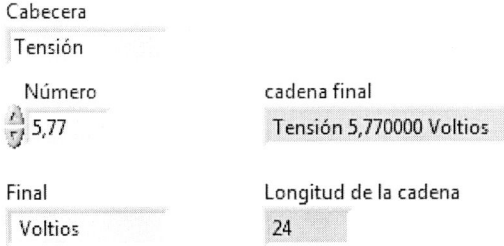

La solución es:

- Una vez abierto un nuevo panel, situamos los controles. Para Cabecera y Final, Controls ➔ Text Controls ➔ String Control. Para Cadena Final, Controls ➔ Text Indicators ➔ String Indicator. Para Número, Controls ➔ Numeric Control ➔ Num Ctrl. Y para Longitud de la cadena, Controls ➔ Numeric Indicador ➔ Num Ind.

- Vamos al diagrama (**Ctrl+E**).

- Para convertir Número en string tomamos la función **Format Into String** (Functions ➔ String). En su entrada *format string* introduciremos la cadena constante (All Functions ➔ String ➔ String Constant) "_%-f_". Con ello conseguimos que antes y después del número haya un espacio en blanco, además de convertirlo al formato fraccional.

- Con la función **Concatenate String** (All Functions ➔ String) unimos las tres cadenas, que se introducen en la variable Cadena Final.

- Para obtener la longitud de la cadena usamos la función **String lenght** (All Functions ➔ String).

- El resultado que guardamos, **Ctrl+S** y **C:\Mis Documentos\String.vi** ha de ser:

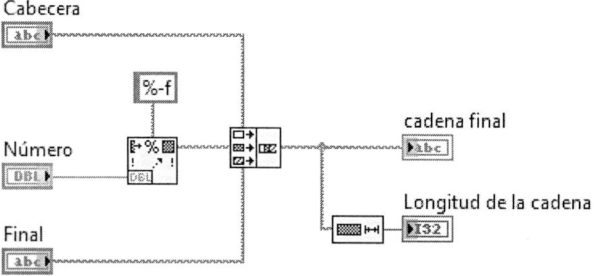

Ejercicio tercero. Creación de un cluster

Empleando Controls>>All Controls>>Array&Cluster>> Cluster. Se accede al control cluster, una vez colocado en el panel de control iremos incluyendo los diferentes controles que componen el cluster. En nuestro ejercicio en la estructura etiquetada como Cluster de Entrada, hemos incorporado un control numérico, dos interruptores, y otro control numérico en forma de cursor deslizante, arrastrando los controles dentro de la estructura del cluster.

Los diferentes elementos incorporados al cluster adquieren un orden que no se relaciona con su posición dentro del cluster, son etiquetados según se van incorporando, si borramos un elemento el orden se reajusta.

Para nuestro ejercicio en Figura 3.3 se observa el menú desplegable asociado al cluster y la opción de Reorder Controls In cluster se presenta en la Figura 3.4.

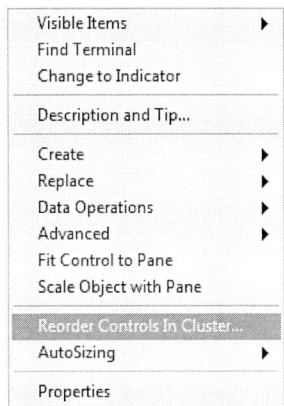

Figura 3.3 Menú desplegable del Cluster de Salida modificado del ejercicio tercero

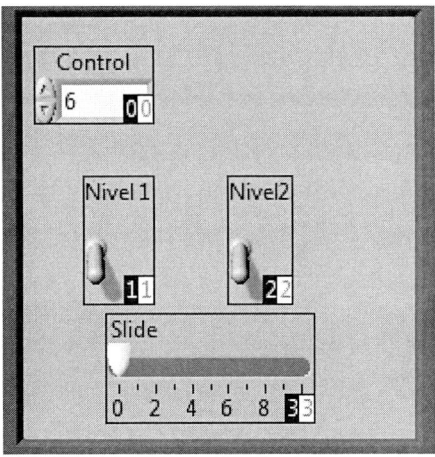

Figura 3.4 Orden de los diferentes controles del Cluster que puede ser modificado

En este ejercicio vamos a emplear las funciones Unbundle by Name, Bundle by Name, Unbudle y Bundle. Si miramos el panel frontal de la Figura 3.5 y el diagrama de la 3.6, nos preguntamos.¿Qué hace esta aplicación?

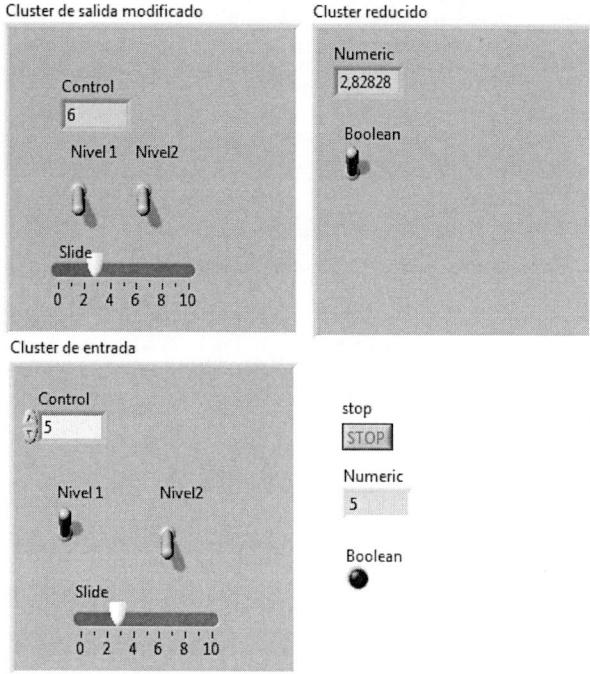

Figura 3.5 Panel frontal que incluye tres clusters, un indicador bolean, uno numérico y el botón de paro de la aplicación

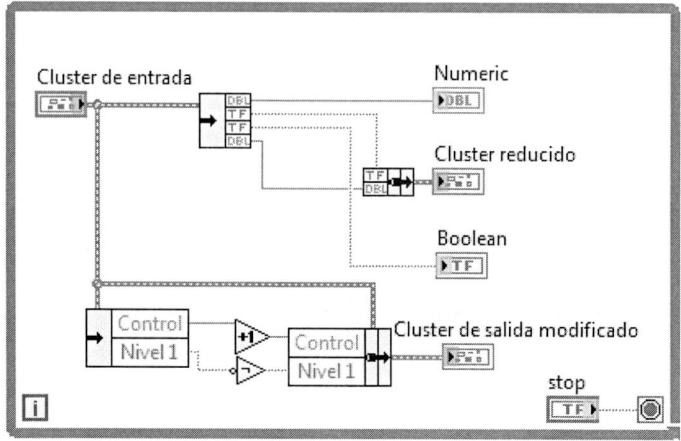

Figura 3.6 Diagrama de bloques de la aplicación

El campo control de la variable cluster de entrada se incrementa en uno y es el campo control del cluster de salida modificado. Así mismo el campo nivel 1 del cluster de entrada es invertido y será el valor de nivel1 del cluster de salida modificado. Se muestra el menú desplegado de la función unbundle by name.

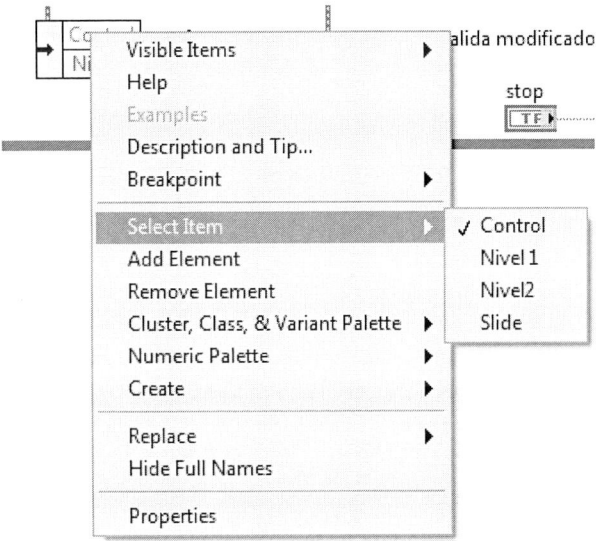

3.7 PROGRAMACIÓN DE UNA APLICACIÓN

Nuestra aplicación consiste principalmente en encender 12 leds de forma correlativa, estando en cada momento únicamente un solo led encendido y pudiendo escoger entre empezar a encenderlos por la izquierda o por la derecha.

Vamos a dividir nuestra aplicación en diferentes objetivos, de forma que en cada una utilicemos alguna de las estructuras vistas en los apartados anteriores. De esta manera, además, dividiremos nuestro problema en otros más sencillos y, por tanto, más fáciles de programar. Lo primero que haremos será crear en el Panel Frontal los siguientes controles:

*   Un array booleano con 12 leds cuadrados visibles y nombre de la etiqueta "array booleano".

    *   Un botón de stop rectangular.

    *   Un menú Ring de nombre "menú".

            0: De izquierda a derecha.
            1: De derecha a izquierda.

    *   Un interruptor vertical.

Objetivo 1:

Crear un array booleano de 12 posiciones de forma que cada una contenga el estado del led (apagado=false, encendido=true), cuya posición coincidirá con el índice del array. Para encender todos los leds será necesario repetir el proceso doce veces.

Objetivo 2:

Como habremos podido comprobar, los leds se encienden tan rápido que es prácticamente imposible darse cuenta. Para poderlo apreciar mejor, después de encender cada led introduciremos un tiempo de espera mediante la estructura *sequence*.

Objetivo 3:

Podemos apreciar cómo se van encendiendo los leds de izquierda a derecha, pero cuando se llega al último led el programa se detiene y a nosotros nos interesa que el proceso se repita hasta que sea abortado mediante un control disponible en el propio programa. Para ello utilizaremos la estructura *while* y un control booleano, (stop), que nos determinará la condición de repetición.

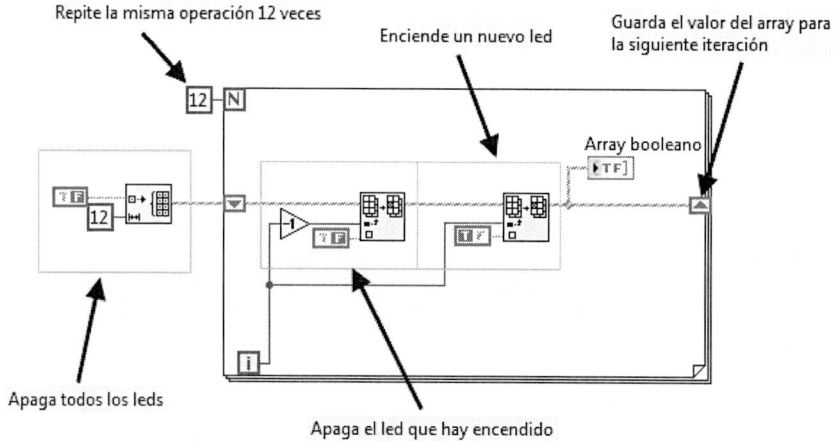

Figura 3.7 Estructura que enciende los leds una vez

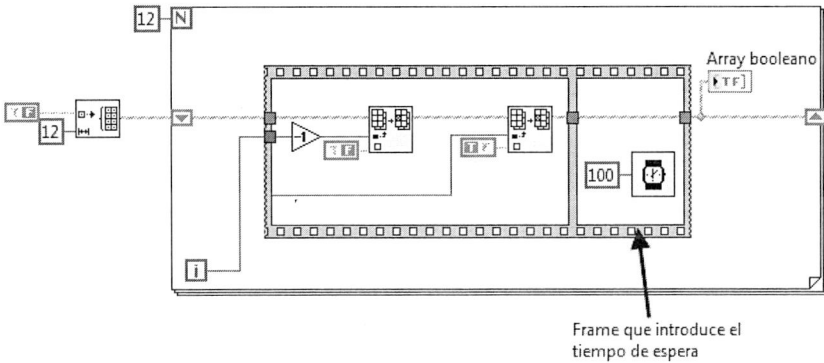

Frame que introduce el
tiempo de espera

Figura 3.8 Introducción de un tiempo de espera de 100ms

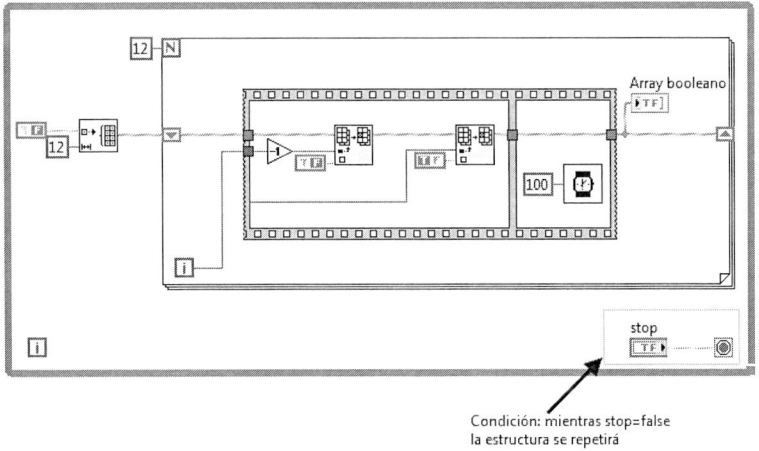

Condición: mientras stop=false
la estructura se repetirá

Figura 3.9 Rotación indefinida de los leds

Objetivo 4:

Ahora tan sólo nos queda hacer que los leds también se puedan encender de derecha a izquierda. Introduciremos un *case* dentro del *frame 0* al que conectaremos el menú del panel frontal que nos determinará hacia qué lado hemos de hacer el barrido (Figura 3.10).

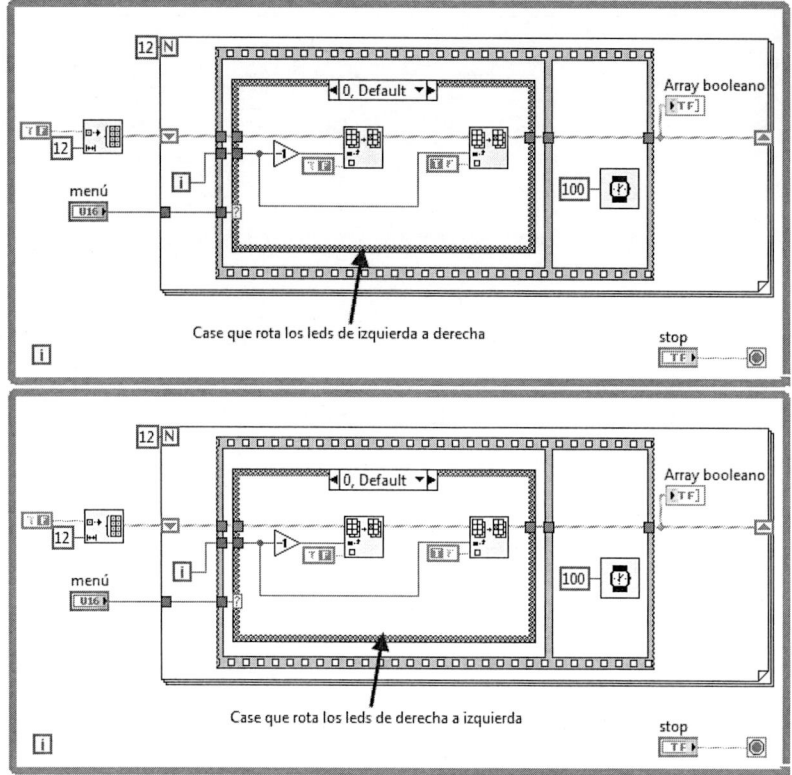

Figura 3.10 Estructura que nos permite escoger el sentido de la rotación

Ya habríamos terminado el problema inicialmente planteado, pero lo podemos complicar un poco más haciendo que los leds puedan rotar simultáneamente de izquierda a derecha e inmediatamente después de derecha a izquierda (Figura 3.11). Para ello añadiremos una opción más en el menú Ring (2: Izquierda- derecha-izquierda). En el nuevo case creado encenderemos el primer led de la izquierda y haremos que la variable menú tome el valor de cero de forma que se enciendan los leds de izquierda a derecha. Una vez hecho esto es necesario que la variable menú cambie su valor a uno para que se enciendan los leds de derecha a izquierda y así sucesivamente. Pero nos hará falta una variable de control que nos indique cuándo estamos encendiéndolos en una dirección determinada, porque así fue la opción escogida (y en ese caso no hay que alterar el valor de la variable menú) y cuando los encendemos porque venimos del case dos, siendo necesario alterar el valor de la variable menú. Todo esto tan difícil de explicar se consigue utilizando una variable global como control y una variable local que haga referencia a la variable menú.

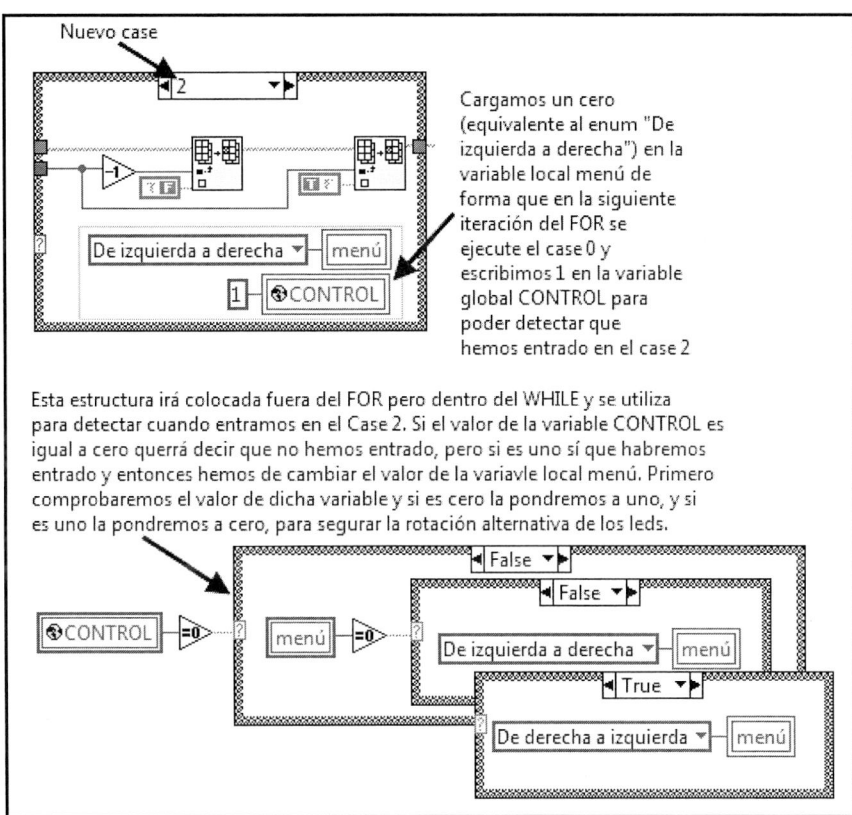

Figura 3.11 Modificación de la estructura inicial para añadir una nueva opción en el menú

Fuera de la estructura *While* será necesario inicializar las variables utilizadas para que en posteriores ejecuciones del programa no se produzcan situaciones extrañas, como podría ser que la variable control valiese uno mientras que la variable local menú valiese 0, lo que provocaría que al empezar la ejecución del VI los leds comenzaran a rotar en ambas direcciones mientras que, según el menú sólo deberían rotar en una. Nosotros hemos escogido un valor inicial de cero para la variable global control y un valor de uno para la variable local menú, aunque cualquier otra combinación coherente hubiese sido válida.

Hemos conseguido nuestro nuevo objetivo, pero la única manera de hacer que los leds dejen de rotar en ambas direcciones consecutivamente es pulsando el botón stop, ya que aunque en el menú queramos cambiar la dirección de rotación no podremos porque la variable control ya no se vuelve a poner a cero hasta que se reinicie el programa. Para devolver el control al menú podemos crear un interruptor booleano en el Panel Frontal que únicamente se habilite cuando entremos en el case 2 y que cuando sea pulsado cambie el valor de la variable control a cero para devolver el dominio de la rotación al menú. Para habilitar o deshabilitar un control utilizaremos los *Property Node*. El case 2 quedará entonces como sigue:

Figura 3.12 Inicialización de las variables menú y control

Dentro del While pero fuera del For añadiremos un case que compruebe si hemos pulsado el interruptor y si es así, que ponga la variable global control a cero; además, entonces habrá que habilitar de nuevo el menú, deshabilitar el interruptor y ponerlo en OFF. Para hacer esto aprovecharemos el case True de la estructura que comprueba el valor de la variable control:

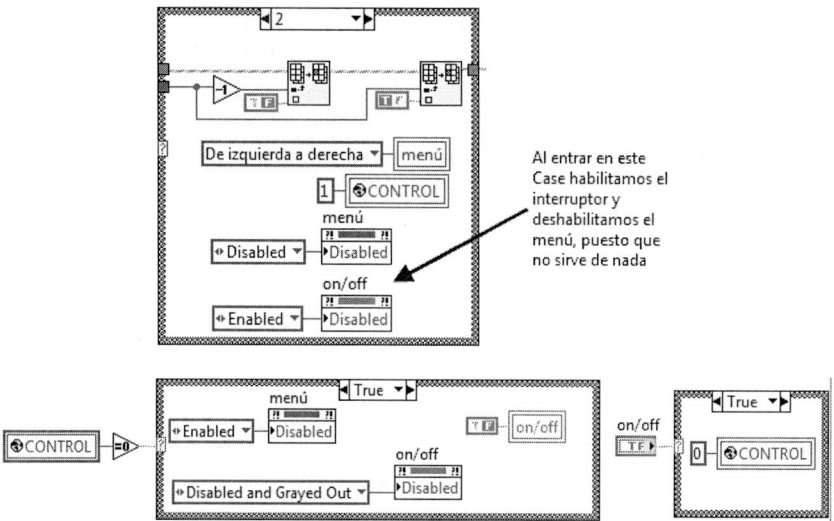

Ya tan sólo faltaría inicializar la posición del interruptor, deshabilitarlo y habilitar el menú al comienzo de cada ejecución del programa.

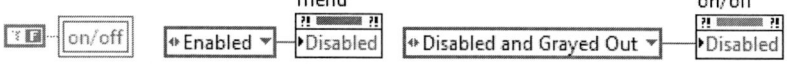

La inicialización de las variables es algo que también se puede hacer desde la opción *Data Operations* del menú desplegable de cada control o indicador a través de la opción *Make Current Value Default*.

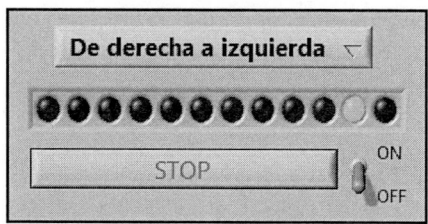

Figura 3.13 Posible diseño del Panel Frontal para la aplicación creada

4

Visualización de datos

4.1 INTRODUCCIÓN

En muchas ocasiones es necesario para una mayor comprensión de los resultados obtenidos representarlos gráficamente. Para ello LabVIEW dispone de varios tipos de gráficos accesibles desde el menú *Controls* del panel Frontal bajo el ítem *Graph,* divididos en dos grupos: Los *indicadores chart* y los *indicadores graph.*

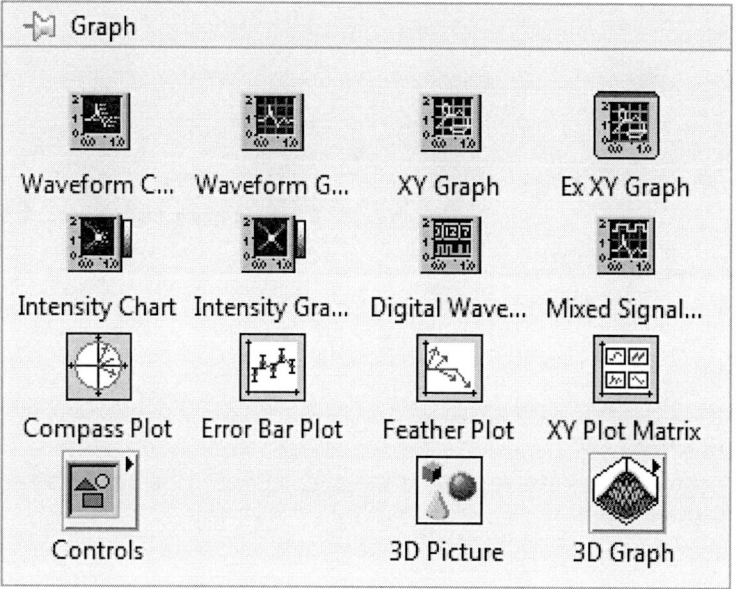

Un indicador *graph* o indicador gráfico es una representación bidimensional de una o más gráficas. El *graph* recibe los datos como un bloque. Un indicador *chart* o de trazos también muestra gráficas, pero este recibe los datos y los muestra punto por punto o array por array, reteniendo un cierto número de puntos en pantalla mediante un buffer disponible para ello.

En este libro trataremos los cinco primeros tipos de gráficos, recordando al lector interesado que puede consultar el *help* del LabVIEW para obtener información sobre los restantes tipos. En la versión LabVIEW 2010 también está disponible el Express XY graph.

4.2 INDICADORES CHART

<u>WAVEFORM CHART</u>

Waveform chart es un tipo especial de indicador numérico que muestra una o más gráficas, reteniendo en pantalla un cierto número de datos definido por nosotros mismos. Los nuevos datos se añaden al lado de los ya existentes, de forma que se pueden comparar entre ellos.

Los datos se pueden pasar uno a uno al *chart* o mediante arrays. Evidentemente es mucho más conveniente pasar múltiples puntos a la vez ya que de esta manera sólo es necesario redibujar la gráfica una vez y no una por cada punto (Figura 4.1).

Es posible dibujar varias gráficas en un mismo *chart*, uniendo los datos de cada gráfica en un cluster de escalares numéricos de forma que cada escalar que contiene el cluster se considera como un punto de cada una de las gráficas para una misma abscisa. Se puede ahorrar tiempo uniendo los clusters en arrays y después pasando todo el array a la gráfica.

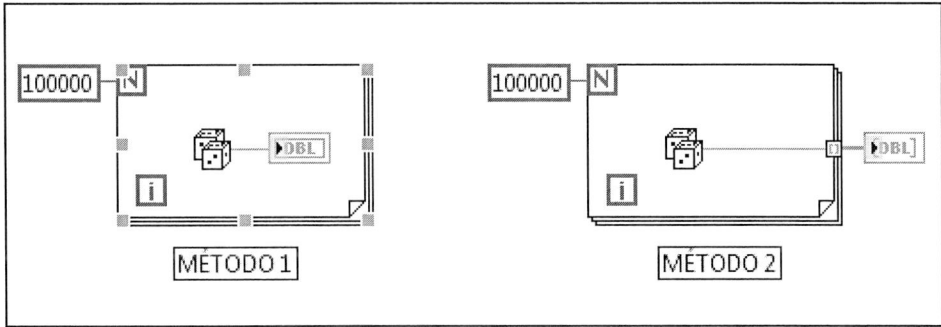

Figura 4.1 El método 1 tarda en dibujar los 100.000 puntos mucho más tiempo que el método 2

Desplegando el menú pop-up se tiene acceso a las siguientes opciones:

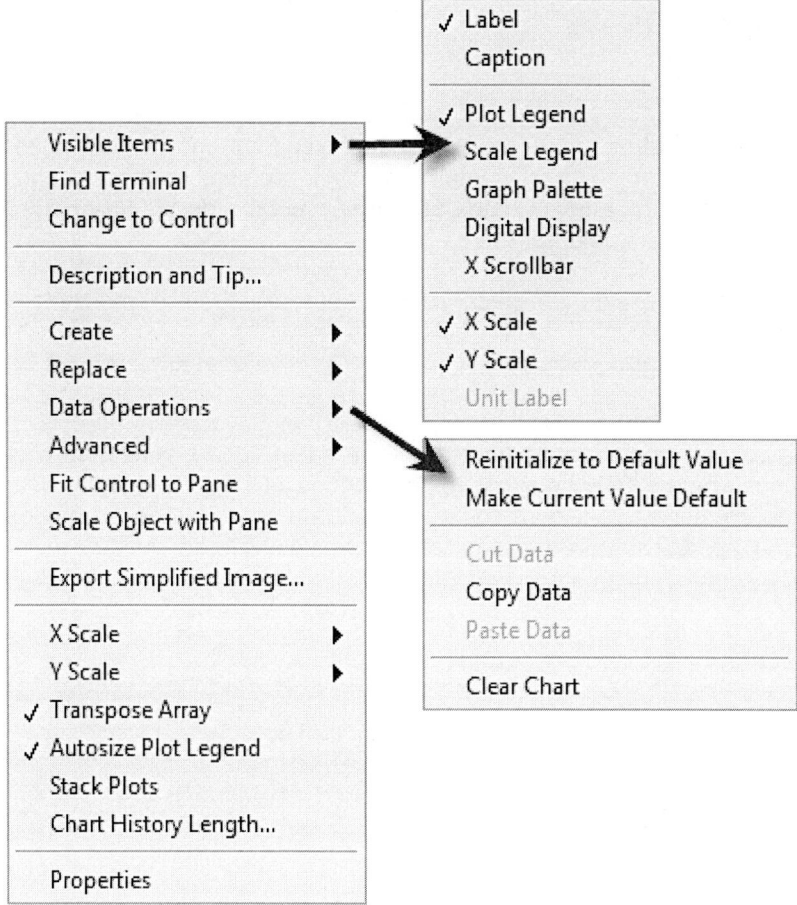

Comentaremos algunas de ellas:

* Change to Control o Change to Indicator: Dependiendo de si la waveform es un control o un indicador aparecerá una opción u otra y nos permitirá cambiar entre ellas.

* Find Terminal: Muestra el terminal asociado en el Diagrama de bloques.

* Visible items:

⇒ Label: Permite poner una etiqueta de identificación a la waveform chart y, si ya existe, la visualiza.

⇒ Plot Legend: Permite poner una etiqueta de identificación a cada una de las gráficas.

⇒ Graph Palette: Activa una paleta que permite hacer zooms, desplazar la gráfica de forma rápida, ajustar automáticamente la escala de los ejes, cambiar el formato y la precisión de los indicadores numéricos y elegir entre escala lineal o logarítmica.

⇒ Digital Display: Es un indicador que muestra el último valor que se ha cargado en pantalla. Hay un indicador por cada gráfica.

⇒ Scrollbar: Permite ver los valores anteriores contenidos en el buffer.

⇒ X Scale: Visualiza la escala del eje de abcisas.

⇒ Y Scale: Visualiza la escala del eje de ordenadas.

* Reinitialize to Default: Actualiza el último punto obtenido al valor por defecto.

* Make Current Value Default: Convierte el último punto obtenido en el valor por defecto.

* Description and Tip: Permite añadir comentarios.

* Clear Chart: Borra el contenido del buffer.

* X Scale >> AutoScale X: Ajusta de forma automática el rango de valores de X para una correcta visualización.

* Y Scale >> AutoScale Y: Ajusta de forma automática el rango de valores de Y para una correcta visualización.

* Advance >> Update Mode: Permite escoger entre tres modos de visualizar los nuevos datos: strip chart, scope chart y sweep chart. El modo strip chart es el modo por defecto y consiste en que cada nuevo valor se coloca a la derecha del display, mientras que valores anteriores se desplazan hacia la izquierda. En el modo scope chart cada nuevo valor se coloca a la derecha del anterior, empezando por el margen izquierdo del display. Cuando se llega al margen derecho se borra todo el display y se comienza de nuevo desde la izquierda. El modo scope chart es mucho más rápido que el modo strip chart ya que no es necesario realizar todo el proceso de desplazar la pantalla hacia la izquierda para cada nuevo punto. El modo sweep chart actúa como el modo scope chart, salvo que ahora cuando se llega al final de la pantalla, esta no se borra y se comienza de nuevo desde el principio, donde una línea vertical se mueve hacia la derecha cada vez que se añade un nuevo punto.

* Create >> Property Node: Crea un nodo asociado al terminal del que procede en el Diagrama de Bloques.

* Replace: Permite sustituir la waveform chart por cualquiera de los controles e indicadores del Panel Frontal.

* X Scale and Y Scale: Permite escoger el estilo de la escala, tipo de rejilla, punto inicial, incremento entre punto y punto, formato y precisión de estos puntos.

* Transpose Array: Cuando se representa más de una gráfica en un mismo chart utilizando arrays, waveform chart interpreta por defecto las filas como gráficas diferentes. Pero si a nosotros nos interesa que sean las columnas las gráficas diferentes, utilizaremos este comando para convertir las columnas en filas.

* Stack Plots: Normalmente cuando se representan más de una gráfica todas ellas se sitúan en un mismo display. Pero puede ocurrir que las escalas de las ordenadas sean muy diferentes entre ellas o que simplemente nos interese representarlas por separado, cada una en un display. Para conseguir esto activaremos el comando Stack Plot de forma que cada gráfica aparecerá con su propia escala y su propio display. Cuando Stack Plots está activado, en su lugar aparece el comando Overlay Plot que es el que dibuja todas las gráficas en un mismo display.

* Chart History Length: Mediante este control podemos fijar el número de puntos que waveform chart almacenará en el buffer que, por defecto, serán 1.024.

INTENSITY CHART

Mediante *intensity chart* (Figura 4.2) podemos mostrar datos tridimensionales colocando bloques de colores sobre planos cartesianos. Para ello crearemos arrays bidimensionales de números donde los índices de un elemento corresponderán a las coordenadas X e Y, y el contenido a la coordenada Z, que tendrá asociado un color para cada posible valor. Previamente será necesario definir la escala de colores que vamos a utilizar a través de los *attribute nodes* mediante el ítem *Z Scale Info: Color Array o Color Table*, o a través de la rampa de colores visualizada junto a la gráfica. Evidentemente, la escala de colores que podamos visualizar dependerá de la resolución de nuestro monitor.

Cada vez que se envíe un nuevo conjunto de datos, estos aparecerán representados a la derecha de los ya existentes. *Intensity chart* soporta los tres modos de visualización de *waveform chart* y también dispone de un buffer cuyo tamaño es, por defecto, de 128 puntos. Las opciones disponibles para *intensity chart* son prácticamente las mismas que para *waveform chart*. Únicamente, debido a que existe una nueva coordenada, aparecen en el menú opciones para esta, como son:

* Visible items:

⇒ Ramp: Visualiza u oculta la rampa de colores.
⇒ Z Scale: Visualiza u oculta la escala z.

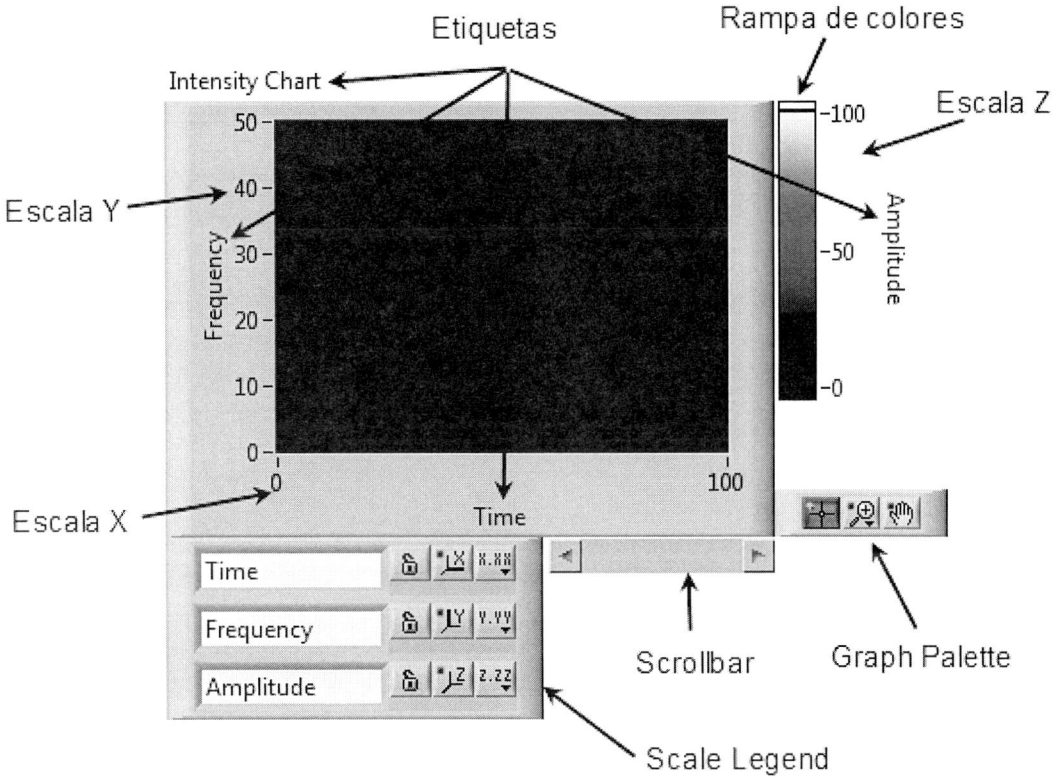

Figura 4.2 Indicador intensity chart

*   Z Scale >> AutoScale Z: Ajusta de forma automática el rango de valores de Z a la escala de colores.

*   Z scale: Permite escoger el estilo de la escala, tipo de rejilla, punto inicial, incremento entre punto y punto, formato y precisión de estos puntos.

4.3 INDICADORES GRAPH

WAVEFORM GRAPH

Waveform graph representa una serie de valores Y equiespaciados dada siempre una distancia delta de X (ΔX) comenzando a partir de un valor inicial X_0. A un mismo punto X_1 sólo le puede corresponder un valor de Y_1. Cuando se representa una nueva serie de datos, al contrario de lo que ocurría en los indicadores *chart,* estos datos reemplazan a los ya existentes en lugar de añadirse al lado, y pierden los valores representados con anterioridad.

Existen dos posibilidades a la hora de representar una única gráfica en una *waveform graph*. La primera consiste en unir un array de valores numéricos directamente a la *graph* de forma que esta interpreta cada valor como un nuevo punto comenzando en X=0 e incrementando X en 1 para cada punto.

La segunda consiste en crear un cluster en el cual, junto con el array de valores, se indica el valor inicial X_0 y el incremento ΔX.

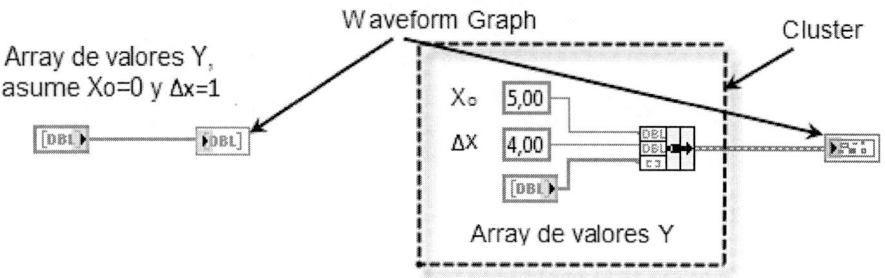

Figura 4.3 Representación de una sola gráfica

Existe la posibilidad de representar más de un gráfica en una misma *waveform graph*. Para ello es necesario unir los datos de las diferentes gráficas en un formato que LabVIEW sepa interpretar. Utilizar un formato u otro vendrá determinado principalmente por las características de las gráficas a mostrar. Así, si todas las gráficas tienen un mismo escalado X y un mismo número de puntos, bastará con crear un array bidimensional de valores numéricos donde cada fila de datos es una única gráfica. LabVIEW interpretará estos datos como puntos en la gráfica comenzando en X=0 e incrementándola en 1. Si nos interesa cambiar el punto inicial o el incremento de x, crearemos un cluster que contendrá el array bidimensional y los valores de x_0 y Δx.

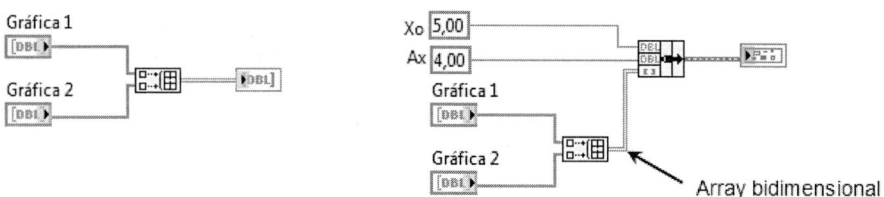

Figura 4.4 Representación de múltiples gráficas con el mismo
número de puntos

Mediante el comando *Transpose Array* del menú pop-up podemos hacer que LabVIEW interprete las columnas como gráficas diferentes en lugar de las filas.

Puede ocurrir que el número de elementos de cada gráfica sea diferente. En ese caso es necesario crear un cluster para cada array de datos y después unir todos los clusters en un array. Esto es necesario debido a que LabVIEW no permite crear arrays de arrays. Al igual que anteriormente si nos interesa que el punto inicial sea diferente de cero o que el incremento sea diferente de 1, crearemos un cluster que contenga el array de clusters de array y los nuevos valores de X_0 y ΔX.

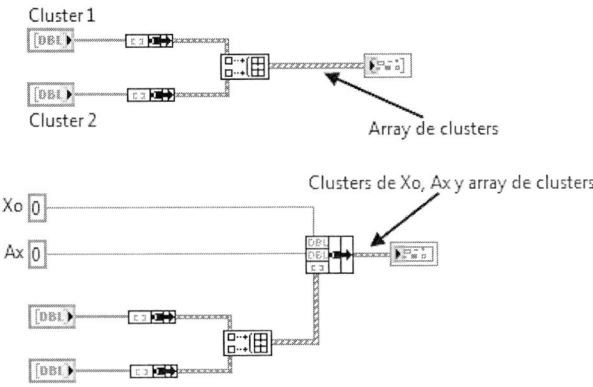

Figura 4.5 Representación de múltiples gráficas con
diferente números de puntos

Finalmente, si ni el escalado ni el número de puntos de la gráfica es el mismo para todas ellas, lo que haremos será crear un cluster por cada gráfica que contendrá un array de datos, un valor X_0 y un valor ΔX. Y con todos los clusters de las diferentes gráficas crearemos un array. Este último formato es el más completo de todos porque permite fijar un valor X_0 y un valor ΔX diferente para cada gráfica.

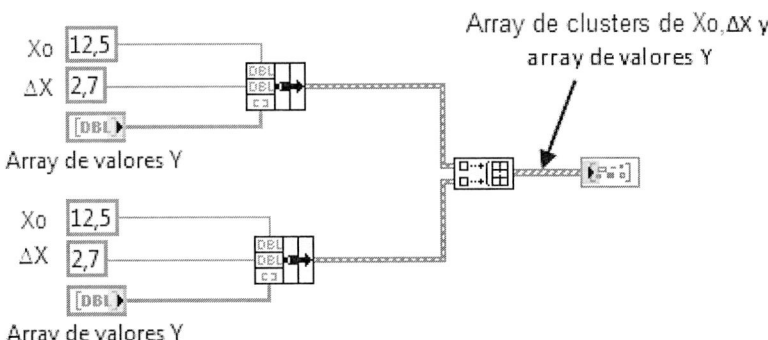

Figura 4.6 Representación de múltiples gráficas con diferente número
de puntos y diferente escalado

XY GRAPH

En *XY Graph* un punto X_1 puede tener varios valores Y, lo que permite, por ejemplo, dibujar funciones circulares. *XY Graph* representa una coordenada (X_1, Y_1) donde los valores de X no tienen por qué estar equiespaciados como ocurría en las *waveform graph*.

Para representar una única gráfica en una *XY Graph* existen dos posibilidades. La primera consiste en crear un cluster que contenga un array de datos X y un array de datos Y. La segunda consiste en crear un array de clusters, donde cada cluster contiene un valor de X y un valor de Y.

Al igual que en las *waveform graph* existe la posibilidad de representar más de una gráfica en una misma *XY Graph* (Figura 4.8). Pero, en este caso, tan sólo existen dos formatos posibles derivados de los dos formatos vistos anteriormente para una única gráfica. El primer formato es un array de gráficas, donde cada gráfica es un cluster de un array X y un array Y. Y el segundo formato es un array de clusters de gráficas, donde cada gráfica es, a su vez, otro array de clusters conteniendo un valor X y un valor Y.

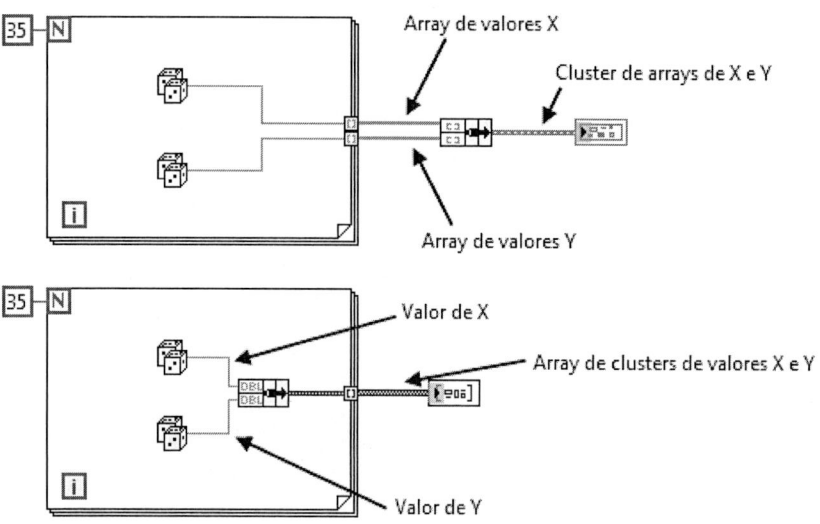

Figura 4.7 Posibles representaciones de una única XY Graph

INTENSITY GRAPH

Intensity graph es exactamente igual que *intensity chart* salvo que *intensity graph* no retiene valores anteriores, por lo que cuando un nuevo bloque de valores se carga, éstos sustituyen a los ya existentes.

Los comandos disponibles en los menús pop-up de los indicadores *graph* tienen las mismas utilidades que los descritos en los indicadores *chart,* por lo que no se han mencionado en este apartado. Solamente existe una diferencia importante y es que los indicadores *graph* disponen de cursores que nos permiten movernos por la gráfica.

GRAPH CURSORS

La paleta de cursores está disponible desde la opción *Visible Items* >> *Cursor Legend* del menú pop-up (Figura 4.9).

*   Nombre del cursor: Permite introducir una etiqueta de identificación del cursor. Podemos tener tantos cursores como deseemos.

*   Posición X, Posición Y : Indica las coordenadas en las que se encuentra el cursor; en los indicadores *intensity* graph aparece también la coordenada Z. Podemos mover el cursor directamente a una posición concreta introduciendo las coordenadas del punto deseado.

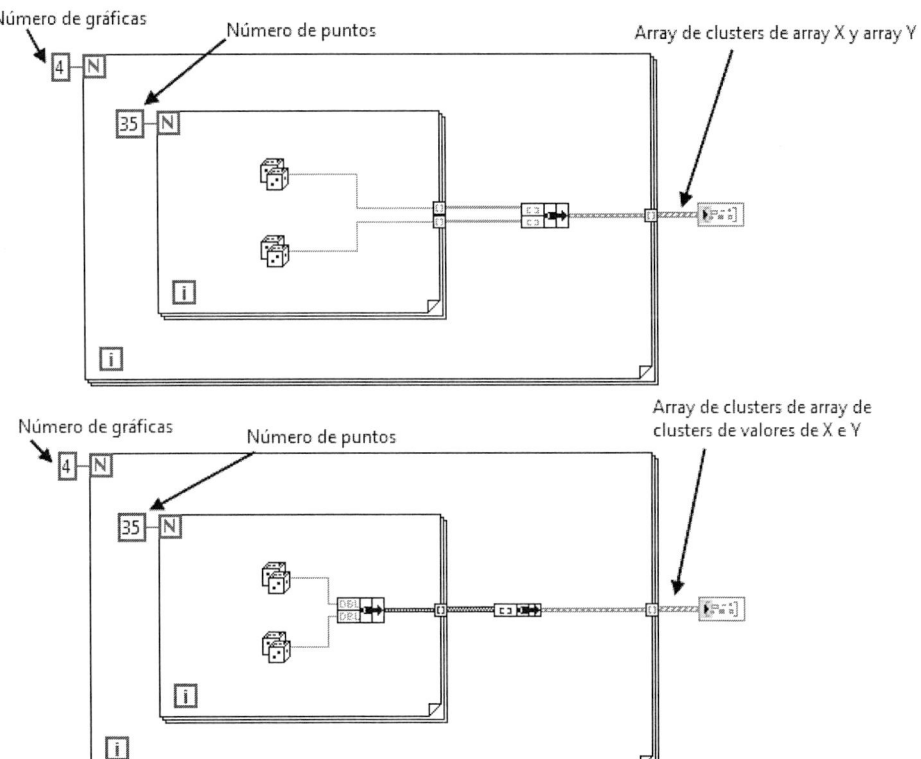

Figura 4.8 Posibles representaciones de múltiples XY Graph

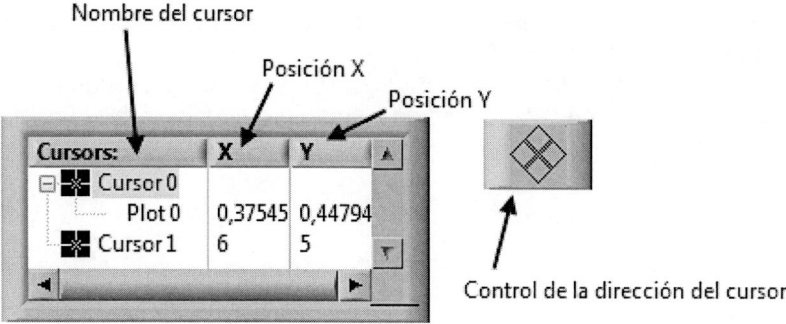

Figura 4.9 Paleta de cursores

La selección del cursor a mover se hace directamente sobre el Graph con la herramienta [icono].

* Control de la apariencia del cursor (Fig 4.10) Abriendo el menú mediante el botón derecho sobre el cursors legend y accediendo en Attributes podemos modificar algunas características del cursor:

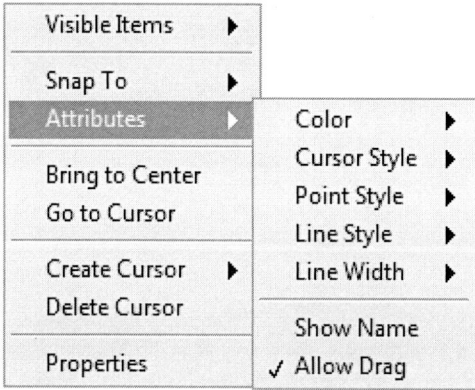

* Cursor Style: Selecciona la forma con la que se indica el punto sobre el cual se encuentra el cursor.

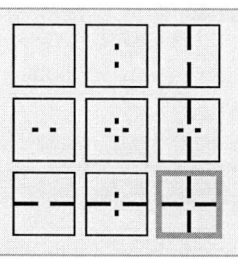

Figura 4.10 Submenú Cursor Style

*   Point Style: Selecciona el estilo del punto que marca la posición del cursor.

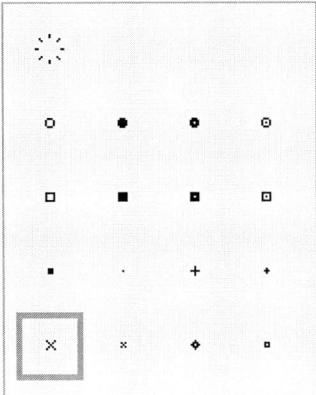

Figura 4.11 Submenú Point Style

*   *Color:* Selecciona el color del cursor.

*   Bring to Center: Mueve el cursor hasta el centro de la pantalla cambiando las coordenadas de este.

*   Go to Cursor: Modifica las escalas X e Y de forma que podamos ver el cursor, pero sin cambiar las coordenadas de este.

*   El comando *Allow Drag,* cuando está activo, permite desplazar la gráfica directamente con el puntero del ratón.

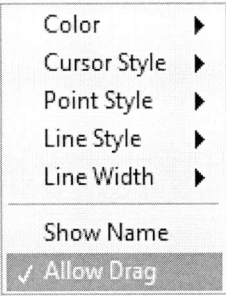

Figura 4.12 Submenú Control del movimiento del cursor

*   Control de la dirección del cursor: Mueve los cursores seleccionados punto por punto en la dirección indicada.

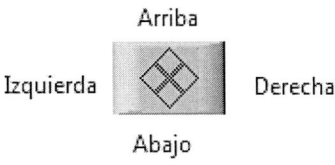

En la versión de LabVIEW 2010 a partir de la opción Properties, podemos modificar la apariencia del cursor (color, línea, etc.) Figura 4.13.

Ante los diferentes tipos de indicadores se plantea la necesidad de escoger entre uno u otro. Decir cuándo se debe utilizar cada uno es muy difícil ya que depende de cada aplicación y, además, puesto que en programación no hay nada imposible, podemos llegar a hacer que una gráfica simule el comportamiento de otra; sólo hace falta un poco de tiempo y paciencia. Pero sí podemos indicar para qué es aconsejable cada indicador.

Cuando tengamos datos que dependan del eje de las abscisas y no estén equiespaciados en el tiempo tendremos que utilizar, sin más remedio, un indicador *XY Graph*. Si los datos dependieran del eje de las abcisas pero están equiespaciados podremos utilizar un indicador *Waveform Graph* si queremos que los nuevos datos sustituyan a los anteriores o un indicador *Waveform Chart* si queremos que los nuevos datos se añadan a continuación de los ya existentes, como puede ser en el caso de un electrocardiograma en el que interesa ver el comportamiento a lo largo del tiempo y la utilización de un indicador *Graph* supondría la pérdida de información. Por último, si tenemos que representar sobre ejes cartesianos funciones de tres variables utilizaremos los indicadores *Intensity* ya sea *Chart* o *Graph*.

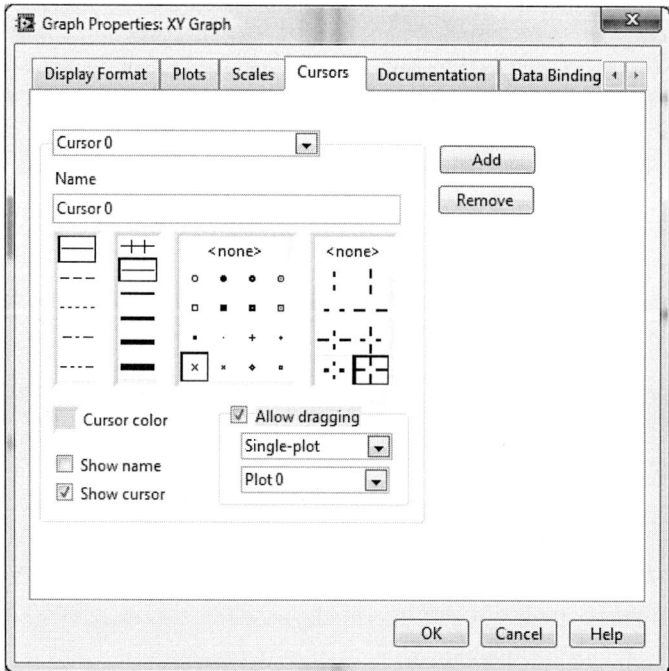

Figura 4.13 Properties Cursor de Waveform Graph

4.4 EJERCICIOS

Ejercicio primero

La principal característica de un indicador *XY Graph* es que un mismo valor de X puede tener varios valores Y, con lo que se pueden dibujar todo tipo de funciones. Vamos a diseñar una aplicación en la que se verá claramente esta característica. Nuestro objetivo consiste en dibujar un triángulo dadas tres coordenadas (X, Y). Las coordenadas serán introducidas mediante seis controles, tres para las coordenadas X, y tres para las coordenadas Y, de manera que cada par de valores (X,Y) nos definirán un punto.

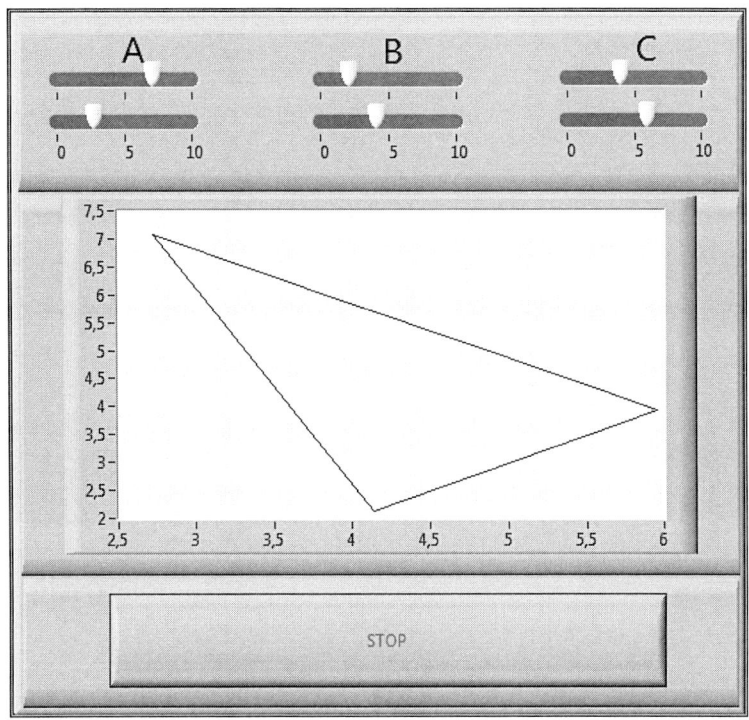

Figura 4.14 Posible panel frontal

Con los valores de X crearemos un array, y con los valores de Y crearemos otro, para después unirlos en un *bundle array*; el cluster resultante lo conectaremos al nodo de la gráfica. Todo ello lo introduciremos dentro de una estructura *While* para que el programa se esté ejecutando hasta que nosotros lo detengamos.

Podemos comprobar claramente las diferencias existentes entre una *XY Graph* y una *Waveform Graph* sustituyendo en el ejemplo anterior una por otra. Para ello colocaremos el cursor del ratón sobre la gráfica y pulsaremos el botón derecho una sola vez, para desplegar el menú, del que escogeremos la opción *Replace* y, dentro de aquí, el indicador *Waveform Graph*.

Para que el programa funcione será necesario también cambiar el *bundle* del Diagrama de Bloques por un *Build Array* . Si ahora ejecutamos el programa comprobaremos que en lugar de una sola gráfica en forma de triángulo nos aparecen dos gráficas cuya única relación es el eje de abscisas.

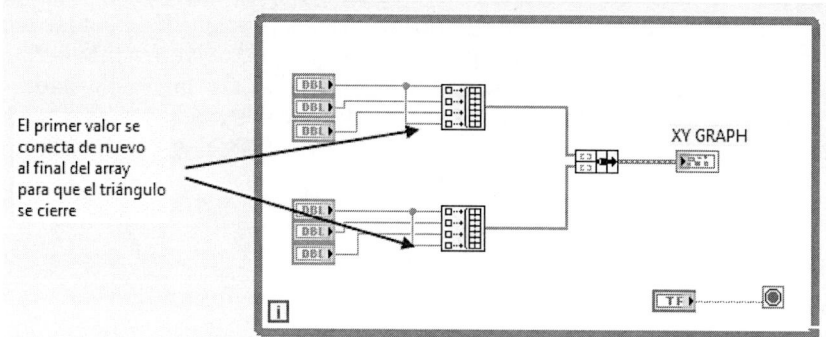

El primer valor se conecta de nuevo al final del array para que el triángulo se cierre

Figura 4.15 Implementación de la aplicación

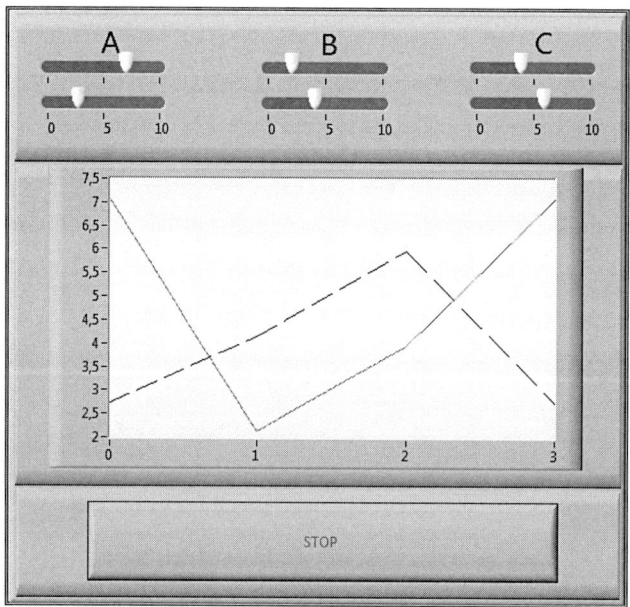

Figura 4.16 Utilización de un indicador Waveform Graph

En el capítulo anterior no utilizamos una de las estructuras explicadas, concretamente *Formula Node*. Podemos aprovechar ahora para emplearla. Todos sabemos que, conocidos los tres lados de un triángulo, es posible calcular cualquiera de sus ángulos. Imaginemos que queremos calcular el ángulo formado por los lados AB Y AC; bastará con utilizar la conocida fórmula del seno:

$$\left\lfloor \frac{AB}{AC} = \pm 2\,\text{sen}^{-1}\sqrt{\frac{|BC|^2 - \left(|AC| - |AB|\right)^2}{4|AC||AB|}} \right.$$

que implementada mediante una *Formula Node* quedará:

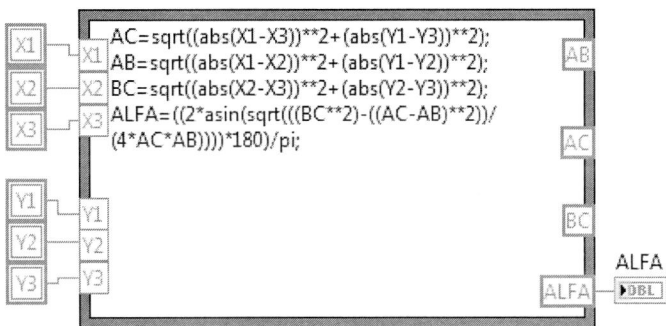

Dentro de la *Formula Node* hemos introducido también el cálculo de los lados, ya que lo que nosotros conocemos son las coordenadas. Introduciéndola dentro del diseño de la aplicación original y añadiendo un indicador en el Panel Frontal para visualizar la fase, habremos conseguido nuestro objetivo.

Ejercicio segundo

Dibujar la función **seno** entre 0 y 360 grados con 1.000 puntos. Para ello utilizar un For Loop y arrays. En el eje de abscisas hemos de tener representados los valores de x, y en el de ordenadas los de sen(x). Guardarlo como seno.vi.

La solución es:

*   En el panel frontal sólo hemos de situar el control **XY Graph** (All Controls ➔ Graph).

*   El diagrama de bloques puede quedar de la siguiente manera:

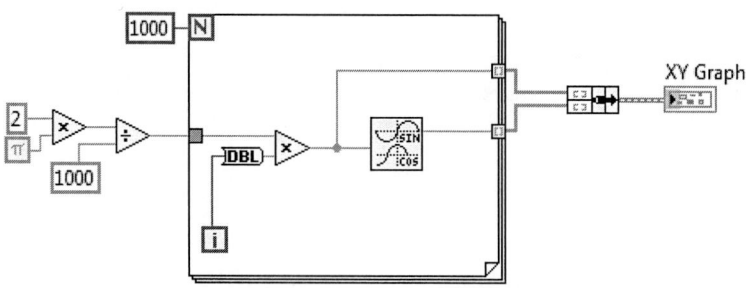

*   Queremos el seno entre 0 y 360° con 1.000 puntos. Lo que haremos será dividir 2π rad (360°) entre 1.000. El valor obtenido pasa dentro del **For Loop** y va siendo multiplicado por 0, 1, 2 ... 1.000. Para cada uno de los valores obtenidos se calcula su seno (en radianes) con la función **Sine & Cosine** (All Functions ➜ Numeric ➜ Trigonometric). Tanto el valor de x como el de su seno se guarda en dos arrays en los límites del **For Loop**.

*   Una vez obtenidos los 1.000 puntos, juntamos los dos arrays mediante la función **Bundle** (All Functions ➜ Cluster) y pasamos el resultado al cluster correspondiente a **XY Graph**.

*   El resultado lo guardaremos como **C:\Mis Documentos\seno.vi**.

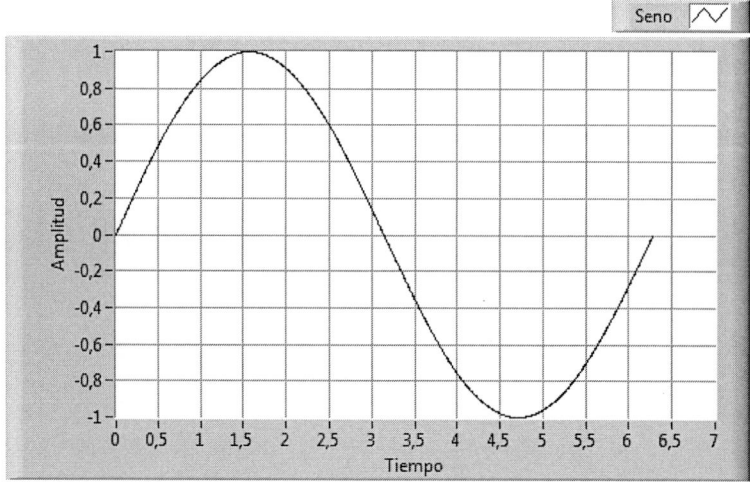

Ejercicio tercero

Modificar el VI Seno.vi de manera que los resultados se guarden en una tabla (spreadsheet). Cada vez que se ejecute el VI ha de aparecer una ventana diálogo preguntando por el nombre del fichero en el que se guardarán los datos. Visualizar los resultados con un editor (por ejemplo, Bloc de Notas del Windows).

La solución es:
- Una vez abierto seno.vi vamos a su diagrama de bloques (**Ctrl+E**).

- Cogemos la función **Write to Spreadsheet File** (Functions ➔ File I/O).

- Para guardar los valores de sen(x) asociado a cada x hemos de crear un array de 2 dimensiones. Para ello usamos la función **Build Array**. El resultado se introduce en la entrada **2D data** de la función **Write**.

- Si no se realiza ninguna conexión más, cada vez que se hayan de grabar los datos, aparecerá una ventana de diálogo, que es lo que nos interesa. Lo único que tendremos que hacer es introducir la localización y el nombre del archivo, preferentemente con extensión **txt**.

- Ejecutar y guardar los datos en el archivo **seno.txt** y guardar las modificaciones hechas en seno.vi (**Ctrl+S**).

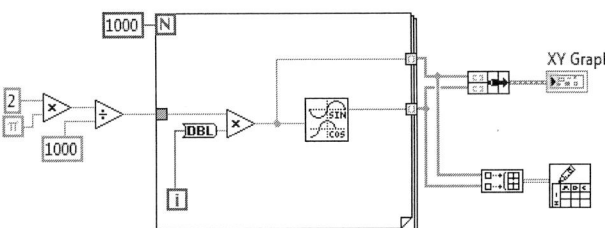

Ejercicio cuarto

Hacer un VI que represente en una gráfica la información almacenada en una tabla de resultados, concretamente la generada en la práctica anterior (seno.txt). Guardar este nuevo VI como Lee.vi.

La solución es:
- La creación del panel frontal se reduce a situar el control **XY Graph** (Controls ➔ Graph).

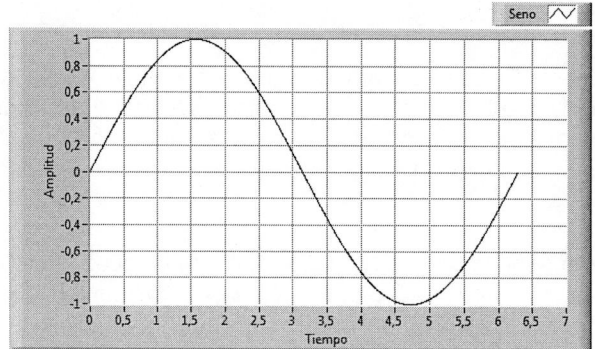

- El diagrama de bloques podría quedar de la siguiente manera:

Read from Spreadsheet File.vi

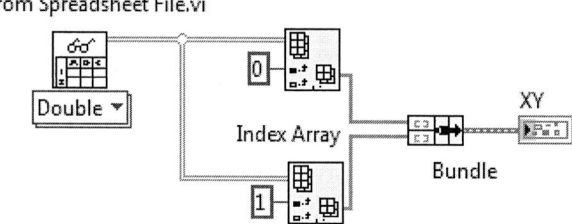

- Utilizamos la función **Read From Spreadsheet** para leer los datos desde el fichero **seno.txt**. Como los habíamos guardado todos juntos en un array de dos dimensiones (una para x y otra para sen(x)), hemos de separarlos. Para ello usamos la función **Index Array,** como se vio anteriormente en este capítulo. El primer **Index Array** saca la fila 0, que corresponde a las x, mientras que el segundo saca la fila 1, correspondiente al sen(x). Finalmente utiliza la función **Bundle** y sacamos el resultado por la gráfica. Para guardar haremos **Ctrl+S** y **C:\Mis Documentos\Lee.vi.**

5

Programación modular

5.1 PROGRAMACIÓN MODULAR EN LABVIEW

Una de las grandes ventajas de LabVIEW es la de poder trabajar con aplicaciones totalmente ejecutables dentro de otras, de manera que podemos organizar el desarrollo de una aplicación compleja en partes independientes. De este modo resulta mucho más fácil localizar el motivo de un posible fallo.

A las aplicaciones que incluimos dentro de otra aplicación las llamamos subVIs. Es importante tener en cuenta que, por sí mismos, los subVIs tienen exactamente las mismas propiedades y cualidades que un VI, ya que de hecho son un VI. Únicamente reciben ese nombre porque son llamados por otro VI a nivel superior, el cual se encarga de pasar datos al subVI para que los procese, y este le devuelve al primero los resultados obtenidos.

Para poder utilizar un subVI es necesario crearle un icono y un conector. LabVIEW admite que haya varios subVIs con el mismo icono e incluso mismo conector, diferenciándolos únicamente por el nombre con que lo hayamos grabado. Por tanto, para hacer más fácil la lectura e interpretación del diagrama de bloques es altamente recomendable utilizar iconos diferentes para cada VI que desarrollemos y tengamos pensado usar como subVI.

5.2 ICONO Y CONECTOR

El icono de un VI es un símbolo gráfico. El conector asigna controles e indicadores a los terminales de entrada y salida del VI. Si se quiere llamar a un VI desde el diagrama de bloques de otro VI, este debe tener un icono y un conector asociados.

5.2.1 Creación de un icono

Para crear o modificar un icono ya existente haremos doble-clic sobre el icono de la parte superior derecha de la ventana **Panel** o desplegaremos su menú pop-up y escogeremos la opción **Edit Icon** (editar icono).

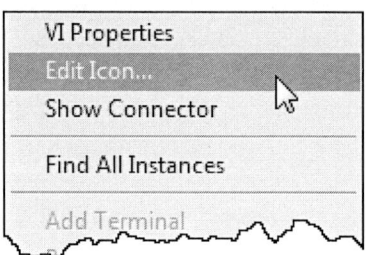

NOTA: Para crear un icono hemos de asegurarnos que estamos en el modo Edit.

Si todo es correcto aparecerá la siguiente ventana:

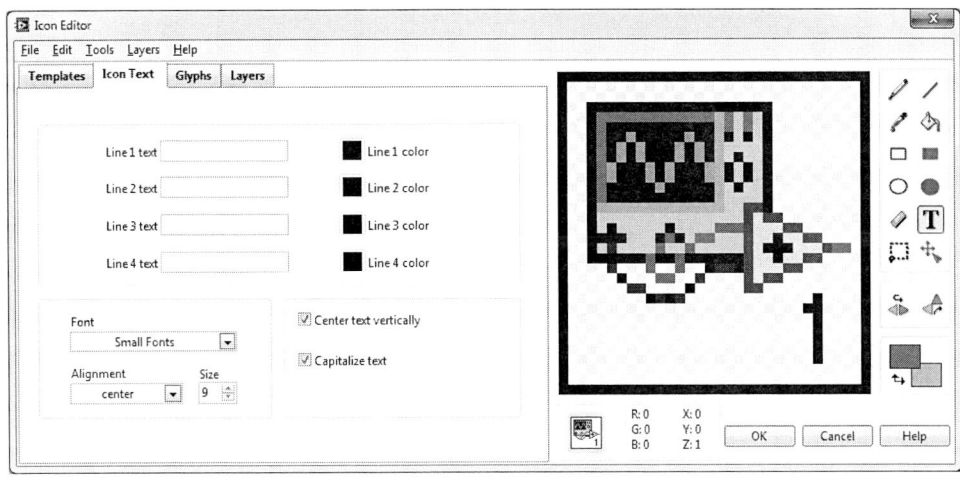

Las herramientas de la parte izquierda de la figura anterior realizan las siguientes funciones:

	Pencil (lápiz)	dibuja y borra pixel a pixel.
	Line (línea)	dibuja líneas rectas.
	Dropper (gotero)	captura el color del pixel seleccionado.
	Fill Bucket (relleno)	rellena un área con el color seleccionado.
	Rectangle (rectángulo)	dibuja un rectángulo.
	Filled Rectangled (rectángulo relleno)	dibuja un rectángulo y lo rellena con el color seleccionado.
	Select (selección)	selecciona una determinada área para moverla, copiarla o realizar cualquier otro cambio.
	Text (texto)	introduce texto en el icono.
	Foreground Background	indica los colores actuales del primer plano y fondo.

5.2.2 Creación de un conector

Enviamos datos a un subVI o los recibimos de él a través de los terminales de su conector. Las conexiones vienen definidas por el número de terminales que queremos para ese VI y por la asignación de un indicador o control del panel frontal a cada uno de esos terminales. No todos los indicadores y controles tienen que tener un terminal en el conector, sino solo aquellos que nosotros consideramos necesarios para nuestra aplicación.

Para visualizar el conector desplegamos el menú pop-up del icono y escogemos la opción **Show conector** (mostrar conector), siempre desde la ventana **Panel**. LabVIEW seleccionará el modelo de conector con tantos terminales como variables haya en el panel frontal, pudiendo seleccionar en todo momento un modelo diferente si así lo estimamos necesario (Patterns). Cada terminal estará representado por un rectángulo.

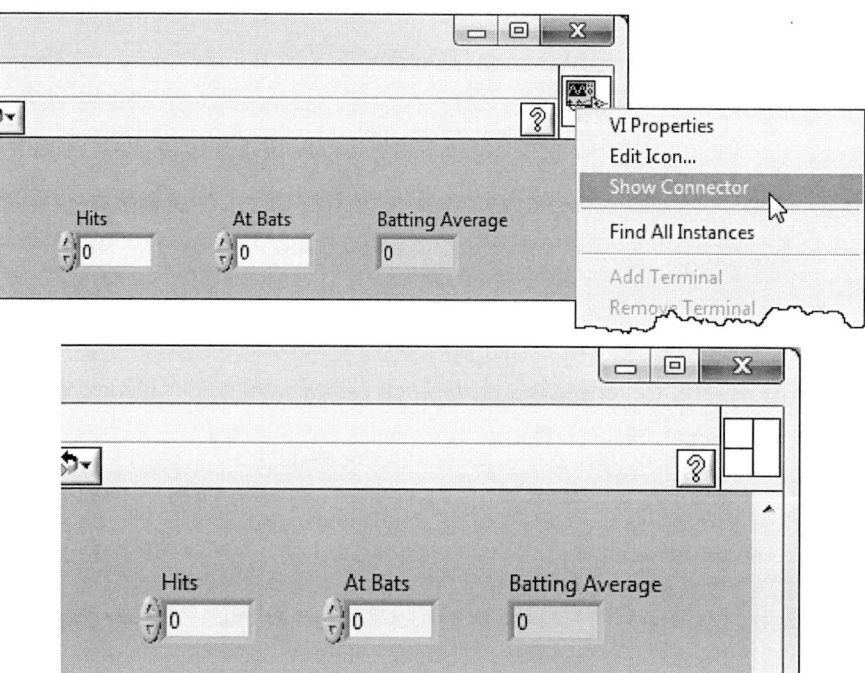

Una vez decidido el modelo de conector, hemos de asignar los indicadores y controles del panel frontal a sus terminales. Seguiremos los siguientes pasos:

- Clic sobre un terminal del conector; el cursor cambia automáticamente a la herramienta **Wiring** y el rectángulo que representa el terminal quedará marcado en negro.

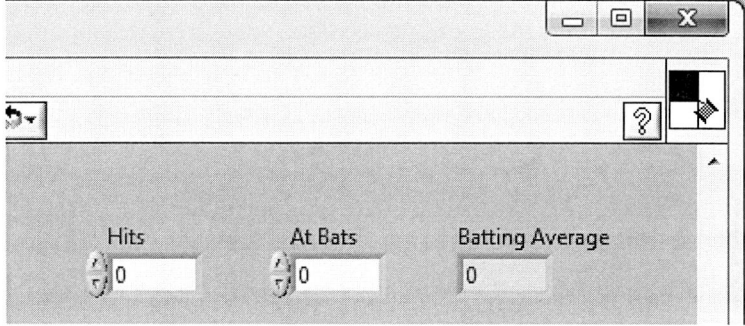

- Clic sobre el indicador o control del panel frontal que queremos asignar al terminal seleccionado, que quedará enmarcado con un trazo discontinuo.

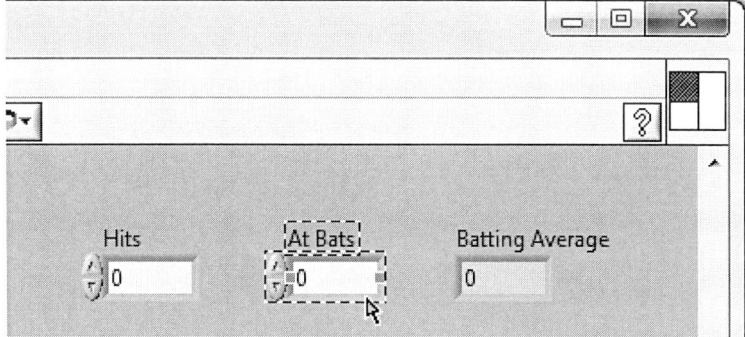

- Repetir los pasos 1 y 2 hasta realizar todas las conexiones.

5.3 CREACIÓN DE SUBPROGRAMAS

Si diseñamos un icono y un conector para un VI, podremos llamar a este VI como un subVI desde el diagrama de bloques de cualquier otro VI.

Un nodo de subVI aparece en el diagrama como su icono/conector asociado. Podemos ver el icono o el conector, al igual que ocurre con las funciones. La ventana **Help** muestra cómo llevar a cabo las conexiones al nodo subVI. Las entradas y las salidas tienen los nombres que les dimos cuando creamos el conector. A diferencia de las funciones, la etiqueta del subVI visualiza el nombre de ese subVI.

Hablar de subVIs es análogo a hablar de subrutinas en otros lenguajes de programación, pero con la enorme ventaja de que dichos subVIs son totalmente ejecutables. Es decir, podemos comprobar si funciona correctamente en cualquier momento del desarrollo de nuestra aplicación, sin necesidad de tener completo el diagrama de bloques principal.

Los nodos de subVIs combinan los beneficios de las subrutinas y de los VIs. Como las subrutinas, los subVIs utilizan código reutilizable y compartido; dividen tareas y problemas complejos en unidades más manejables. Como los VIs, los subVIs son intuitivos, interfaces de usuario gráficas con autodocumentación y ejecución interactiva, ejecución paso a paso y posibilidades de impresión.

Un VI no puede usarse recursivamente; esto es, no puede ser su propio subVI, o un subVI de uno de sus subVI y así sucesivamente. Se puede ver la jerarquía de los VIs cargados en memoria con la opción **Show VI Hierarchy** del menú **Browse**.

Seleccionamos los VIs que queremos utilizar como subVIs a través de la opción **Select VI** del menú **Functions**, como se indica en la siguiente ilustración:

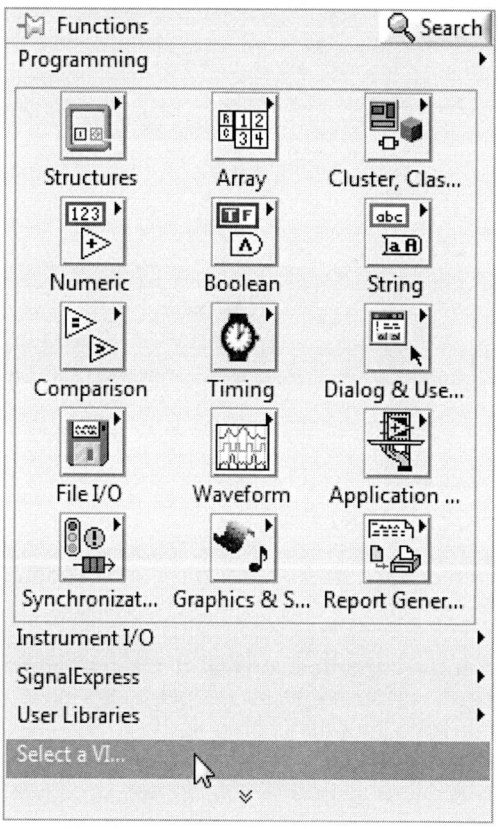

Abrimos un VI haciendo doble-clic sobre su icono o tomando la opción **Open Front Panel** (abrir panel frontal) del menú pop-up del nodo. También podemos seleccionar los VIs desde las paletas **This VI's Callees** (llamadas de este VI) o **Unopened subVIs** (subVIs no abiertos) del menú **Browse**. La primera paleta identifica todos los subVIs llamados directamente por el VI en la primera ventana. La segunda paleta identifica todos los subVIs que están en memoria pero que no han sido abiertos.

Si se deja un terminal de entrada del nodo subVI sin conectar, este asume el valor por defecto con que se definió cuando creamos el subVI.

Cualquier cambio que hagamos solo modifica la versión en memoria hasta que lo grabemos. Sin embargo el cambio afecta a todas las llamadas a ese subVI, y no solo al nodo que usamos para abrir el VI. Si hacemos cambios y cerramos el VI sin guardarlos, una ventana de diálogo nos recordará que la versión modificada en memoria es la que se ejecutará cuando se ponga en funcionamiento el VI que lo llama. Se puede usar **Revert** (retroceder) del menú **File** para deshacer todos los cambios que permanecen en memoria antes de cerrar el panel frontal del subVI. Eventualmente, cuando se cierra el VI que lo llama, otra ventana de diálogo nos ofrece la oportunidad de salvar el subVI modificado.

Un único panel frontal es, a menudo, insuficiente cuando se quieren presentar numerosas opciones o pantallas. La mejor solución es organizar nuestros VIs de manera que las opciones principales se presentan en el VI principal, mientras que las opciones secundarias se incluyen en diferentes subVIs.

Cuando se llama a un subVI normalmente no se abre su panel frontal. Podemos usar las ventanas **VI Properties** (propiedades del VI) o **SubVI Node Setup** (configuración del nodo subVI) para que el subVI abra su panel cuando el VI lo llame y para que se cierre este panel una vez que haya finalizado la ejecución del subVI.

VI Properties

Para acceder a la ventana **VI Properties** hemos de desplegar el menú pop-up del icono del VI en la parte superior derecha de la pantalla, como se indica en la siguiente ilustración. Debemos estar en el modo de edición. También podemos acceder a través de **File > VI Properties**.

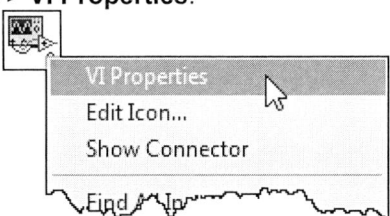

Esta ventana presenta diferentes opciones para cambiar la presentación y el comportamiento del VI. Usando el menú desplegable de la parte superior de esta ventana podemos elegir las siguientes diferentes categorías de opciones: *general, memory, documentation, revision history, protection, window appearance, window size, execution* y *printing*. A continuación veremos algunas de ellas.

- **Execution** (propiedades de ejecución), mostrada en la siguiente Figura 5.1

   ⇒ *Priority:* Determina la prioridad a la cual un VI se ejecuta en el sistema.

⇒ *Preferred Execution System:* LabVIEW soporta múltiples sistemas de ejecución simultáneos. Podría ser útil en el caso de tener tareas con una alta prioridad, como por ejemplo bucles de adquisición de datos, en los que podríamos interrumpir operaciones largas como cálculos lentos.

⇒ *Reentrant Execution:* Habilita un VI para poder ser ejecutado en más de un sistema. Normalmente, un VI solo puede correr en un único sistema. Sin embargo, si queremos que dos sistemas corran el mismo VI simultáneamente podemos marcar esta opción.

⇒ *Run When Opened:* Habilita un VI para que siempre que sea abierto entre en el modo "run" y se ejecute automáticamente.

⇒ *Suspend When Called:* Suspende la ejecución de un VI cuando es llamado y espera la interacción del usuario.

⇒ *Auto Handling of Menus at Launch:* LabVIEW se encargará de los menús de selección cuando abramos y ejecutemos el VI.

⇒ *Allow Debugging:* Permite poner breakpoints, activar la ejecución resaltada (execution highlighting), y la ejecución paso a paso.

⇒ *Clear Indicators When Called:* Hace que los indicadores, como por ejemplo una gráfica, borre cualquier valor de ejecuciones anteriores.

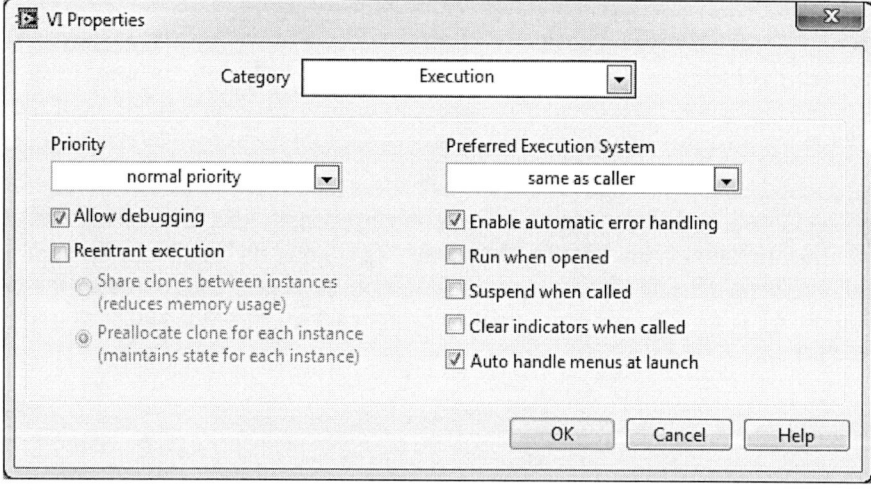

Figura 5.1 Propiedades ejecución de un VI

• **Window Appearance** (apariencia de la ventana): Estas opciones afectan al VI cuando está ejecutándose (Figura.5.2).

⇒ *Window Title:* Muestra el título que queremos que aparezca en la ventana del VI. Ha de quitarse la marca de "Same as VI Name" para poder editar el título.

⇒ *Top-level Application Window:* Muestra la barra de título y de menú, oculta las barras de desplazamiento o scrollbars y la barra de herramientas, permite al usuario cerrar la ventana, permite los menús popups, no permite el redimensionado y muestra el panel frontal cuando el VI es llamado.

⇒ *Dialog:* El VI funciona como si fuera una ventana de diálogo del sistema operativo, de manera que el usuario no puede interactuar con ninguna otra ventana del LabVIEW mientras esta permanezca abierta.

⇒ *Default:* Usa el estilo de ventana por defecto. Muestra la barra de título, menú, barras de desplazamiento, herramientas, menús popups y permite al usuario cerrar, redimensionar y minimizar ventanas.

⇒ *Customize:* Utiliza un estilo de ventana definido por el usuario en *Customize Window Appearance.* Veremos a continuación aquellas que puedan presentar alguna duda:

      o *Highlight <Return> Boolean:* Resalta cualquier parámetro Booleano asociado con las teclas <Enter> o <Return> con un recuadro oscuro.

      o *Auto-Center:* Centra automáticamente el panel frontal en la pantalla.

      o *Window Behavior is Modal:* Mantiene la ventana front panel por encima de cualquier otra ventana de LabVIEW.

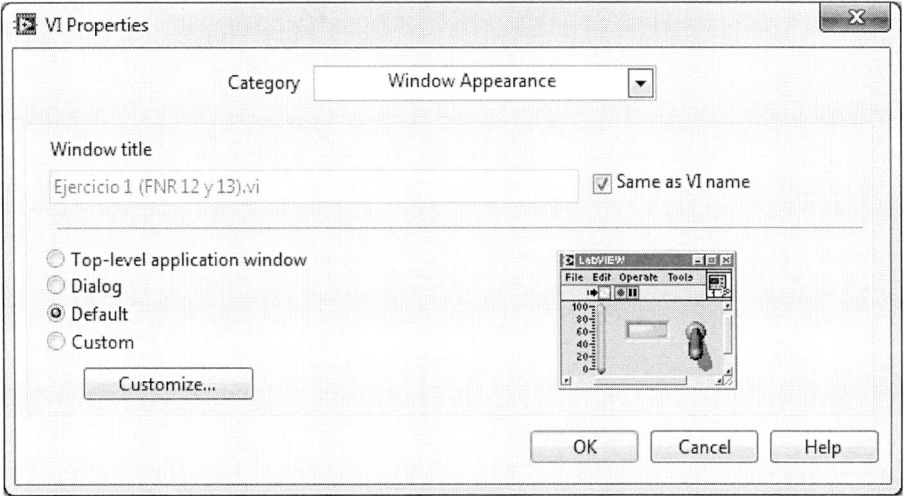

Figura 5.2 Propiedades de apariencia de ventana de un VI

- **Protection** (seguridad): Incluye los siguientes elementos tal y como se muestra en la Figura 5.3:

⇒ *Unlocked (no password):* Permite a cualquier persona ver y editar el panel frontal y diagrama de bloques.

⇒ *Locked (no password):* Bloquea el VI, de manera que el usuario ha de venir expresamente a esta página y desmarcar esta opción para poder editar el panel frontal y el diagrama de bloques.

⇒ *Password-protected:* No permite ver ni editar el VI a menos que se introduzca el password correcto.

⇒ *Change Password:* Cambia el password del VI.

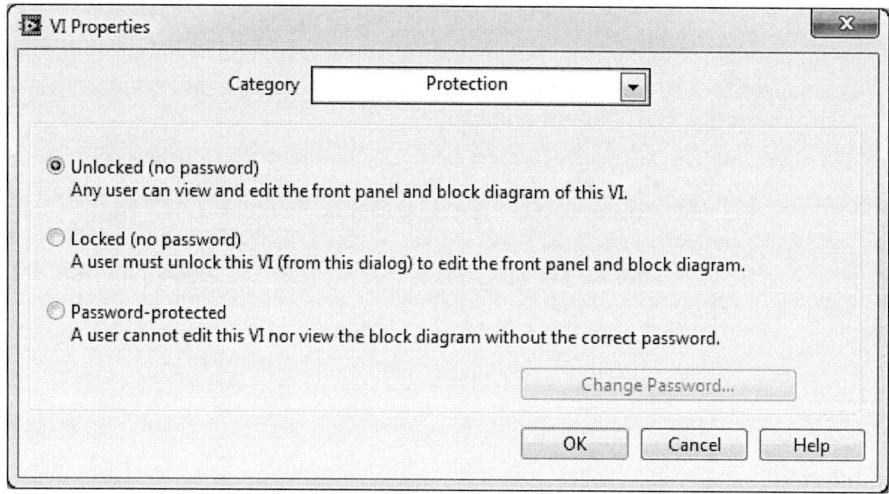

Figura 5.3 Propiedades de protección de un VI

- **Window Size** (tamaño de la ventana):

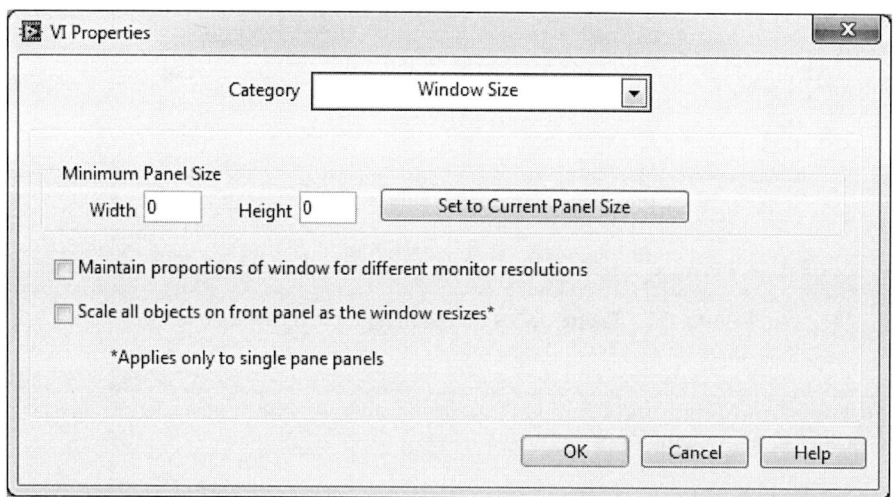

Figura 5.4 Propiedades de tamaño de ventana de un VI

⇒ *Minimum Panel Size:* Establece las dimensiones mínimas del panel frontal:

    o *Width:* Establece el ancho (en píxels).

    o *Height:* Establece la altura (en píxels).

⇒ *Set to Current Window Size:* Actualiza el ancho y la altura a las dimensiones actuales de la ventana.

⇒ *Size the Front Panel to the Width and Height of the Entire Screen:* Redimensiona automáticamente el panel frontal para ajustarse a la pantalla cuando se ejecuta el VI.

⇒ *Maintain Proportions of Window for Different Monitor Resolutions:* Redimensiona el VI para que ocupe aproximadamente la misma proporción de pantalla cuando se abre en un ordenador con un monitor de diferente resolución. Este control ha de usarse en unión al escalado de objetos sobre el panel frontal.

⇒ *Scale All Objects on Panel as the Window Resizes:* Hace que todos los elementos sobre el panel frontal cambien de tamaño en relación a la ventana.

SubVI SETUP

La siguiente ventana de diálogo aparece cuando se selecciona **SubVI Node Setup...** (configuración del nodo del subVI) del menú pop-up de un subVI sobre el diagrama de bloques de otro VI.

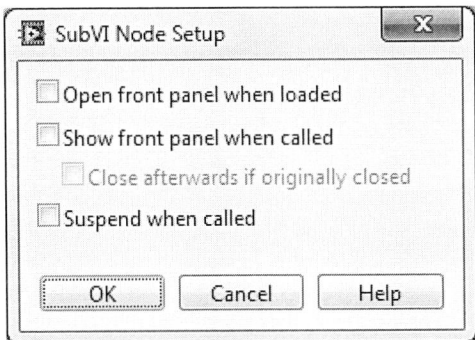

Estas opciones son un subconjunto dentro de las opciones del **VI Properties**. La diferencia entre estas dos opciones es que usamos las del **SubVI Setup** para especificar opciones relacionadas con una llamada específica al VI, mientras que si usamos las opciones del **VI Properties**, las opciones afectan a todas las llamadas a ese VI.

5.4 CREACIÓN AUTOMÁTICA DE SUBPROGRAMAS

Esta opción nos permite ahorrar una cantidad considerable de tiempo, ya que solo con seleccionar la parte del diagrama que nos interese, habremos creado el subprograma.

Supongamos que hemos elaborado el siguiente diagrama de bloques:

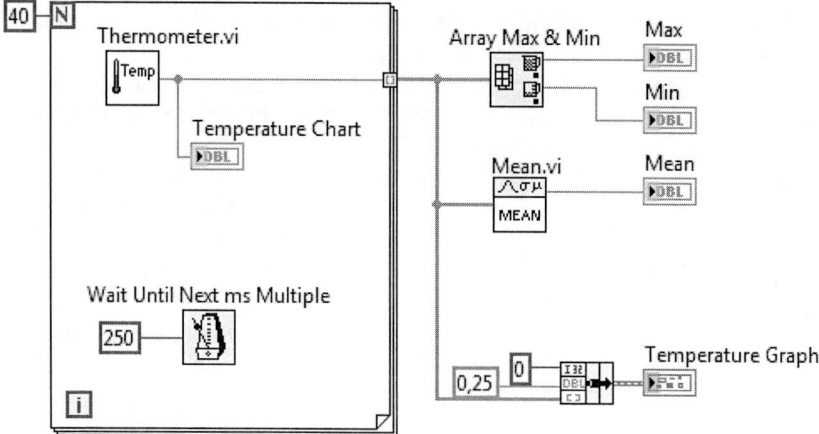

y nos damos cuenta de que nos convendría más que toda la parte a la derecha del **For Loop** fuese un subVI. Nada más fácil de hacer con LabVIEW. Solo tendríamos que seguir los siguientes pasos:

1. Marcar el bloque que queremos que pase a ser un subVI.

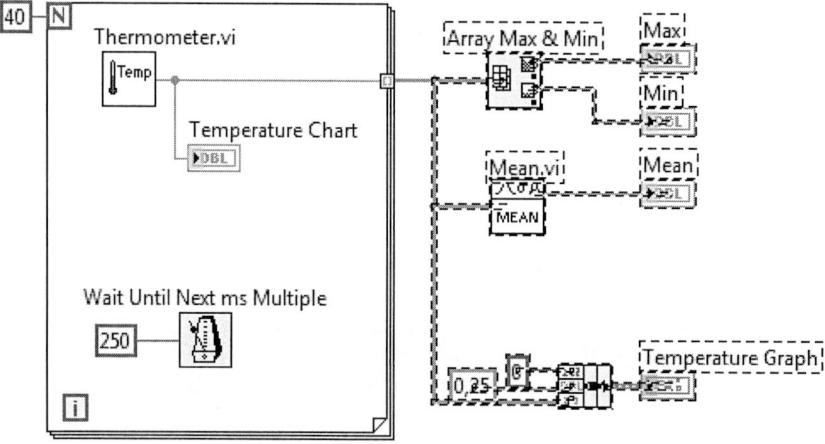

2. Tomar la opción **Create SubVI** del menú **Edit**. El resultado de llevar a cabo este punto puede verse en la siguiente figura:

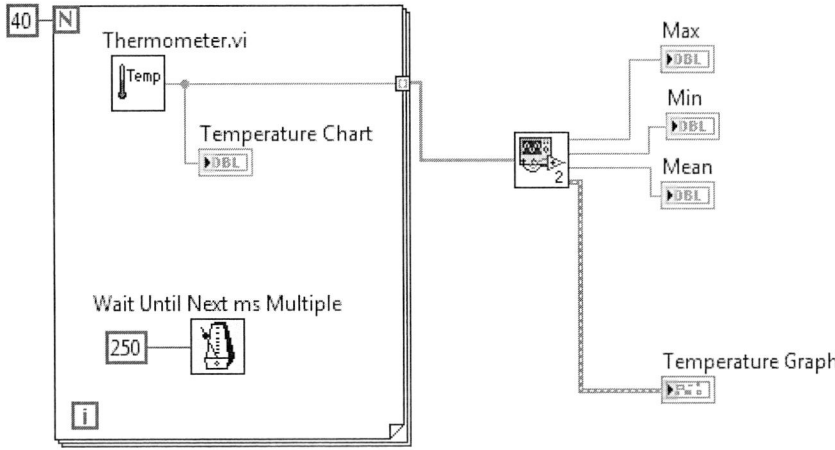

Modificar el icono y conector a nuestro gusto y guardarlo con el nombre que más represente a su función.

5.5 OPTIMIZACIÓN DEL PROGRAMA

Cuando programamos en LabView, nuestras aplicaciones pueden alcanzar un tamaño de memoria desorbitado de varios Mbytes. Es necesario, pues, hacer óptimo el tamaño de la aplicación, ya que tamaños grandes de la aplicación ralentizan el procesado de la información, pudiendo en casos extremos paralizar la ejecución de la misma. En este apartado vamos a plantear algunos aspectos que nos han ayudado a conseguir una aplicación con un tamaño optimizado de memoria.

PRESENTACIÓN GRÁFICA DEL DIAGRAMA

LabVIEW es un programa basado en una programación casi exclusivamente gráfica y visual lo que genera la obligación de ser metódicamente ordenado. Un programa desordenado ocupa más código, simplemente por la forma en que se realizan las conexiones (Figura 5.5).

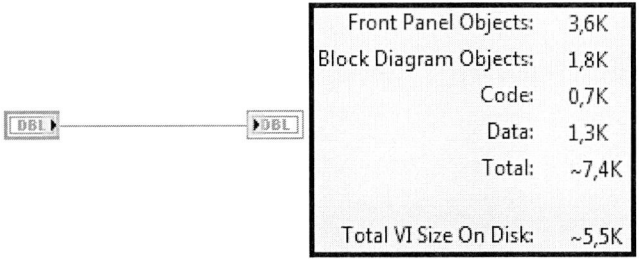

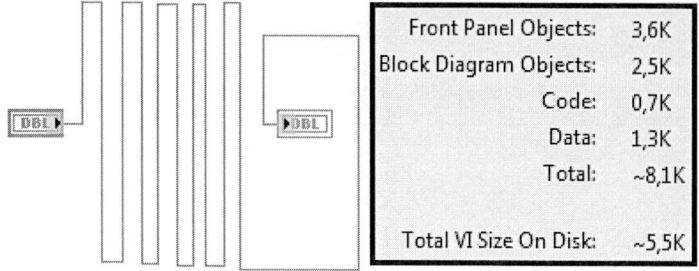

Figura 5.5 Diferentes modo de conexión

PREPARACIÓN DEL PROGRAMA

Antes de empezar a programar hay que tener claro y por escrito la estructura del programa, un flujograma o diagrama de bloques. En LabVIEW puede no ser necesario en programas pequeños, pero es imprescindible cuando se complican, si no queremos trabajar multitud de horas extras cambiando estructuras.

Para empezar a programar es mejor hacerlo siempre sobre una estructura *While Loop* (Figura 5.6) ya que la mayoría de los programas hechos en LabVIEW son cíclicos.

Figura 5.6 Estructura cíclica

Se empieza a programar dentro de una estructura de esta clase, un *While Loop*, que sin otro requisito, hace que se ejecute el programa por lo menos una vez. Para hacerlo verdaderamente cíclico, cuando se necesite, tendremos que conectarle una variable booleana para que dependa de una condición (Figura 5.7), que bien podría ser si se pulsa el botón STOP.

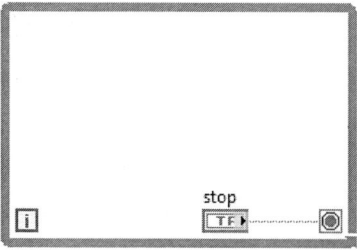

Figura 5.7 Estructura cíclica en función de una condición

CONOCIMIENTO DE LAS FUNCIONES QUE OCUPAN MÁS MEMORIA

En LabVIEW se pueden insertar dibujos en los controles o indicadores totalmente asociados a ellos o también, simplemente, se puede insertar un dibujo en medio del panel frontal como simple decoración; el problema es la enorme cantidad de bytes que ocupan. Hay que intentar economizar al máximo los dibujos aprovechando los *Decorations* (Figura 5.8) que ofrece el programa.

Al ocupar mucho los dibujos es evidente que es recomendable usar los controles referidos a dibujos solo en caso estrictamente necesario o cuando el programa no vaya a ser muy grande.

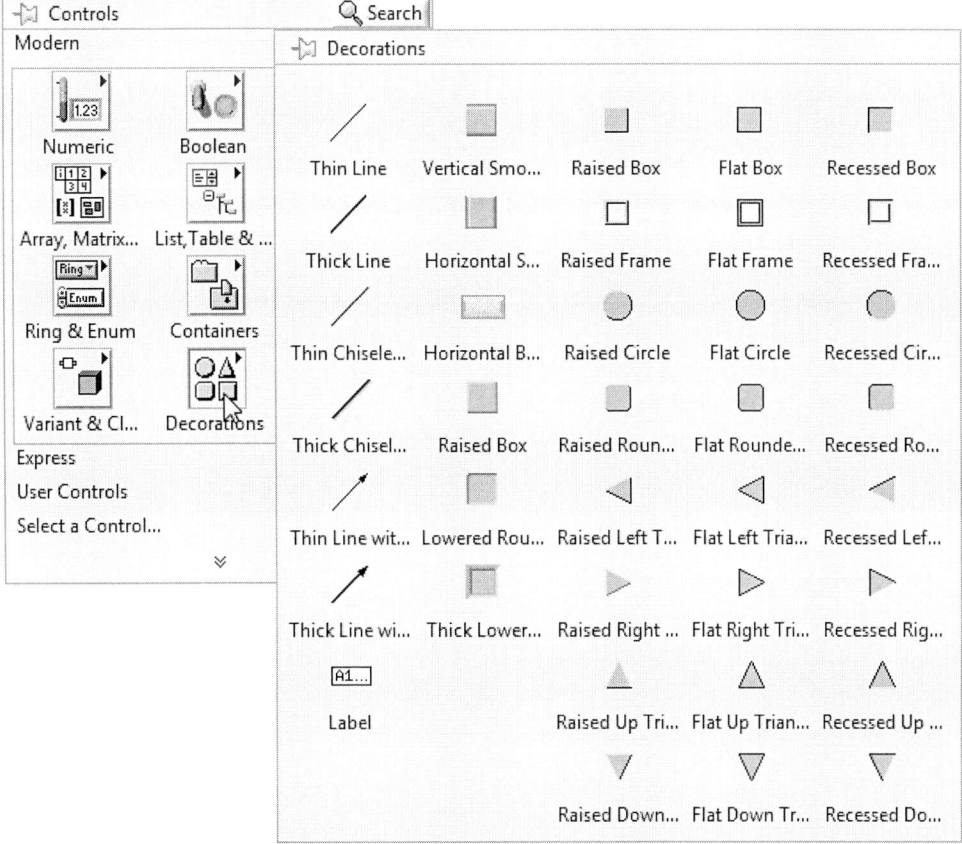

Figura 5.8 Economizar tamaño dibujos empleando *decoraciones*

Empleo de la opción LabVIEW *VI Properties* (Figura 5.9) como herramienta de control de la cantidad de bytes que ocupa una parte del programa compuesta por varias funciones, eligiendo aquella versión que ocupa menos kBytes.

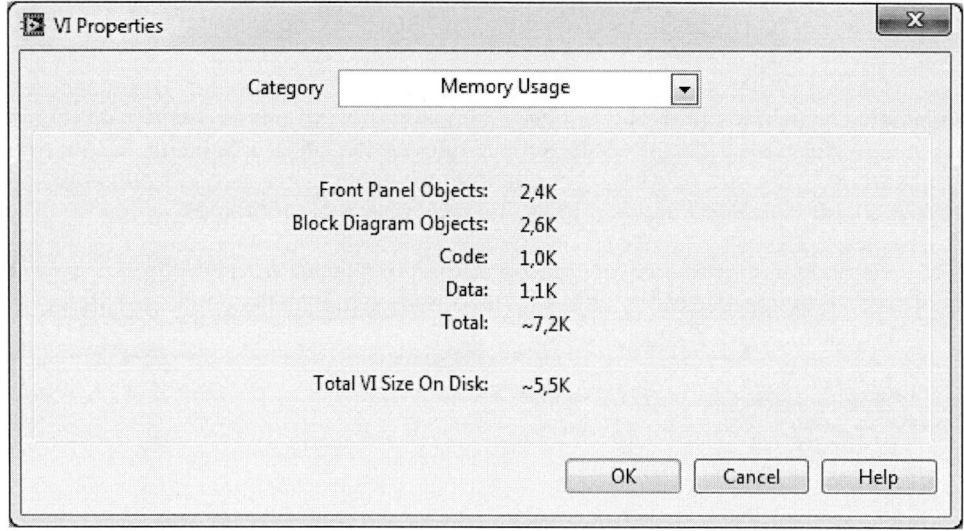

Figura 5.9 Información del tamaño de partes del programa

VISIBILIDAD DEL PROGRAMA EN CUANTO A LAS ESTRUCTURAS *CASE* Y *SEQUENCE*, Y LA GENERACIÓN DE CÓDIGO IMPRESO

Las estructuras **CASE** y **SEQUENCE** (Figura 5.10), generalmente, ahorran espacio, proporcionalmente con el número de casos que existan, pero tienen el problema de que no se ve directamente el programa sino que hemos de ir pasando caso a caso en cada estructura. Además solo ahorran espacio en el área de programación, pero a la hora de imprimir el programa para ver todo el código ocupa mucho más espacio y resulta más difícil orientarse.

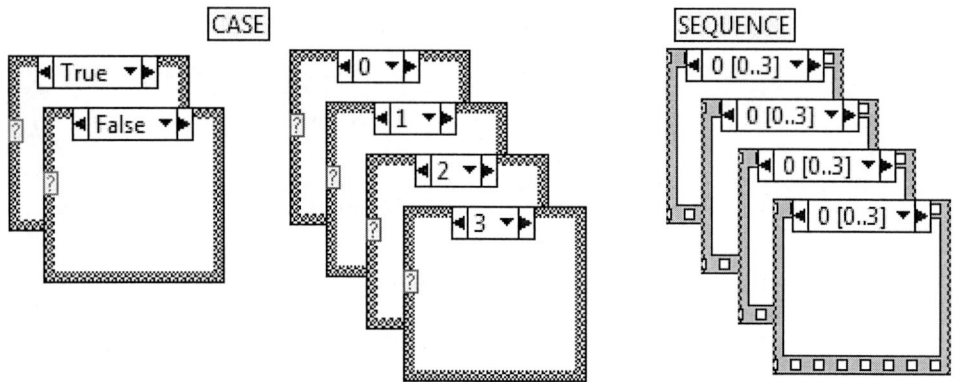

Figura 5.10 Estructuras Case y Sequence

UTILIZACIÓN DE VARIABLES ADECUADAS Y NO SOBREDIMENSIONADAS INNECESARIAMENTE

Escoger bien el tipo de variable numérica ciñéndonos a la estrictamente necesaria, sin sobredimensionar, es una actitud que puede ahorrar algunos kBytes, cosa que siempre es importante.

Además, se ha de recordar que las variables numéricas no solo las utilizan los controles e indicadores numéricos, sino también las constantes numéricas, y estas últimas normalmente en mayor grado.

MODULARIDAD EN LA PROGRAMACIÓN

Al realizar el esquema o diagrama de bloques de nuestro programa se deben prever aquellas partes del programa que podremos englobar como subprogramas subVI.

Además de los bloques lógicos de cierto tamaño existen otros factores a considerar en la decisión de realizar o no una parte del programa en un subVI.

Repetición de secuencias de programa

Es aconsejable convertir en subVI aquella parte del programa que se repita. De este modo se podrá utilizar como si fuera una función más, lo cual ahorrará, además, tiempo de programación.

En un *driver* de control de un instrumento existe una comunicación continuada y frecuente. Por ello, nos será muy útil realizar un subVI de envío de comandos y de captación de la respuesta (Figura 5.11).

Ejemplo: "Query.vi"

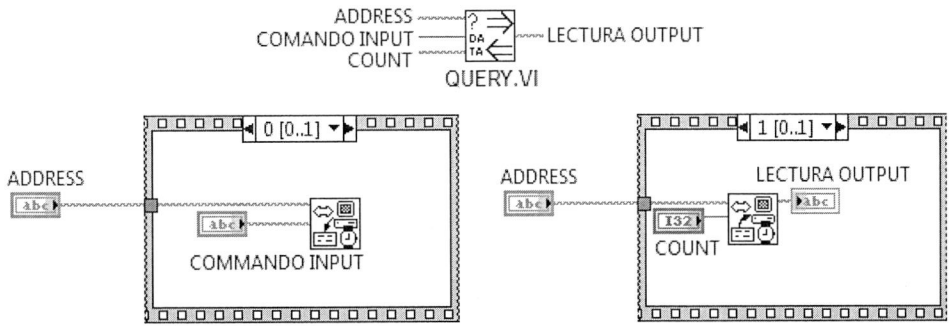

Figura 5.11 Ejemplo de subprograma

- Visibilidad en el programa

El tamaño visual recomendable del programa en el diagrama sería como máximo lo que se podría imprimir en un DIN A4 dejando suficiente margen. Un tamaño mucho mayor no es nada recomendable porque se sale de la visualización directa en pantalla, lo cual dificulta excesivamente el proceso de comprensión y de programación. El tamaño se debe ajustar al A4 por la comodidad de poder imprimir el programa sin cortes.

Podemos ver cuantas páginas nos ocupa el programa, y si cabe la parte principal en un A4 con la opción *Print Preview* (Figura 5.12).

- Manejo del VI principal

El VI principal tiende, ya de por sí, a ser bastante grande, debido a que normalmente suele estar toda la parte de entrada de datos, salida y presentación de resultados, por lo que se ha de intentar que, en la VI principal, solo esté lo estrictamente necesario, que correspondería al esqueleto de la estructura central del programa y los subVI en los que se hubiera dividido el programa.

USO DE LAS VARIABLES GLOBALES Y LOCALES

Utilizar variables globales en aquellos programas con varios niveles de subVI en los que haya un dato que esté en casi todos los niveles, en un nivel muy inferior, o en muchos subVI, debido a que ahorra muchos conectores y sus consiguientes controles e indicadores en los VI. No hay, por el contrario, que abusar de ellas porque ocupan un espacio considerable.

ETIQUETADO DE TODOS LOS CONTROLES E INDICADORES

Es importante, para poder localizar rápidamente en el Diagrama los terminales de los controles e indicadores, que éstos estén etiquetados con la opción *label* que ofrece el programa. Si no nos interesa que estén en el panel de control se pueden ocultar allí, pero tienen que estar visibles en el Diagrama. Además, se facilita la comprensión del programa con unas etiquetas con nombres coherentes.

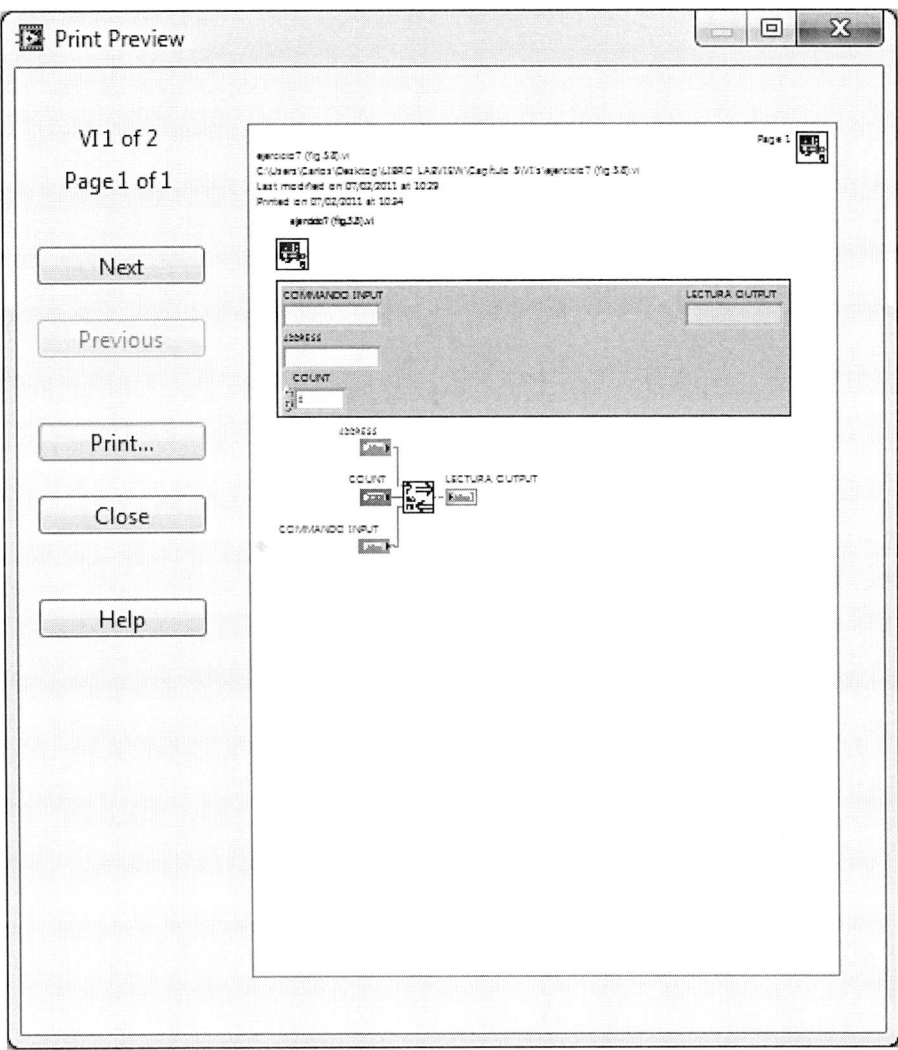

Figura 5.12 Visión previa de la ocupación del programa antes de imprimirlo

En el diagrama de la Figura 5.13 no se distingue a simple vista qué terminal corresponde a qué control. No etiquetar los terminales puede hacer que nos equivoquemos en la construcción de un *array* o un *cluster*. En este caso localizar el error nos costará, además, mucho más tiempo.

Con etiquetas (Figura 5.14) la comprensión del programa es mucho más rápida.

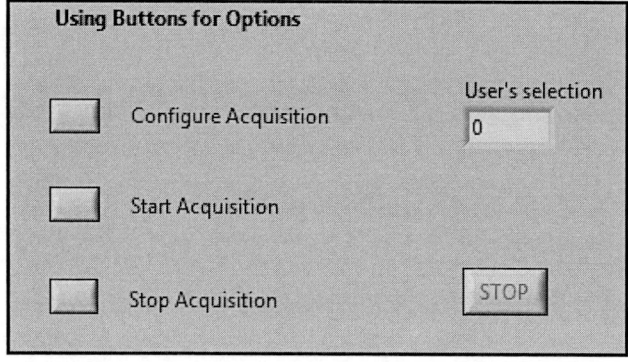

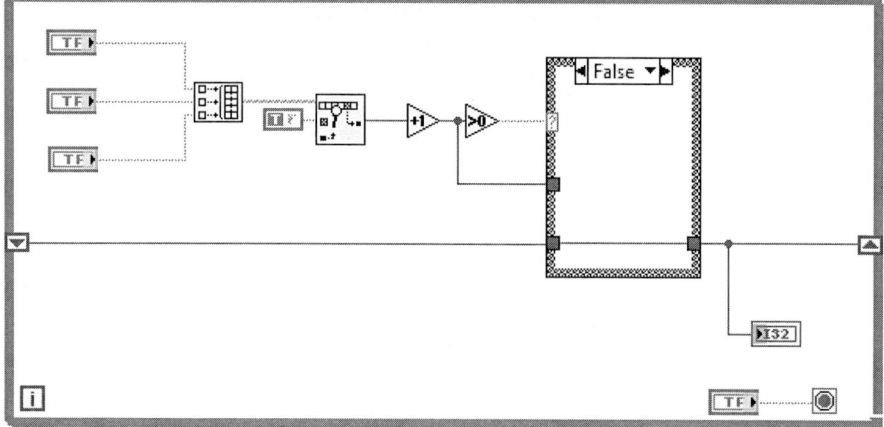

Figura 5.13 Diagrama sin etiquetas

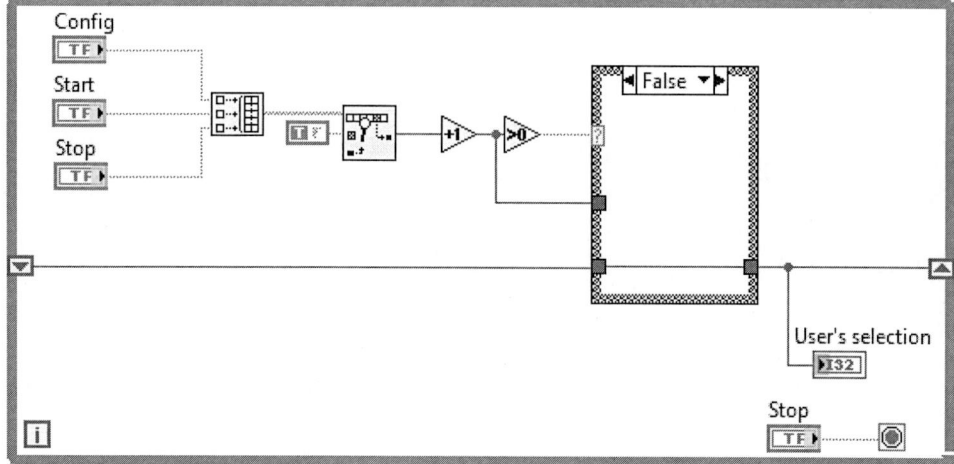

Figura 5.14 Diagrama con etiquetas

MANEJO DE LAS LIBRERÍAS

Normalmente las aplicaciones o *drivers* que crearemos tendrán varios o muchos subVI. Para no complicarse demasiado en la estructura de ficheros lo mejor es crear una librería para cada proyecto, o poner en un directorio específico todas las librerías temáticas de un proyecto.

NOMBRES DE LOS VI

Es muy habitual que en los iconos de los VI simplemente se pongan unas iniciales o una o dos palabras. Suele pasar que en el icono se escribe una palabra y después, al grabar el VI, le ponemos un nombre que no tiene nada que ver. Este desajuste suele despistar al ver el diagrama o buscar un subVI.

INICIALIZACIÓN DE LOS CONTROLES

Existe una opción para los controles en el panel frontal, *Make Current Value Default* (Figura 5.15), que pone el valor actual del control como el valor por defecto. A partir de entonces, es el valor que adopta el control cuando se carga el programa. Normalmente este valor es *cero* para los controles numéricos y de *false* para los booleanos, pero nos puede interesar que tenga un valor concreto porque será fijo casi siempre o porque, al comenzar, siempre tenga que adoptar un valor predeterminado, aunque luego a lo largo del programa se pueda o tenga que cambiar. O, simplemente, podemos tener un control que puede tomar todos los valores excepto cero por los problemas que nos pueda dar en el programa.

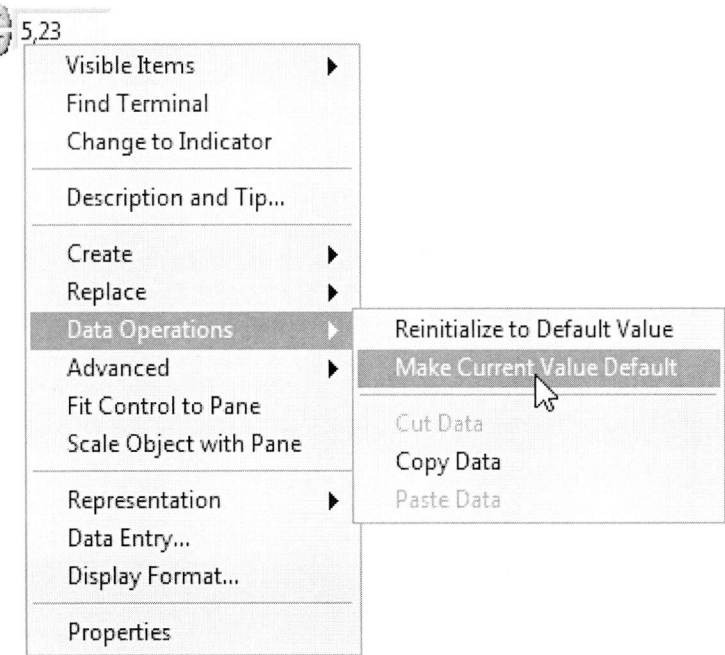

Figura 5.15 Inicialización de los valores en los controles

ETIQUETADO DE LOS SUBVI

Para reconocer el panel frontal de los subVI existentes en el programa y no mostrarlo al usuario en el curso de la ejecución del programa, podemos etiquetar el panel frontal (Figura 5.16).

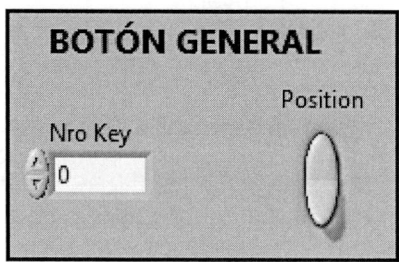

Figura 5.16 Etiquetado del panel frontal

ALGUNAS CONSIDERACIONES SOBRE EL DISEÑO DE VI-DRIVERS

El objetivo inicial de hacer un *driver* en **LabVIEW** para el control completo de un instrumento de laboratorio, tipo osciloscopio, estaba en la idea de crear un programa modular para poder tener, al mismo tiempo, un *driver* potente de un instrumento y toda la multitud de partes del mismo disponibles para ser utilizadas individualmente en otras aplicaciones que tuvieran otros objetivos, con el fin de aprovechar al máximo el trabajo realizado. Suele ocurrir que al empezar a unir los diferentes módulos que durante meses se hayan estado realizando, la experiencia nos ha demostrado que este modo de construir un *driver* de las características que tendría que tener por ejemplo, el de un osciloscopio (traspaso de toda la información de la forma de onda que hubiera en la pantalla a tiempo real), no daría como resultado algo mínimamente aceptable. El problema reside en que el volumen de programa generado lo haría realmente lento, y solo contendría lo básico del osciloscopio. La causa hay que buscarla, en el que al hacer los módulos como verdaderas funciones independientes se repetirán muchos pasos intermedios y no se podrán agrupar para simplificarlos sin destruir la modularidad. Esto nos hará desistir de intentar hacer un osciloscopio modular pasándonos al lado totalmente opuesto: Intentar hacer un *driver* lo más compacto posible, pues su calidad dependerá de la velocidad con la que pueda procesar los datos.

La idea de hacer un *driver* compacto no soluciona los problemas de tamaño y manejo del programa ya que debido a la complejidad del instrumento, el *driver* va creciendo hasta alcanzar un tamaño excesivo, estando todavía muy lejos de ser algo con la forma final deseada.

Esta desventaja marcará todo el trabajo posterior en sucesivas y continuas oleadas de programación para añadir funciones y depuración de programa hasta volver a alcanzar un tamaño manejable.

De este modo, las continuas depuraciones del programa y rehacer de las estructuras, ocuparán la mayor parte del tiempo de programación, en proporción algo desmesurada, hecho que nos lleva a la conclusión de que no es rentable, debido al tiempo invertido, la creación completa o casi completa de un instrumento complejo y que tenga como característica principal estar dispensando continuamente gran cantidad de información. Además, se podría poner en duda rápidamente la utilidad de clonar completamente el instrumento, pues no está claro hasta qué punto es necesario controlar la totalidad de funciones del instrumento físico.

Dos programas que hagan lo mismo pueden tener tamaños tan distintos como ser uno el doble del otro y, consiguientemente, ser uno mucho más lento que el otro. La diferencia la pueden definir factores insalvables en el momento, como la experiencia del programador, pero existen otros factores que se pueden corregir rápidamente. Con las recomendaciones introducidas previamente queda la voluntad de que ayuden a entender un poco más la filosofía de programación con LabVIEW.

5.6 EJERCICIOS

Ejercicio primero

Crear un VI que represente en una gráfica el sen(x) o el cos(x) entre dos límites y con un número de puntos determinados por el usuario. El panel frontal ha de constar de tres controles digitales, uno booleano y la gráfica. Grabarlo como sin&cos.vi.

La solución es:

• El panel frontal puede quedar de la siguiente manera:

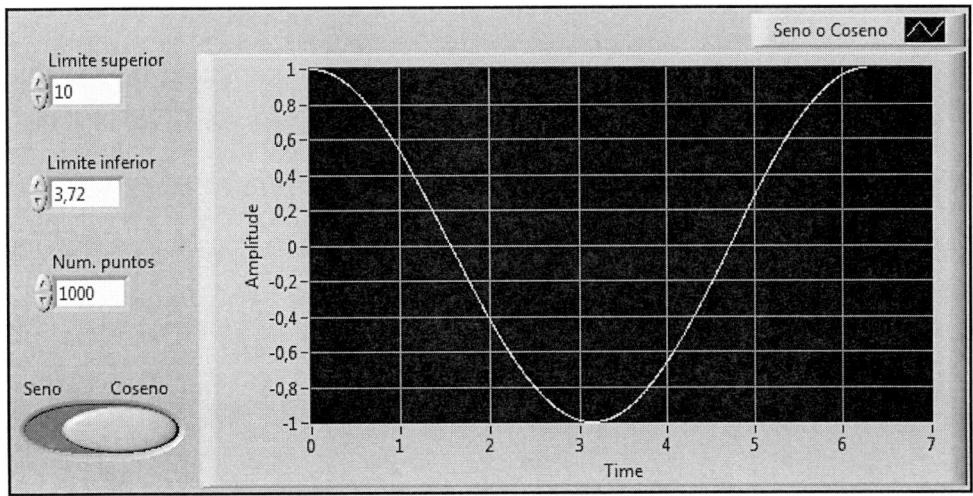

- Una posible solución para el diagrama de bloques sería:

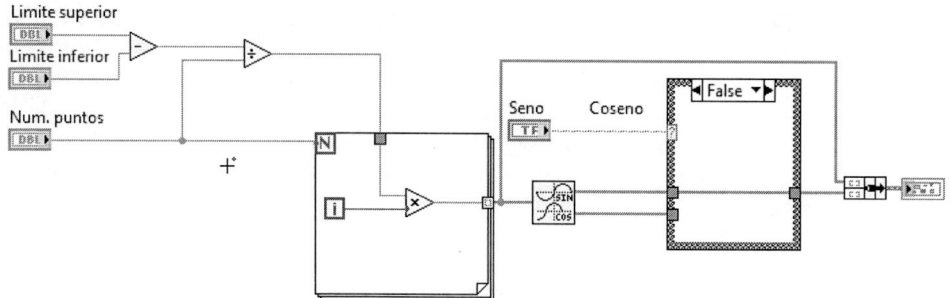

- Restamos los límites para calcular el intervalo y lo dividimos por el número de puntos. Con el **For Loop** creamos el array de valores de *x* para los cuales calcularemos el seno o el coseno con la función **Sine & Cosine** (utilizada en otras prácticas).

- El control booleano determina si queremos ver el seno o el coseno. Si es **True** se representa el coseno, mientras que si es **False**, los valores que se pasan a la gráfica son los del seno.

- Comprobar su funcionamiento correcto y grabarlo (**Ctrl+S**) como **C:\Mis Documentos\sin&cos.vi**.

Ejercicio segundo

Crear un icono y un conector para el VI sin&cos.vi. El icono podrá ser cualquiera que nos permita su identificación de manera rápida y clara. El conector tendrá cuatro terminales de entrada y uno de salida.

La solución es:

- Para crear el icono vamos al panel frontal y desplegamos el menú pop-up del icono del VI (esquina superior derecha). Tomamos la opción **Edit Icon...** Aparecerá el editor de iconos (**Icon Editor**). Solo hemos de usar las herramientas disponibles junto con nuestra imaginación para obtener el icono que más nos agrade. Una opción rápida es sencillamente escribir la función que realiza. Un posible icono sería:

- Una vez acabado el diseño, haremos clic en **OK**. El resultado quedará reflejado en la esquina superior derecha.

- Pasamos a crear el conector. Desplegamos el menú pop-up del icono y tomamos la opción **Show Connector**. LabVIEW presentará uno por defecto y cambiará la herramienta operativa a **Wiring**. Si estamos de acuerdo con el conector no haremos nada más de momento. Si lo hemos de cambiar desplegaremos el menú pop-up y utilizaremos las opciones disponibles.

- Observamos que el que nos da LabVIEW tiene 4 entradas y una salida, lo cual ya nos va bien. Por tanto nos lo quedaremos.

- El siguiente paso es conectar los controles e indicadores a los terminales del conector. Seguiremos los siguientes pasos: clic en el control **Lim Sup**, clic en el primer rectángulo de la izquierda. Este ha de quedar de color naranja. Hacer lo mismo con los otros 3 controles. La gráfica (indicador) se conectará al terminal de la derecha.

- Una vez se han hecho todas las uniones, desplegamos el menú pop-up del icono y tomamos la opción **Show Icon**.

- Para ver si las conexiones son correctas abrimos la ventana de ayuda (**Ctrl+H**) y situamos el cursor sobre el icono. Tendremos que ver lo siguiente:

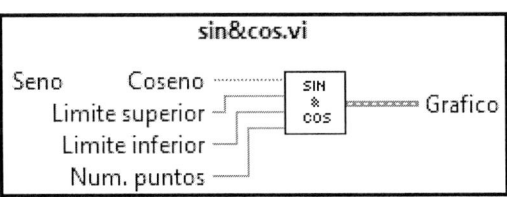

- Finalmente grabamos.

Ejercicio tercero

Crear un VI que represente en una gráfica el sen(x), el cos(x) o la tg(x) entre dos límites y con un número de puntos determinados.

Para ello vamos a crear un VI principal que llamaremos s&c&t.vi y en el que solo elegiremos la opción deseada. Su panel será:

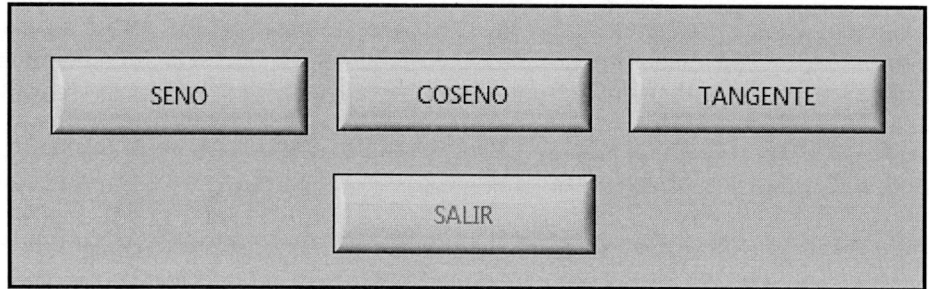

Este VI estará ejecutándose continuamente, de manera que una vez pulsada una opción pasaremos a otra pantalla donde se nos pedirán los límites y número de puntos. Esta pantalla tendrá que ser un VI actuando como subVI. Lo llamaremos limites.vi:

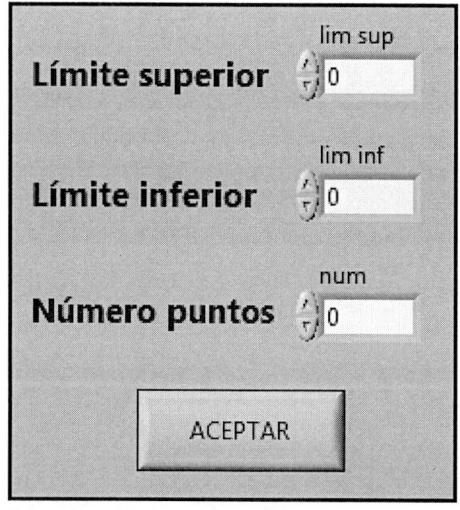

Una vez introducidos los valores correctos pulsaremos el botón **Aceptar**, y en otra pantalla obtendremos la gráfica (será otro subVI llamado gráfica.vi):

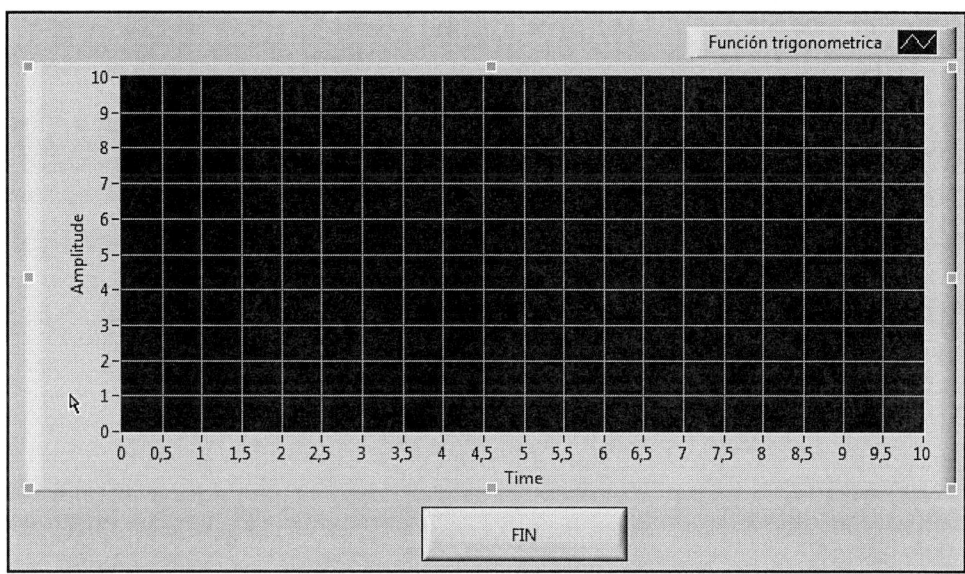

Al pulsar el botón **FIN** volveremos al panel del VI principal.

Para calcular los puntos se ha de usar el VI sin&cos.vi.

La solución es:

- Primero empezaremos creando los subVIs. Comenzaremos con el encargado de representar los resultados, **Grafica.vi**.

- Abrimos un nuevo panel y situamos el indicador **XY Graph** y el control booleano, de manera que tengan un aspecto similar al propuesto en el enunciado. **FIN** ha de actuar de manera similar a un pulsador, esto es, una vez que se ha hecho clic en él vuelve a su estado original. Para ello desplegamos su menú pop-up y tomamos de la opción **Mechanical Action** (acción mecánica) la correspondiente a **Latch When Pressed**.

- El subVI recibirá los array correspondientes a los valores de x y de la función calculada (seno, coseno o tangente) y los presentará en la gráfica hasta que pulsemos **FIN**. El diagrama de bloques puede quedar de la siguiente manera:

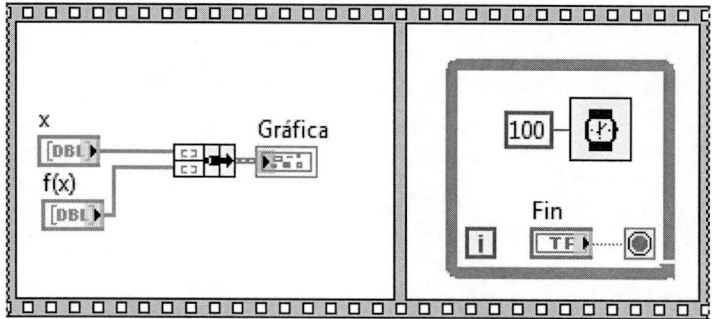

- Utilizamos la función **Sequence** para obligar a que se representen primero los resultados y después se entre en el **While Loop** hasta que se pulse **FIN**. Como vemos, solo es necesario la función **Bundle** para representar los puntos.

- Una vez hecho esto solo hemos de crear el icono y el conector. Un posible resultado sería:

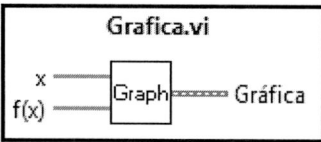

- Finalmente lo grabamos como C:\Mis Documentos\grafica.vi (**Ctrl+S**) y lo cerramos (**Ctrl+W**).

- El siguiente VI a crear es el llamado limites.vi. Abrimos otro panel nuevo y situamos los diferentes controles numéricos y booleano (actuará como **FIN** en el VI grafica.vi). Una vez dispuesto a nuestro gusto pasamos a trabajar el diagrama de bloques, bastante sencillo como puede verse a continuación:

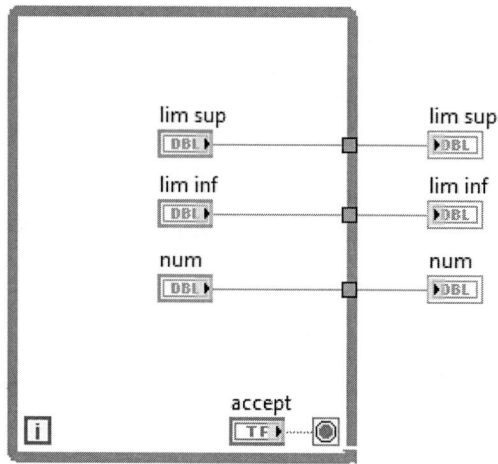

- Solo se necesita un **While Loop** que pasa los valores introducidos en los controles a su borde hasta que se pulsa **Aceptar**. En ese momento, los últimos valores introducidos pasan a los indicadores y se acaba la ejecución del VI.

- Si se observa el panel frontal, dichos indicadores no aparecen. Realmente sí que están, lo único que hemos hecho ha sido ocultarlos con la opción **Hide Indicator** (esconder indicador) de su menú pop-up.

- El siguiente paso es la creación del icono y conector. Después de hacerlo el resultado puede ser:

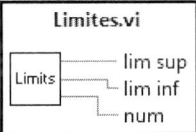

- Lo grabamos y cerramos.

- Pasamos ahora a la elaboración del VI principal. Como en los casos anteriores abrimos un nuevo panel y situamos los controles booleanos. Sus acciones mecánicas también han de ser del tipo **Latch**.

  Vamos al diagrama de bloques. Lo primero es plantar un **While Loop** que se ejecute mientras **SALIR** sea **false**. A continuación diseñamos una OR-lógica de tres entradas, de manera que cuando no hay ninguna función (seno, coseno o tangente) pulsada, el resultado sea falso y no se realice ninguna acción. Si por el contrario alguna de ellas fuese cierta, entraríamos en la opción **True** de la estructura **Case**. Dentro de esta estructura hemos de poner una **Sequence** para controlar la ejecución. Vamos a necesitar tres pasos:

  1. Pedir los límites y número de puntos al usuario.

  2. Calcular los puntos correspondientes a la función seleccionada.

  3. Representar estos puntos en la gráfica.

En la siguiente figura puede verse la OR-lógica y la primera secuencia (o **frame**):

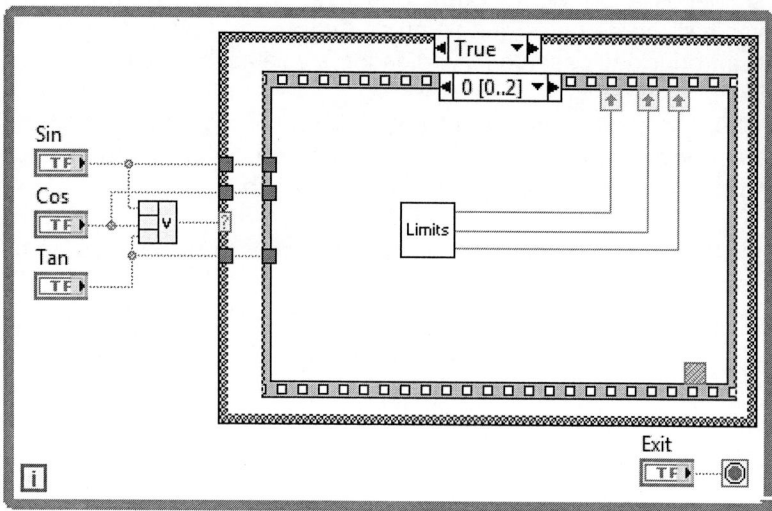

- El subVI límites.vi se encarga de recoger los límites y número de puntos. Por tanto, será necesario que se abra su panel frontal. Para ello hemos de desplegar el menú pop-up de su icono y tomar la opción **SubVI Node Setup...** Aparecerá una ventana de diálogo tal como se vio anteriormente. Las opciones que tendremos que marcar son **Show Front Panel when called** y **Close afterwards if originally closed**. Al hacerlo, el panel frontal se abrirá cuando se ejecute la secuencia 0 y se cerrará cuando se pulse la tecla **Aceptar**.

- Los valores introducidos son devueltos por límites.vi, y pasados a través de variables de secuencia a las siguientes **frames**.

- Obtener los puntos de la función seleccionada por el usuario.

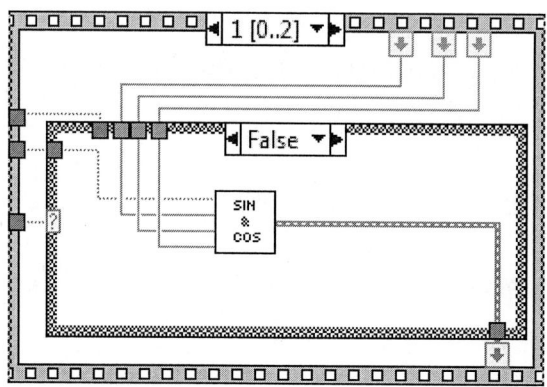

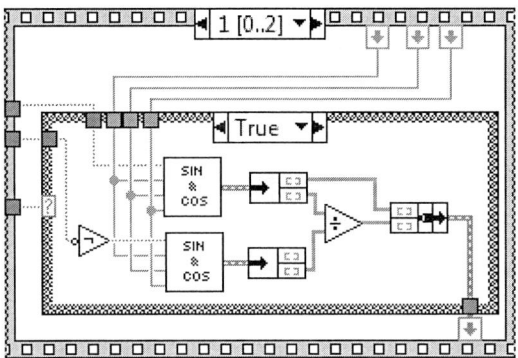

- Se hace necesario otra estructura **Case** que determine si la función deseada es la tangente o el seno y coseno. Como el enunciado indicaba, utilizaremos el VI sin&cos.vi para obtener los puntos. El **Case** está controlado por el valor del control booleano **Tan** (tangente), de manera que si es falso se calcula el seno o el coseno, mientras que si es cierto se calcula la tangente.

- Supongamos que **Tan** es falso. Como vemos en la figura inferior anterior, en sin&cos.vi entra el valor del control **Cos**. Si este es cierto se calcula el coseno, mientras que si es falso se calcula el seno (ver el ejercicio 1 para recordar el funcionamiento de este VI).

- Si **Tan** es cierto hemos de calcular la tangente. Sabiendo que se puede calcular como la división del seno entre el coseno, aprovechamos el VI que nosotros mismos elaboramos en el ejercicio 1. Los valores devueltos por sin&cos.vi se desempaquetan (**unbudle**) del cluster y se dividen, volviéndose a empaquetar (**bundle**) para su envío a grafica.vi, como se puede ver en la siguiente figura correspondiente a la última secuencia.

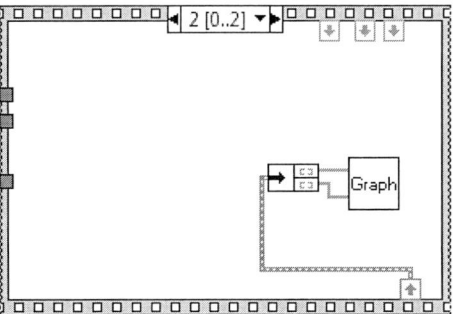

- Este subVI tendrá que mostrar también su panel frontal, por lo que seguiremos los mismos pasos que con límites.vi.

- Grabamos y comprobamos su funcionamiento correcto.

6

Sistemas de adquisición y procesado de datos

6.1 CONCEPTOS BÁSICOS EN LOS SISTEMAS DE ADQUISICIÓN DE DATOS

Son muchas las aplicaciones donde se hace indispensable el tratamiento de señales que nos proporcionen información sobre fenómenos físicos. En general, este tratamiento es necesario hacerlo sobre grandes cantidades de información y con una elevada velocidad de procesado; un ordenador personal es el encargado de realizar estas tareas debido a su excelente velocidad de procesado sobre cantidades elevadas de información.

Comúnmente, los dispositivos usados para la adquisición de señales son las tarjetas de adquisición de datos, que son las que proporcionan al ordenador personal la capacidad de adquirir y generar señales, ya sean analógicas o digitales. Sin embargo, estas no son las únicas funciones de las tarjetas de adquisición; entre otras, también disponen de contadores y temporizadores.

Cuando se desea obtener información sobre fenómenos físicos es necesario introducir un nuevo elemento en el sistema que nos suministre un parámetro eléctrico a partir de un parámetro físico, dicho elemento es el transductor[1]. El transductor es el primer elemento que forma un sistema general de adquisición de señales.

Generalmente, las señales eléctricas generadas por los transductores no son adecuadas o no son compatibles con las características de entrada de una tarjeta de adquisición de datos. En estos casos se hace necesario el uso de dispositivos de acondicionamiento de señal que realizan un pretratamiento de la señal. Entre otras, las funciones más usuales de los acondicionadores son amplificación, filtrado, aislamiento eléctrico, incluso linealización y multiplexado. La Figura 6.1 muestra una configuración general de un sistema basado en la adquisición de datos.

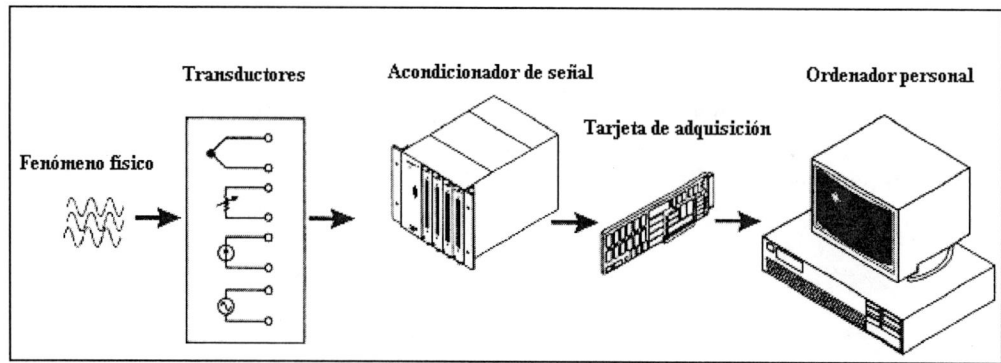

Figura 6.1 Configuración general de un sistema de adquisición de datos basado en PC

6.2. FUNCIONES GENERALES DE ACONDICIONAMIENTO DE SEÑAL

Dependiendo de los tipos de transductores que se usen, el uso de un equipo de acondicionamiento de señal puede mejorar la calidad y las prestaciones de nuestro sistema de adquisición[2]. Las funciones de acondicionamiento que se usan generalmente para cualquier tipo de señal son amplificación, filtrado y aislamiento.

Amplificación. Debido al bajo nivel de señal que suministran los transductores, el ruido puede jugar un papel importante en lo que a error de medida de señal se refiere. Una amplificación fuera del chasis del PC y cerca de la fuente de origen de la señal nos puede incrementar la resolución de la medida y reducir de una forma efectiva el efecto del ruido sobre la señal deseada.

Es cierto que las tarjetas de adquisición de datos (TAD) contienen un amplificador interno; sin embargo, el uso de este amplificador es más común para adaptar los márgenes dinámicos de la señal y la TAD, y así aumentar la resolución, que para disminuir la influencia del ruido en la señal.

Filtrado. El uso de filtros permite rechazar un cierto margen de frecuencias indeseable. Es muy común el uso de filtros banda-eliminada con frecuencia central 50 Hz para eliminar el ruido de red procedentes de fluorescentes, maquinaria, fuentes de alimentación, etc. También son muy comunes los filtros antialiasing que permiten que la señal que va a ser muestreada pueda ser reconstruida perfectamente después de la adquisición. El ancho de banda de estos filtros debe coincidir con el ancho máximo de la señal deseada.

Aislamiento. La incompatibilidad de masas entre las TAD y las señales a medir es la causa más común de los problemas de medida y pueden llegar a dañar la TAD[1]. El método más usado para el aislamiento consiste en la utilización de circuitos ópticos.

6.2.1. Acondicionamiento de señal con SCXI

El SCXI (**S**ignal **C**onditioning e**X**tensions for **I**nstrumentation) es un sistema de acondicionamiento de señal de National Instruments con capacidad para conectarse a una TAD[2]. Un sistema SCXI consiste en un chasis que contiene una serie de slots donde pueden ser conectados los módulos SCXI con sus funciones propias de acondicionamiento. El sistema SCXI suministra las señales acondicionadas a la TAD para una posterior transferencia de datos al PC.

Actualmente, hay una gran variedad de módulos SCXI disponibles en el mercado con diferentes prestaciones de acondicionamiento de señal. Por ejemplo, el módulo SCXI-1120 es un amplificador de aislamiento de 8 canales. Cada canal de entrada incluye un amplificador de aislamiento con ganancia programable y un filtro paso-bajo de frecuencia de corte configurable. El módulo SCXI-1121 es igual a su antecesor con la diferencia de que solo dispone de cuatro canales.

6.3 TARJETAS DE ADQUISICIÓN DE DATOS. TIPOS

Hoy en día disponemos de una gran variedad de TAD que nos permite llevar a cabo nuestras aplicaciones. Sin embargo, es importante conocer cuáles son las prestaciones que nos puede dar cada tarjeta para que se adapte correctamente a nuestra aplicación sin que sus prestaciones sean muy elevadas ni muy bajas.

6.3.1 Consideraciones generales sobre las TAD

En este apartado veremos cuáles son las consideraciones que determinan las características hardware de las tarjetas de adquisición de datos, para tener un criterio de valoración de la efectividad de la TAD y de comparación entre diferentes placas.

Entradas analógicas. Las prestaciones y precisión que nos proporciona una tarjeta, en cuanto a entradas se refiere, son básicamente el número de canales de que dispone, la frecuencia de muestreo, la resolución y los niveles de entrada. Generalmente, muchos de estos parámetros se pueden configurar por software.

El número de canales analógicos se ha de especificar tanto para entradas referenciadas a masa como para diferenciales. Las entradas referenciadas a masa también se las conoce como "single-ended inputs". Si entre el terminal de referencia y tierra existe una diferencia de potencial, esta se denomina tensión en modo común, causante de muchos errores de medida.

Esta configuración se utiliza en adquisición de señales de alto nivel donde el error introducido por la señal en modo común es despreciable.

Las señales diferenciales se basan en que los dos terminales de una entrada corresponden con dos terminales de entrada de la TAD, es decir, no existe ningún terminal referenciado a masa. De esta forma eliminamos la tensión en modo común. Esta configuración de entrada es útil para la adquisición de señales de bajo nivel.

Frecuencia de muestreo. Determina la velocidad a la que se producen las conversiones ADC. Una frecuencia de muestreo elevada proporciona señales con mayor calidad de definición en tiempo; al mismo tiempo aumenta el flujo de datos hacia el procesador . Por tanto, se habrá de buscar un valor de compromiso que haga óptimo el funcionamiento del sistema. Es fundamental en toda adquisición respetar el teorema de Nyquist para el muestreo.

Resolución. Indica el número de bits que utiliza el conversor ADC para cuantificar los niveles de señal analógica. Cuanto mayor sea el número de bits del ADC, mayor será el número de niveles de señal que se puede representar.

Niveles de entrada. Son los límites de entrada de tensión de la TAD. Es muy común diferenciar entre señales unipolares y bipolares. Las señales unipolares admiten únicamente niveles de tensión positivos mientras que las bipolares permiten las dos polaridades. La Figura 6.2 muestra una señal adquirida por una entrada unipolar de 10 voltios mediante un conversor ADC con una resolución de 3 bits.

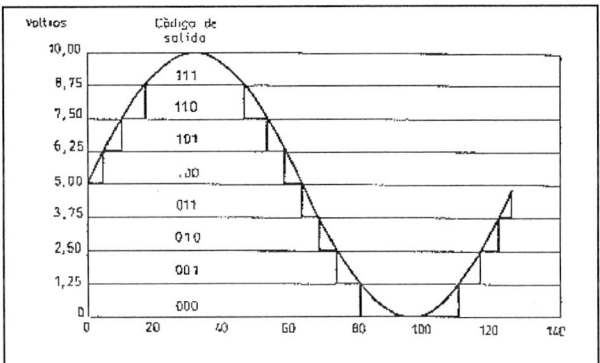

Figura 6.2 Representación de una señal analógica sinusoidal muestreada con un ADC de 3 bits de resolución

Para disponer del máximo de resolución en la medida, el margen dinámico de señal de entrada debe coincidir con el margen de la TAD. Para hacer esto posible se puede utilizar el amplificador interno de la TAD.

Salidas analógicas. Muchas TAD incorporan salidas analógicas. Básicamente, las características técnicas de las salidas analógicas son las mismas comentadas para las entradas.

Puertos digitales. Son líneas de entrada/salida digitales. Se utilizan para control de procesos, generación de modelos por testeo, para comunicación con equipos periféricos, etc. Los parámetros más importantes que caracterizan los puertos digitales son el número de líneas disponibles, la velocidad a la cual se pueden transferir los datos y la capacidad de control de diferentes dispositivos ("handshacking").

Temporizadores. Son líneas útiles para muchas aplicaciones tales como contar las veces que se produce un evento, generar bases de tiempos para procesos digitales o generación de pulsos.

6.3.2 Diagrama de bloques general de una TAD

La etapa de entrada de una TAD es muy común para todos los tipos y modelos. Básicamente está compuesta por un multiplexor, que permite disponer de varios canales de entrada, seguido de un amplificador de instrumentación de ganancia programable. Este amplificador se conecta a otro amplificador de muestreo y retención ("Sample & Hold") y finalmente este proporciona el valor de tensión al conversor ADC. La Figura 6.3 muestra la etapa de entrada general de una TAD.

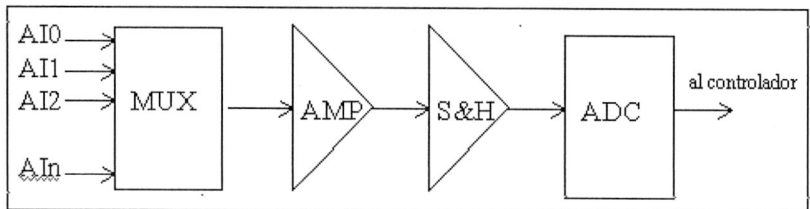

Figura 6.3 Etapa de entrada general de una TAD

En cuanto a las salidas analógicas se componen básicamente de conversores DAC que se conectan directamente al bus interno del microprocesador. Para cada salida analógica se necesita un conversor DAC que normalmente tienen la misma resolución que los ADC de la entrada.

6.4 ADQUISICIÓN DE DATOS EN LabVIEW

LabVIEW es un lenguaje de programación adecuado para la adquisición de datos, entre otros motivos, por su total compatibilidad con las tarjetas de National Instruments. Su interface gráfica ofrece una gran potencia de visualización de señales y dispone de librerías de procesado para el tratamiento de las señales adquiridas. Para que todo esto sea posible, LabVIEW ofrece una librería de adquisición de datos que proporciona al usuario una herramienta de trabajo de fácil uso y que permite disponer de una mayor flexibilidad en cuanto al manejo de las TAD se refiere.

Desde la versión de LabVIEW 7.0 aparece una nueva versión de NI-DAQ llamada NI-DAQmx que resuelve algunos de los problemas de sincronización y multitarea que en ocasiones podía tener NI-DAQ tradicional. Actualmente con la versión LabVIEW 2010 NI-DAQ (tradicional) ya es un driver obsoleto y ya no está soportado. En los siguiente subapartados vamos a ver las diferentes funciones de adquisición de datos de alto nivel que aparecen en la paleta de la figura siguiente sobre el driver NI-DAQmx.

Figura 6.4 Paleta de adquisición de datos: NI-DAQmx

6.4.1 Librerías de adquisición de datos con NI-DAQmx

El número de VIs para la adquisición y generación de señales tanto analógicas como digitales con NI-DAQmx se ha reducido drásticamente y principalmente solo utilizaremos dos funciones: DAQmx Read y DAQmx Write.vi.

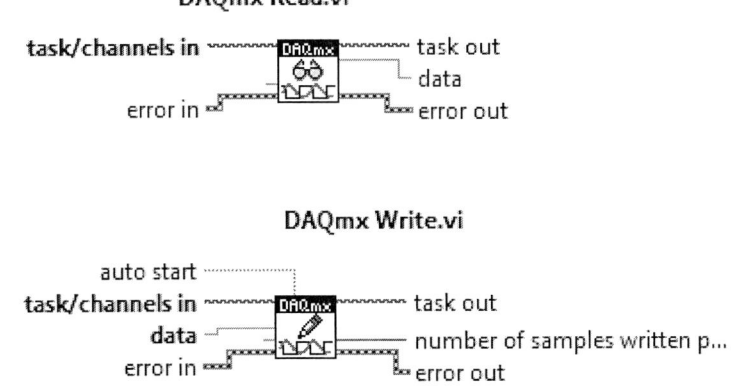

Figura 6.5 VIs para la lectura y generación de señales de entrada y de salida de la tarjeta: analógicas y digitales

Mediante el uso de VIs polimórficos seleccionaremos la función específica a realizar, por ejemplo: adquisición de un valor analógico, de una forma de onda, de un valor digital, del valor de un contador o de la generación de un valor analógico de salida, de una forma de onda, etc...

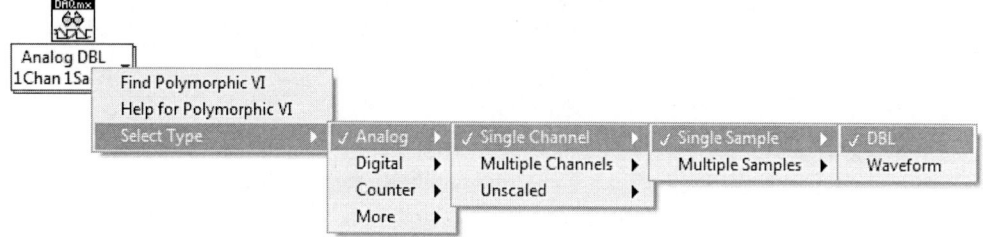

Figura 6.6 Selección de la función a realizar: en este caso adquisición de un valor analógico en una variable numérica de precisión doble

Para utilizar las funciones de NI-DAQmx es necesario crear un canal virtual (channel) o una tarea (task) donde se reflejan las propiedades básicas de la función como el canal de entrada o de salida de la tarjeta, el modo de generación o muestreo (único, continuado), la velocidad de adquisición, los límites, el tipo de canal (referido a masa, diferencial). En los Apartados 8.6 y 8.7 vamos a ver cómo crear estos canales virtuales o tareas mediante el Measurement & Automation Explorer.

6.5 CREACIÓN DE CANALES VIRTUALES

En el punto anterior hemos visto una posible manera de indicar cuál es el canal a utilizar para realizar una adquisición de datos desde una entrada analógica de la TAD, o una generación de señal desde una salida analógica de la TAD. La solución es indicar dos parámetros:

- El dispositivo debemos utilizar mediante el parámetro de entrada *device* donde si solo tenemos una TAD *device*=1 y si tenemos más de una TAD cada una de ellas tendrá un número diferente.
- El canal, *channel*, mediante un variable de tipo string.

Otra vía para especificar el canal desde el que hacer la adquisición o generación es mediante la creación de un canal virtual mediante el software *Measurement & Automation Explorer (MAX)* que veremos un poco más en profundidad en el capítulo 9.7.1. De esta manera, la información del dispositivo y el canal vienen autocontenidos dentro del canal virtual con la ventaja que podemos cambiar tanto el dispositivo como el canal utilizados sin la necesidad de editar el código de adquisición en LabVIEW. Los pasos a seguir son los siguientes:

- Abrir la aplicación *Measurement & Automation Explorer (MAX).*
- Seleccionar la carpeta de *Data Neighborhood.*

- Seleccionar la opción *Create New...*
- Escoger la opción de crear un Tradicional NI-DAQ *Virtual Channel* si vamos a utilizar NI-DAQ tradicional o NI-DAQmx Global Channel si vamos a utilizar NI-DAQmx.
- A partir de este momento seleccionar si el canal virtual hace referencia a una entrada o salida analógica o digital, seleccionar un nombre y una descripción para el canal virtual, especificar el tipo de fuente de señal (tensión, corriente, temperatura...), las unidades, el rango y si es necesario algún tipo de escalado mediante un ajuste de offset y ganancia (=mx+b) y finalmente seleccionar la TAD y el canal.

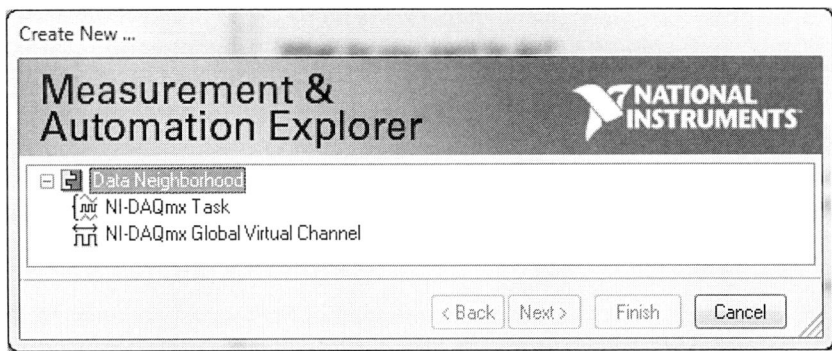

Figura 6.7 Pasos para la creación de un canal virtual (Virtual Channel)

De esta manera puedo realizar la adquisición de datos utilizando un diagrama como el de la Figura 6.7 o 6.8 donde se utiliza directamente el canal virtual. Si por cualquier causa necesito cambiar el canal o sus características para realizar la adquisición o al cambiar de sensor necesito realizar un escalado diferente de la señal de tensión, puedo modificar las propiedades del canal virtual desde el MAX sin necesidad de modificar el código de la aplicación en LabVIEW.

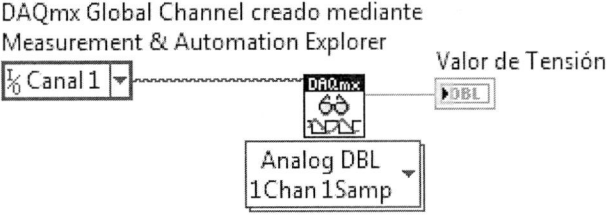

Figura 6.8 Adquisición de un valor analógico mediante un *NI-DAQmx Global Channel*

Utilizaremos principalmente Canales Virtuales de adquisición y generación para especificar principalmente la tarjeta a utilizar, el canal y el tipo de entrada o salida.

Cuando queramos especificar desde el MAX parámetros como la frecuencia de adquisición, opciones de sincronización o disparo deberemos utilizar una tarea de adquisición como se describe en el apartado siguiente.

6.6 CREACIÓN DE TAREAS (TASK) DE ADQUISICIÓN Y GENERACIÓN DE DATOS

El uso de las tareas de adquisición de datos es recomendado cuando queramos definir parámetros más concretos sobre la adquisición o generación tales como la frecuencia de muestro y opciones de sincronismo y disparo. Para crear una tarea (NI-DAQmx task) seguiremos los mismos pasos que para crear un canal pero en este caso desde el MAX seleccionaremos una nueva NI-DAQmx task y seguiremos las opciones de configuración que nos ofrece el asistente.

Una vez creada y desde el MAX tenemos la opción tanto de modificar los parámetros de la tarea y de comprobar su funcionamiento sin la necesidad de programar nada en LabVIEW, únicamente utilizando el MAX:

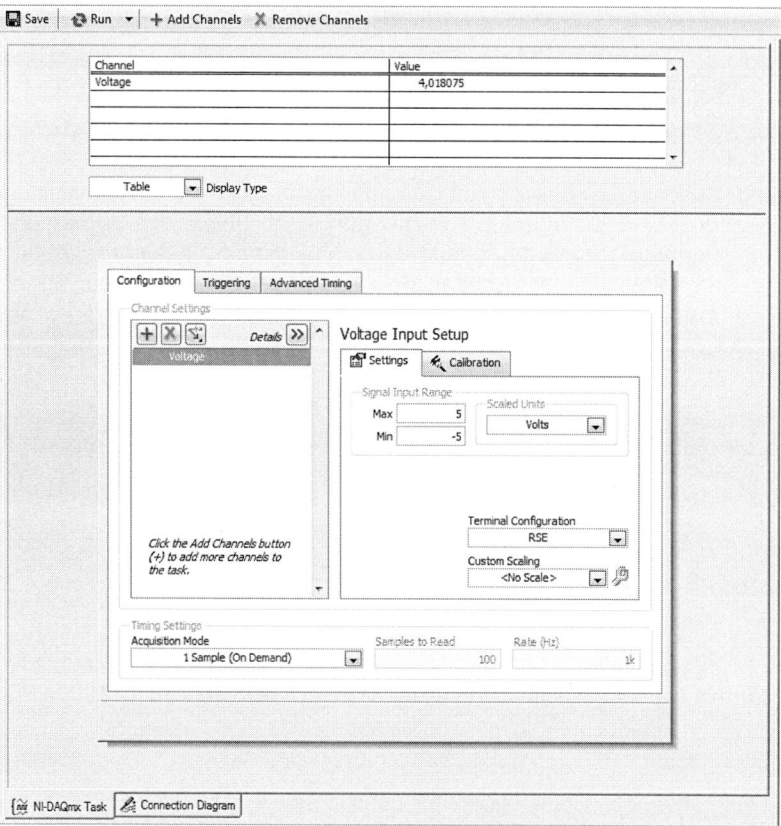

Figura 6.9 Configuración y test de los parámetros de la tarea de adquisición

6.7 VI EXPRESS DE ADQUISICIÓN DE DATOS. DAQ ASSISTANT

Una de las características más importantes en LabVIEW 2010 es la utilización de los llamados VI Express. Gráficamente se diferencian del resto porque son de un tamaño mayor y además tienen el fondo de color azul. Los VIs Express nos facilitan diversos tipos de tareas, entre ellas las de adquisición y generación de datos, mediante la configuración de diferentes parámetros del VI Express. Realizada la configuración, el VI Express puede quedar minimizado en un SubVI normal donde se ha generado un diagrama de bloques en función de los parámetros fijados.

En la Figura 6.10 podemos ver en la subpaleta de *Input* de la paleta de funciones algunos de los VI Express. Utilizarlos es sencillo. Tomamos en este caso el VI de adquisición de datos, DAQ Assistant, lo colocamos en el diagrama de bloques y hacemos doble clic para configurar la tarea de adquisición de datos. Configurada la tarea aparecerán los diferentes parámetros de entrada y salida, si son necesarios, como los datos recogidos, los datos a generar, etc.

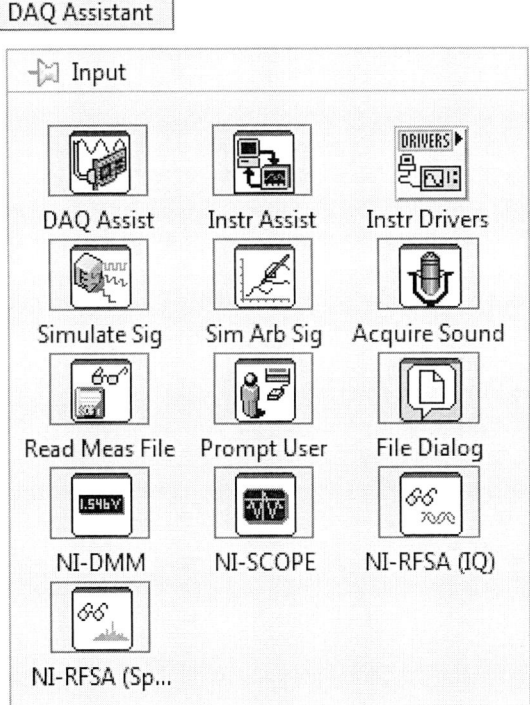

Figura 6.10 Subpaleta de *Input* donde encontramos algunos de los VI Express

6.8 ADQUISICIÓN DE DATOS A TRAVÉS DEL PUERTO USB

6.8.1 Introducción

Este capítulo está dedicado a la adquisición de datos a través del puerto USB (Universal Serial Bus) mediante LabVIEW 2010. Para ello se ha utilizado el módulo de adquisición NI USB-6009 que tiene las siguientes características:

- 8 entradas analógicas de 14 bits hasta 48 kS/s
- 2 salidas analógicas de 12 bits
- 12 líneas de Entrada/Salida digital de tipo TTL/CMOS
- Contador de 32bits hasta 5MHz.
- Trigger digital

NI USB-6009 es un dispositivo de adquisición de datos (DAQ) de tipo plug-and-play suficientemente sencillo para realizar medidas de forma rápida pero también suficientemente versátiles para aplicaciones de medida más complejas. El dispositivo NI USB-6009 es ideal para las aplicaciones donde el coste bajo, tamaño y sencillez son esenciales.

Para poder implementar programas de adquisición de datos en LABVIEW 2010 para NI USB-6009, es necesario instalar la librería DAQmx-Data Acquisition. Esta librería dispone de las funciones de inicialización, configuración y adquisición de datos del módulo NI USB-6009. La figura siguiente muestra la librería DAQmx-Data Acquisition de LabVIEW 2010:

En este capítulo se incluyen las siguientes aplicaciones utilizando el módulo NI USB-6009:

- Generador de tensión continua

- Generador de señales AC analógicas

- Adquisición de una señal analógica

- Medida de temperatura

- Control de relés

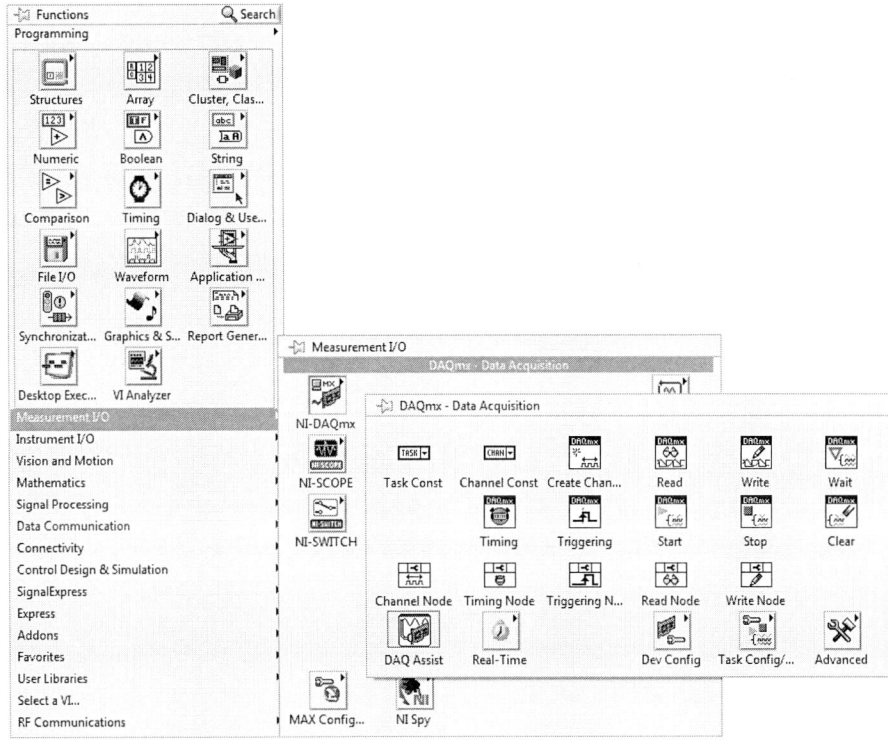

Figura 6.11 Librería DAQmx-Data Acquisition en LabVIEW 2010

Para cada aplicación se explica el funcionamiento de las funciones de la librería DAQmx-Data Acquisition utilizadas. Estas aplicaciones proporcionan los conocimientos básicos para realizar programas de adquisición de datos utilizando NI USB-6009. Antes de conocer el funcionamiento de estos VIs, es necesario familiarizarse con los tipos de señales que se puede adquirir con NI USB-6009.

6.8.2 Tipos de señales

Mediante NI USB-6009, es posible adquirir/generar diversos tipos de señales. Antes de realizar la adquisición, es necesario configurar el canal de Entrada/Salida para el tipo de señal a adquirir/generar. Estas señales son:

- Señales unipolares referenciadas (RSE: Renferenced Single-Ended)

- Señales unipolares no-referenciadas (NRSE: Non-Referenced Single Ended)

- Señales diferenciales

- Señales pseudo-diferenciales

Señales unipolares referenciadas (RSE) y unipolares no-referenciados (NRSE). Los sistema de medida unipolares referenciados y unipolares no-referenciados son similares en el hecho que la medida se realiza respecto masa. Un sistema de medida unipolar referenciado mide la tensión respecto a masa. AIGND de la Figura 6.12 que está conectado directamente con la masa del sistema de medida. La figura siguiente muestra un sistema de medida unipolar referenciado:

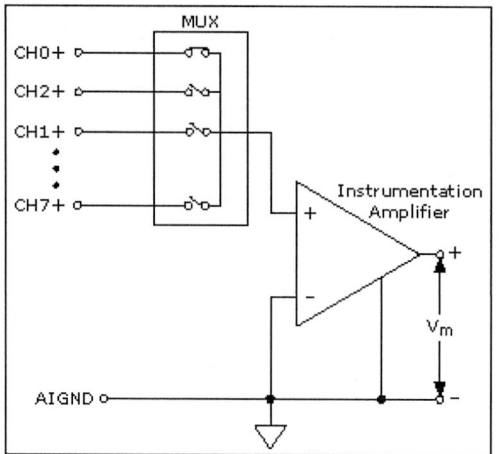

Figura 6.12 Sistema de medida unipolar referenciado (RSE)

A veces, los dispositivos DAQ como NI USB-6009 usan una variante de la medida unipolar referenciada, conocido como unipolar no-referenciada (NRSE). En un sistema de medida NRSE todas las medidas se realizan respecto un único nodo de entrada AISENSE, pero el potencial en este punto puede variar respecto la masa del sistema de medida. La figura siguiente ilustra un sistema de medida unipolar no-referenciado (NRSE):

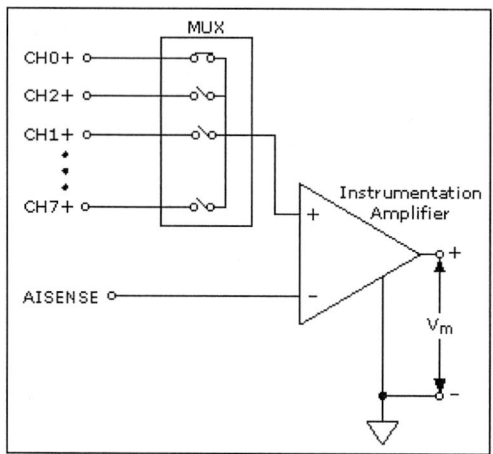

Figura 6.13 Sistema de medida unipolar referenciado (NRSE)

Señales diferenciales. Un sistema de medida diferencial no tiene ninguna de sus entradas conectada a una referencia fija, como tierra o masa. Un sistema de medida diferencial es similar a una fuente de señal flotante en el hecho de que la medida se realiza respecto a una masa flotante que es diferente a la masa del sistema de medida. Instrumentos portátiles alimentados con baterías y dispositivos DAQ con amplificadores de instrumentación son ejemplos de sistemas de medida diferenciales.

La siguiente figura muestra una implementación de un sistema de medida diferencial de 8 canales utilizado en un típico dispositivo NI. Se usan multiplexores analógicos para aumentar el número de canales de medida donde existe un solo amplificador de instrumentación. Para este dispositivo, el terminal AIGND es la masa del sistema de medida.

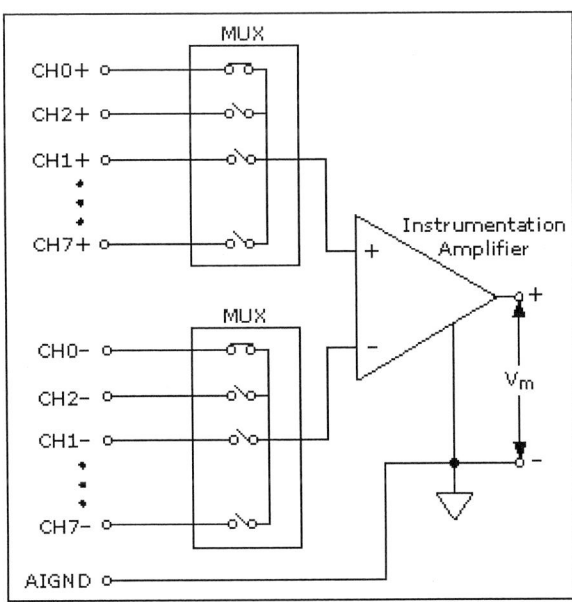

Figura 6.14 Sistema de medida diferencial

Señales Pseudo-diferenciales. Un sistema de medida pseudo-diferencial combina algunas características de un canal de entrada diferencial y un canal de entrada unipolar referenciado (RSE). Como un canal de entrada diferencial, un sistema de medida pseudo-diferencial expone los terminales positiva y negativa. Se conectan los terminales positiva y negativa a las salidas respectivas del sensor bajo test. La entrada negativa está conectada a masa mediante una impedancia pequeña (Z_i en el diagrama de abajo). La impedancia entre la entrada negativa y masa puede incluir tanto componentes resistivos como capacitivos. Los terminales positivos y negativos del canal de entrada están separados por una impedancia más grande (Z_{in}).

Configuraciones de entrada pseudo-diferencial son comunes en dispositivos de adquisición de señales muestreadas y dinámicas (DSA) que no emplean una arquitectura de señal multiplexada. Un sistema pseudo-diferencial es ideal para medir la salida de dispositivos flotantes o aislados como instrumentos alimentados con baterías o la mayoría de los acelerómetros. Se puede usar n montaje pseudo-diferencial para medir señales referenciadas si el potencial de la referencia de señal no difiere mucho del potencial de la masa del dispositivo de medida. Sin embargo, bucles de masa pueden ser un problema si el potencial del terminal negativo difiere mucho de la masa del chasis. En general, una entrada diferencial ofrece un mejor rechazo en modo común (CMRR) que una entrada pseudo-diferencial. La figura siguiente muestra un sistema de medida pseudo-diferencial:

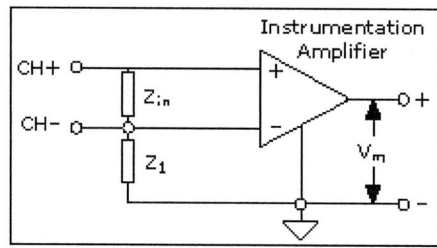

Figura 6.15 Sistema de medida Pseudo-diferencial

6.8.3 Ejemplos de aplicaciones de adquisición y generación de señales utilizando NI USB-6009

6.8.3.1 Generador de tensión continua

El funcionamiento de este programa se basa en generar una tensión continua (DC) por un canal de salida analógica del módulo NI USB-6009. Para ello se han utilizado las funciones de la librería DAQmx-Data Acquisition para implementar este VI. Como todos los programas en LabVIEW (VI), está compuesto por el panel frontal donde se incluyen todos los controles (entradas) e indicadores (salidas) del programa, y el diagrama donde se realiza la programación del VI mediante las funciones del LabVIEW.
A continuación se explica el funcionamiento del programa *Generador de tensión DC*:

Panel frontal:

Entradas al programa: Controles

En el panel frontal del programa *Generador de tensión DC* dispone de los siguientes controles:

- Canal

- Tensión máxima

- Tensión mínima

- Tipo de salida

- Tensión DC de salida

- Stop

Las especificaciones del módulo NI USB-6009 indican que dispone de dos salidas analógicas de 12 bits. Mediante el control *Canal* se elige la salida analógica por la cual se va a generar la tensión continua. Una vez instalado la librería DAQmx-Data Acquisition del módulo NI USB-6009, cuando se conecta el módulo al puerto USB del ordenador, LabVIEW automáticamente detecta el módulo y los canales disponibles para cada función. La figura siguiente muestra el menú desplegable del control *Canal* donde es usuario puede elegir entre los canales analógicos de salida *Dev1/ao0* y *Dev1/ao1*. El parámetro *Dev* indica el número de dispositivo DAQ.

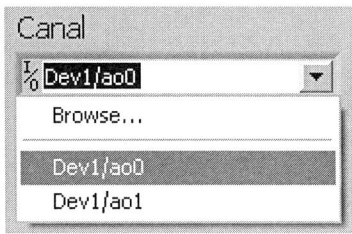

Figura 6.16 Control *Canal* del programa generador de tensión DC

Los controles *Tensión mínima y Tensión máxima* son los límites superior e inferior de tensión a generar por el módulo. Hay que tener en cuenta que el módulo NI USB-6009 permite generar tensiones DC analógicas entre 0V y 5V. Por tanto, la tensión de salida es regulable entre estos límites. Si alguno de los valores de tensión está fuera de estos límites, LabVIEW genera un error en el panel frontal. La figura siguiente muestra los controles *Tensión mínima y Tensión máxima:*

Figura 6.17 Controles *Tensión máxima* y *Tensión mínima* del programa generador de tensión DC

El control *Tipo de salida* permite al usuario seleccionar el tipo de señal a generar por la salida analógica. Es posible seleccionar los siguientes tipos de señales de salida:

- Default: por defecto

- RSE: unipolar referenciados

- Differential: diferenciales

- Pseudo-differential: pseudo-diferenciales

La opción *Default* asigna un tipo de señal de salida por defecto de tipo unipolar referenciado (RSE). La figura siguiente ilustra el menú desplegable del control *Tipo de Salida* para seleccionar el tipo de señal:

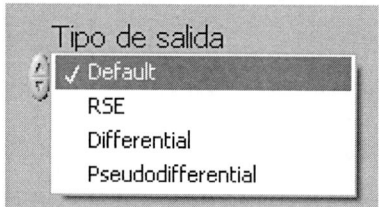

Figura 6.18 Control *Tipo de Salida* del programa Generador de Tensión DC

Para más información sobre el tipo de señales a seleccionar mediante este control, mirar el Apartado 6.8.2.

Mediante el control de tipo *Dial, Tensión DC de Salida*, el usuario puede fijar la tensión DC de salida a generar por la salida analógica. Si el valor fijado está fuera de los límites definidos por los controles *Tensión máxima y Tensión mínima*, LabVIEW genera un error de ejecución en la pantalla.

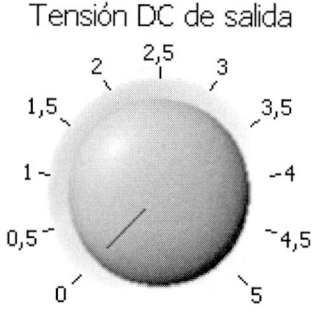

Figura 6.19 Control Tensión DC de salida del programa Generador de Tensión DC

El control *Stop* de tipo pulsador permite al usuario parar el programa sin detener LabVIEW.

Salidas del programa: indicadores

El programa dispone de los siguientes indicadores:

- Salida analógica

- Error

La *Salida analógica* muestra la tensión de salida a generar por el programa. Para comprobar que el programa realmente genera la tensión DC fijada, el usuario debe conectar la salida analógica configurada a un instrumento de medida de tensión (multímetro, osciloscopio, etc.). En esta conexión hay que tener en cuenta el tipo de señal generada por el módulo.

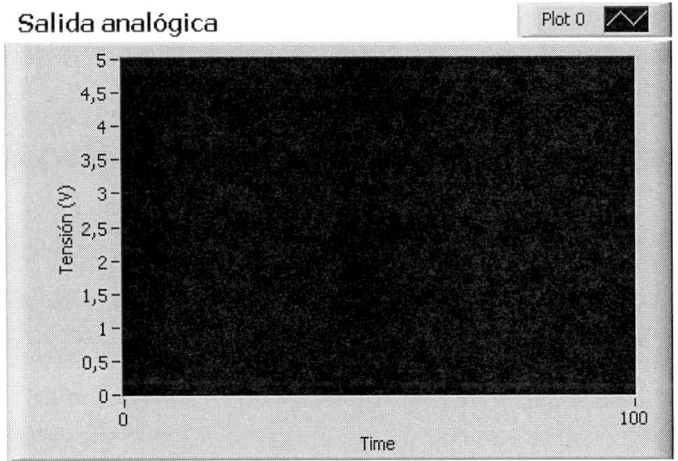

Figura 6.20 Indicador *Salida analógica* del programa Generador de tensión DC

Otro indicador incluido en este VI es *Error* mediante el cual es posible detectar si ha habido un error en la configuración del módulo NI USB-6009. Mediante el código de error que muestra este indicador es posible obtener información sobre el origen del problema en la ayuda de LabVIEW.

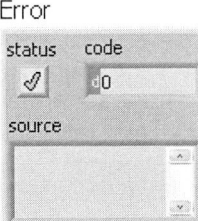

Figura 6.21 Indicador *Error* del programa Generador de tensión DC

La Figura 6.22 muestra el panel frontal del programa *Generador de tensión*.

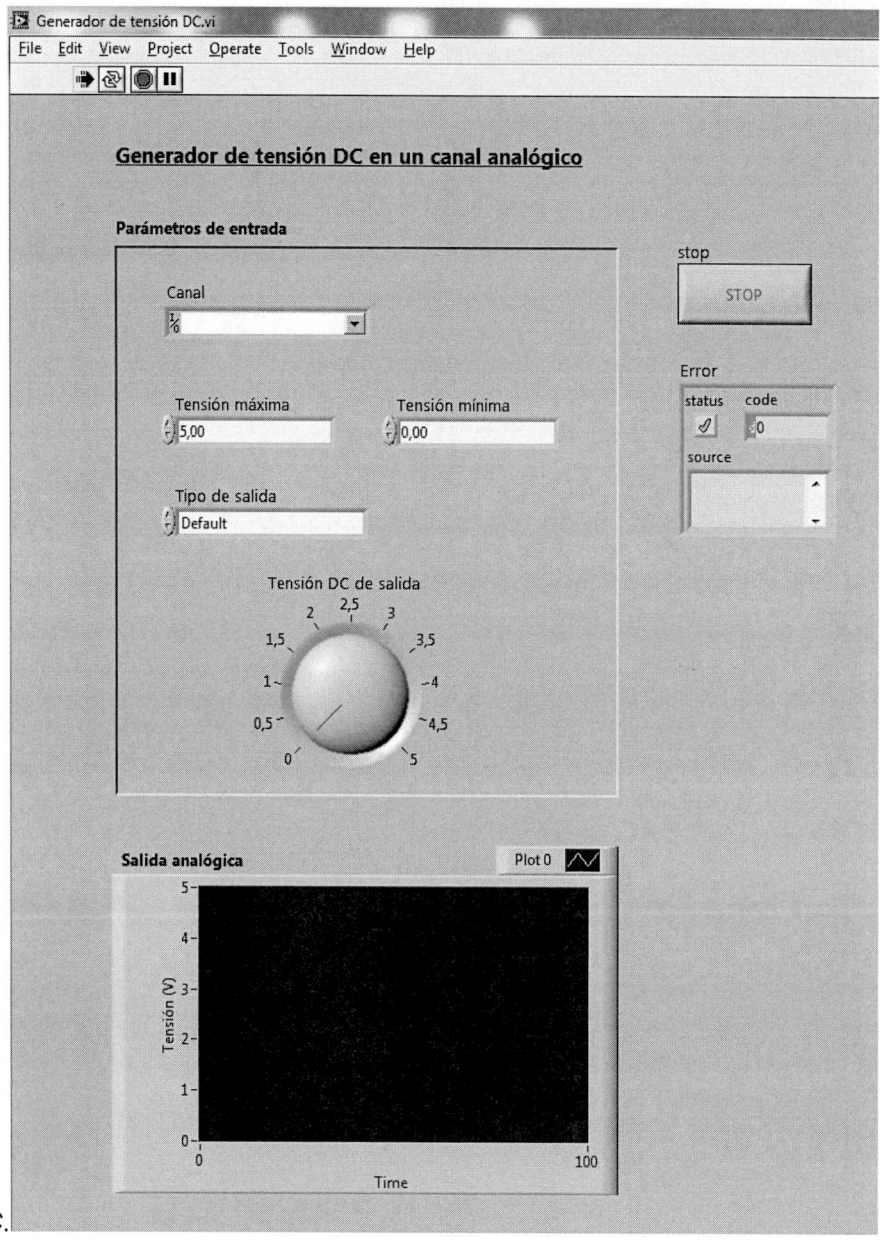

DC.

Figura 6.22 Panel frontal del programa generador de tensión DC

Diagrama:

La tarea a realizar por el VI está programada en el diagrama mediante la utilización de las funciones de la librería DAQmx-Data Acquisition del módulo NI USB-6009. En este programa se han utilizado cuatro funciones principales:

- DAQmx Create Channel: crea un canal con una cierta configuración.

- DAQmx Start Task: inicializa la tarea configurada en el canal creado.

- DAQmx Write: escribe un dato en el canal creado y configurado.

- DAQmx Stop Task: para la tarea inicializada anteriormente.

A continuación se describen el funcionamiento de cada función DAQmx utilizado. La función DAQmx Create Channel crea el canal de salida analógica de tensión. Para ello es necesario seleccionar el tipo de canal (salida analógica) y tipo de salida (tensión) en el desplegable de la función:

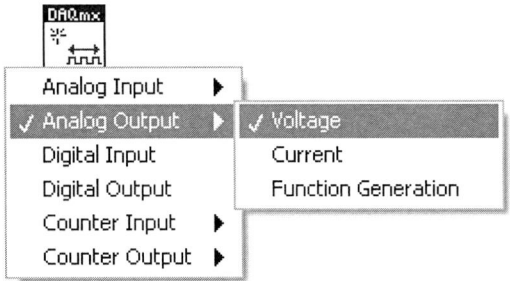

Figura 6.23 La función DAQmx Create Channel

Según la el tipo de canal creado en la función DAQmx Create Channel, esta función activa las entradas y salidas correspondientes a esta configuración. Para el caso de una salida analógica de tipo tensión, esta función tiene las siguientes entradas y salidas:

Para el caso del VI implementado (Figura 6.24), el usuario puede configurar las siguientes entradas de esta función a través de los controles:

- *Canal:* Canal analógico de salida a configurar

- *Tipo de Salida:* tipo de señal de salida

- *Tensión mínima:* tensión mínima de salida

- *Tensión máxima:* tensión máxima de salida

DAQmx Create Channel (AO-Voltage-Basic).vi
output terminal configuration
minimum value
maximum value
task in
physical channels
name to assign
units
error in
custom scale name
DAQmx
task out
error out
Creates channel(s) to generate voltage.
Detailed help

Figura 6.24 La función DAQmx Create Channel para generar una tensión analógica

La función *DAQmx Start Task* inicializa el canal para realizar una medida o generar una señal. Esta función tiene las siguientes entradas y salidas:

DAQmx Start Task.vi
task/channels in
error in
DAQmx
task out
error out
Transitions the task to the running state to begin the measurement or generation. Using this VI is required for some applications and is optional for others.
Detailed help

Figura 6.25 La función DAQmx Start Task

La función *DAQmx Write* se realiza la escritura del valor de tensión DC a generar en el canal inicializado mediante la función *DAQmx Start Task*. Esta función tiene las siguientes entradas y salidas:

DAQmx Write (Analog DBL 1Chan 1Samp).vi
auto start
task/channels in
data
error in
DAQmx
task out
number of samples written p...
error out
Writes a floating-point sample to a task that contains a single analog output channel.
Detailed help

Figura 6.26 La función DAQmx Write

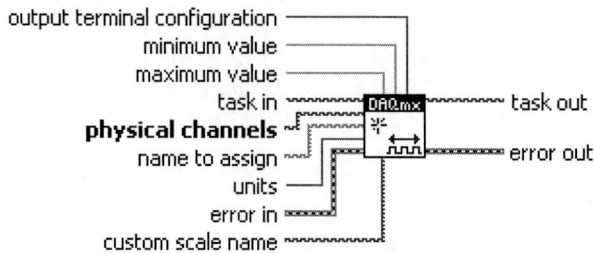

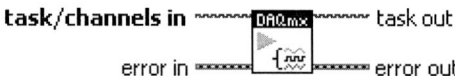

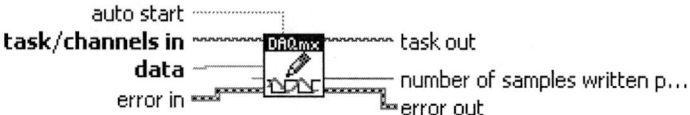

En este caso, la opción a seleccionar es escritura en un canal analógico un único valor de tipo *DBL* (Decimal):

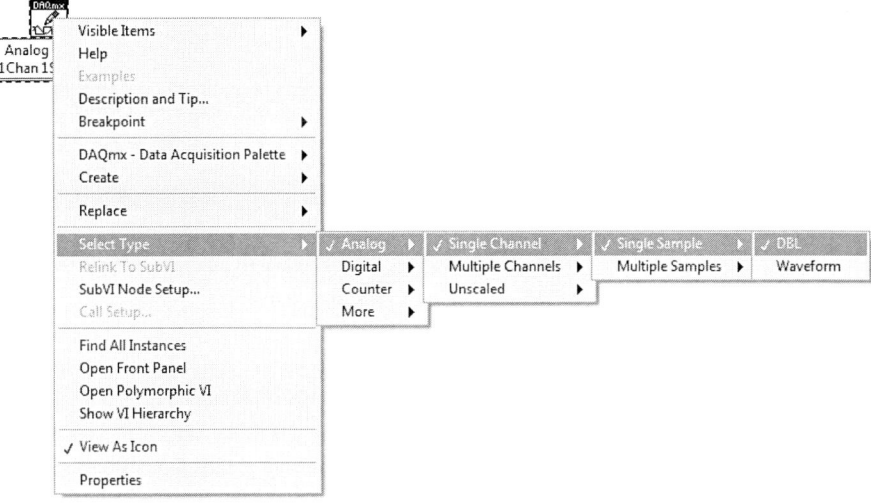

Figura 6.27 Configuración de la función DAQmx Write para generar una tensión DC

La función *DAQmx Stop Task* para la ejecución de la tarea inicializada anteriormente por *DAQmx Start Task*. La función *DAQmx Stop Task* tiene las siguientes entradas y salidas:

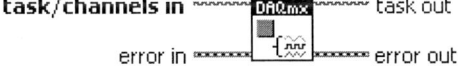

Figura 6.28 La función DAQmx Stop Task

La figura siguiente muestra el diagrama del programa generador de tensión DC:

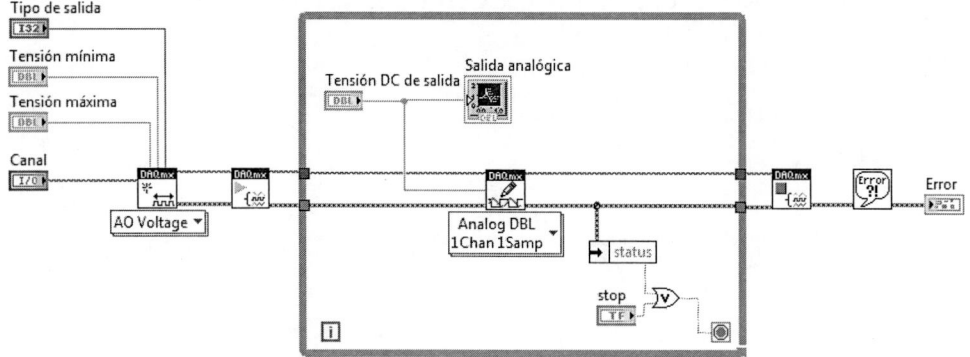

Figura 6.29 Diagrama del programa generador de tensión DC

Mediante la función *DAQmx Create Channel* se crea el canal con la configuración definida por el usuario y seguidamente se inicializa mediante la función *DAQmx Start Task*. Una vez se ejecuta la tarea a realizar, mediante un bucle *While*, se va escribiendo el valor de la tensión de salida en el canal inicializado mediante la función *DAQmx Write*. El programa sale del bucle *While* si se para cuando hay un error en la generación de la tensión o cuando el usuario pulsa el botón *Stop*. Una vez fuera del bucle, se para la ejecución de la tarea creada mediante la función *DAQmx Stop Task*.

6.8.3.2 Generador de señales AC analógicas

Este programa se basa en la generación de señales alternas (AC) por una salida analógica del modulo NI USB-6009. Es posible generar los siguientes tipos de señales:

- Señal senoidal

- Señal triangular

- Señal cuadrada

- Señal diente de sierra

De la misma forma que el programa anterior, para programar este VI se han utilizado las funciones de la librería DAQmx-Data Acquisition.

Panel de control

Entradas al programa: controles

El panel frontal de este programa dispone de las siguientes entradas:

- Canal

- Tipo de señal

- Amplitud

- Frecuencia

- Stop

El parámetro *Canal* permite al usuario seleccionar el canal analógico de salida por el cual se quiere generar la señal de salida. Como se ha comentado anteriormente, el módulo NI USB-6009 dispone de dos salidas analógicas (*Dev1/ao0* y *Dev1/ao1*) (ver Figura 6.16). Mediante el control *Tipo de señal* es posible seleccionar el tipo de señal a generar por la salida analógica. La figura siguiente muestra una imagen del control desplegado:

Figura 6.30 El control Tipo de señal

A través del control numérico *Frecuencia*, el usuario puede definir la frecuencia de la señal de salida. La amplitud pico-a-pico de la señal a generar se controla mediante la entrada *Amplitud*. Hay que tener en cuenta que el módulo NI USB-6009 puede generar señales analógicas entre 0V y 5V. Por tanto este control no puede tomar valores negativos y su valor máximo es 5V. Mediante el botón *Stop* se para la ejecución del VI.

Salidas del programa: indicadores

El programa dispone de los siguientes indicadores:

- Señal de salida

- Error

El indicador de tipo *Graph XY, Señal de salida* muestra en una gráfica la señal a generar por la salida analógica. Para comprobar que la señal generada es correcta, se debe conectar la salida analógica a un osciloscopio y comparar la señal en el instrumento con la señal que aparece en el indicador *Señal de salida*. El indicador *Error* muestra si existe error en la configuración del módulo NI USB-6009. La figura siguiente muestra una imagen del indicador *señal de salida* cuando el tipo de señal es senoidal, la amplitud es de 5Vpp y la frecuencia 1Hz.

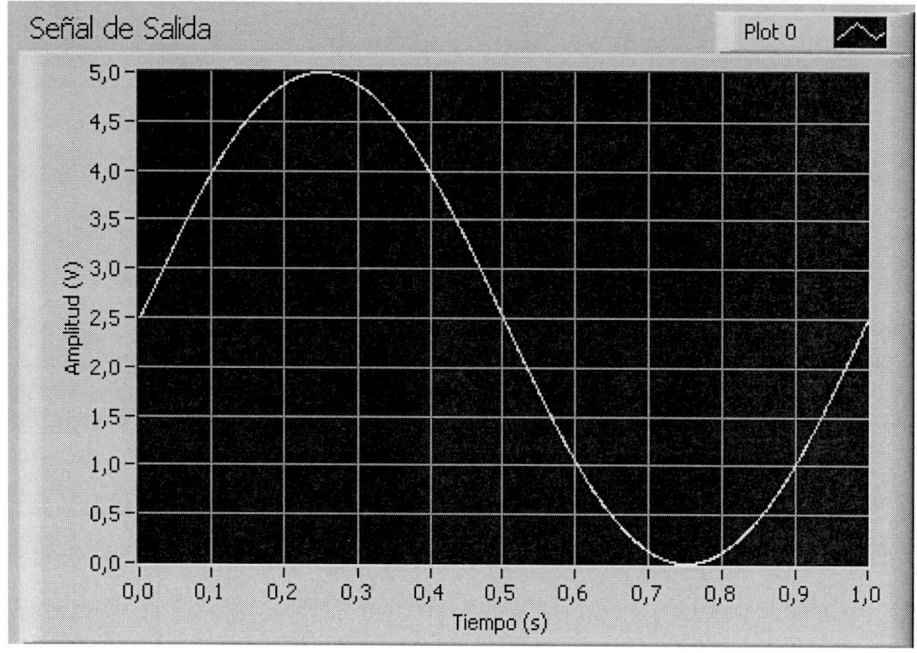

Figura 6.31 El indicador señal de salida

Diagrama

Igual que el VI anterior, para generar la señal analógica de salida se han utilizado las siguientes funciones de la librería DAQmx-Data Acquisition:

- DAQmx Create Channel: crea un canal con una cierta configuración.

- DAQmx Start Task: inicializa la tarea configurada en el canal creado.

- DAQmx Write: escribe un dato en el canal creado y configurado.

- DAQmx Stop Task: para la tarea inicializada anteriormente.

La figura siguiente muestra una imagen del diagrama:

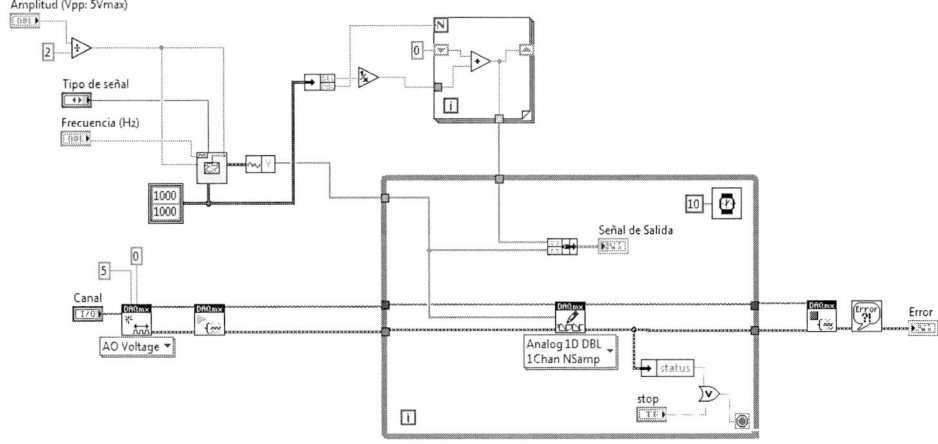

Figura 6.32 Diagrama del programa Generador de señales analógicas

Mediante la función DAQmx Create Channel se configura el canal de salida para generar tensión de tipo unipolar referenciado (RSE) (configuración por defecto, veéase Figura 6.24). La función DAQmx Start Task inicializa la tarea configurada para este canal y mediante DAQmx Write se genera la señal de salida escribiendo un array de valores en el canal. Para ello, se debe configurar la función DAQmx Write de la siguiente manera:

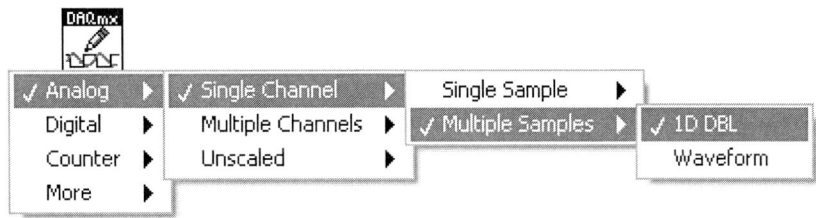

Figura 6.33 Configuración de la función DAQmx Write para escribir un array en un canal analógico

Para generar la señal de salida, se ha utilizado el generador de funciones de LabVIEW obteniendo el array de datos (eje Y) a escribir en el canal analógico de salida. Para construir el array en el eje de tiempo (eje X), se ha utilizado los valores por defecto de la frecuencia de muestreo (Fs = 1000) y número de muestras (#s = 1000) del generador de funciones de LabVIEW. El eje de tiempo se construye de la siguiente manera:

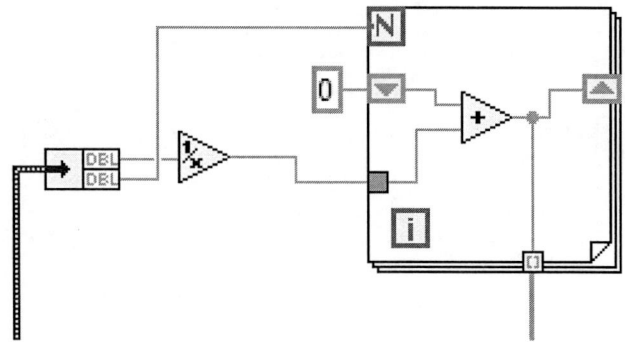

Figura 6.34 Construcción del eje X (tiempo) del indicador Señal de salida

Una vez generada los datos de la gráfica *Señal de salida* y los datos a escribir en el canal analógico de salida, en el bucle *While*, se escribe el array de datos en el canal de salida mediante la función DAQmx Write hasta que o existe un error de escritura o el usuario detiene la escritura a través del control *Stop*. En cualquier caso, el programa para la tarea mediante DAQmx Stop Task y visualiza el error si existe.

6.8.3.3 Adquisición de una señal analógica

El funcionamiento de este programa se basa en la adquisición de una señal analógica mediante el módulo NI USB-6009. Para ello, se ha generado una señal alterna mediante un generador de funciones y se ha conectado esta señal a una entrada analógica del módulo NI USB-6009. Este VI se encarga de adquirir la señal proveniente del generador y mostrarla en una gráfica.

Panel de control

Entradas al programa: Controles

Los controles más importantes son los que definen los parámetros de adquisición. El control *Canal* permite al usuario seleccionar el canal de entrada analógica. El módulo NI USB-6009 dispone de 8 entradas analógicas tal como se puede observar en la siguiente imagen:

Figura 6.35 Canales de entrada analógica del módulo NI USB-6009

Los controles numéricos *Muestras/s* y *Número de muestras* permiten controlar la frecuencia de muestreo de la señal analógica y el número de muestras a adquirir. El control *Modo de adquisición* permite seleccionar entre:

- adquisición de un número finito de muestras

- adquisición continua

- adquisición continua sin buffer usando temporalización de hardware: en este caso un hardware externo indica el muestreo del canal de adquisición. Si se elige esta opción, se debe asegurar que la adquisición se realiza suficientemente rápida.

Figura 6.36 Control Modo de adquisición

Salidas del programa: indicadores

Los indicadores se agrupan en los parámetros de salida. Mediante el indicador *Señal de salida* se muestra la señal adquirida del canal analógico. Un indicador numérico muestra el número de muestras adquiridas y el indicador *Error* indica si ha existido un error en la adquisición.

La imagen siguiente muestra el panel de control:

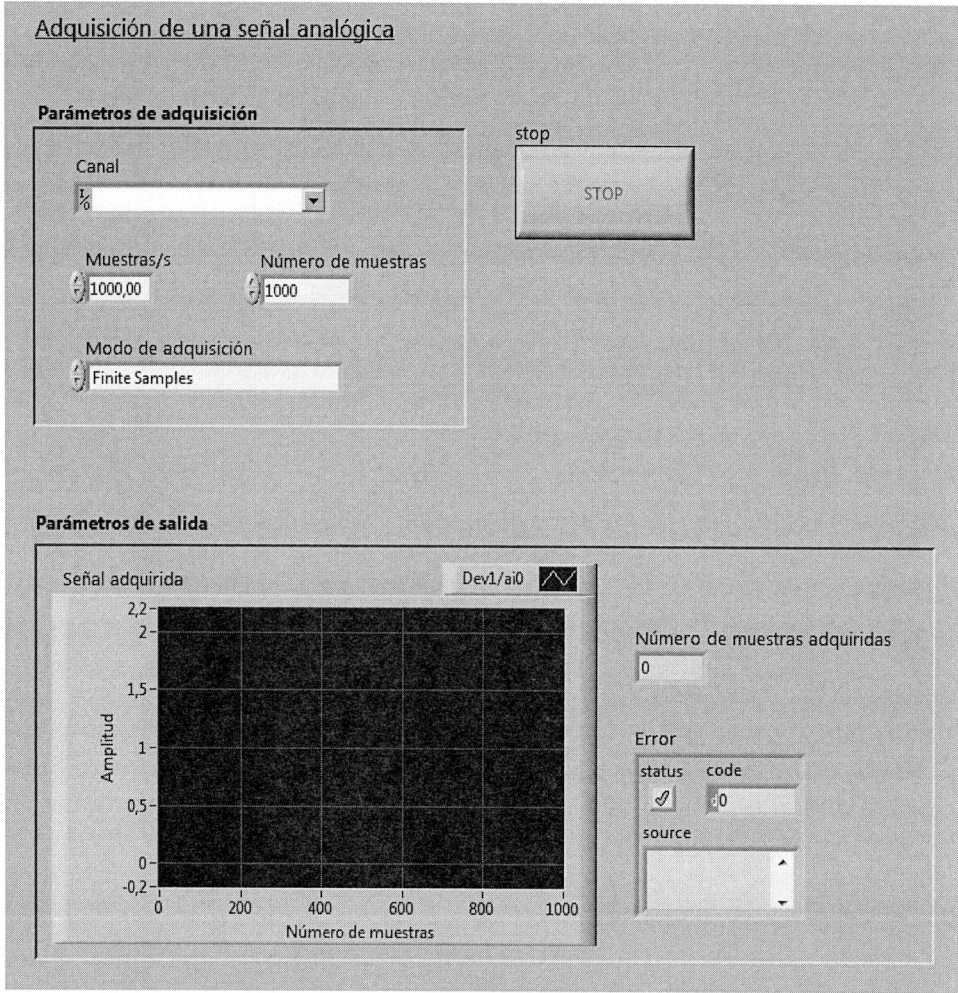

Figura 6.37 Panel de control del VI Adquisición de una señal analógica

Diagrama

Se han utilizado las siguientes funciones para implementar el diagrama de este VI:
- DAQmx Create Channel: crea un canal con una cierta configuración.
- DAQmx Timing (Sample Clock): configura la temporalización del muestreo de la señal en el canal analógico de entrada.
- DAQmx Start Task: inicializa la tarea configurada en el canal creado.
- DAQmx Read: realiza lecturas de diferentes tipos de datos de un canal
- DAQmx Stop Task: para la tarea inicializada anteriormente.

La figura siguiente muestra una imagen del diagrama de este VI:

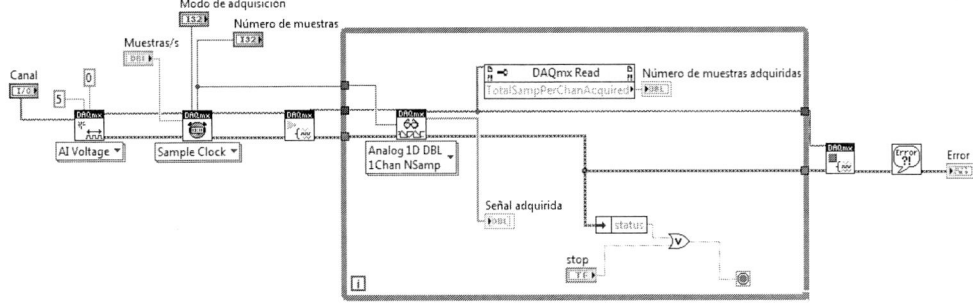

Figura 6.38 Diagrama del VI Adquisición de una señal analógica

Como se puede observar, mediante la función DAQmx Create Channel se crea un canal de entrada analógica. Se puede apreciar la configuración de esta función en la figura. La función DAQmx Timing (Sample Clock) implementa la señal de muestreo necesario para realizar la conversión de la señal analógica de entrada al dominio digital. La configuración de esta función viene dada en la siguiente figura:

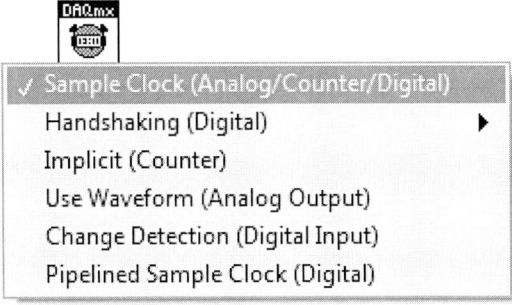

Figura 6.39 Configuración de la función DAQmx Timing

Esta función tiene las siguientes entradas y salidas:

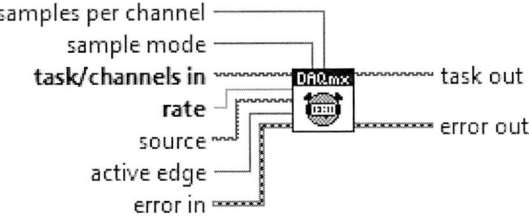

Figura 6.40 Entradas y salidas de la función DAQmx Timing

En este VI el usuario configura la velocidad del muestreo mediante el control *Muestras/s,* el número total de muestras a adquirir (*Número de muestras*) y el *Modo de adquisición.* Una vez configurada la tarea a realizar en el canal de entrada, se inicializa mediante la función DAQmx Task Start. Para realizar la lectura de datos en el canal de entrada, se ha configurado la función DAQmx Read para realizar lecturas de array de datos:

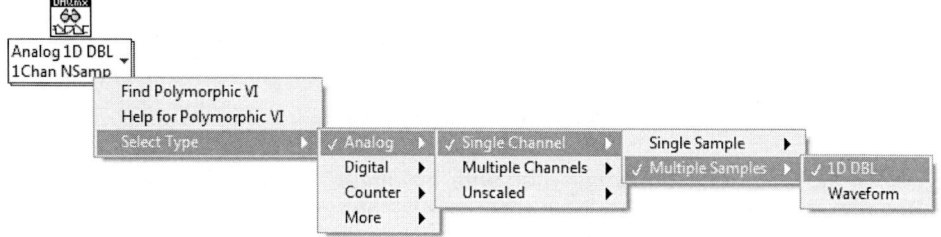

Figura 6.41 Configuración de la función DAQmx Read

Para obtener el número de muestras adquirida del canal analógico de entrada, se ha utilizado la función Property node:

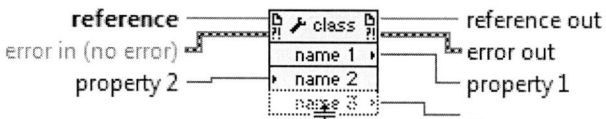

Gets (reads) and/or sets (writes) properties of a reference. Use the property node to get or set properties and methods on local or remote application instances, VIs, and objects.

Detailed help

Figura 6.42 Función Property Node de LabVIEW

Esta función obtiene o configura las propiedades de una cierta referencia. Una vez conectada la referencia, se ha seleccionado la propiedad número total de muestras en la lista de propiedades:

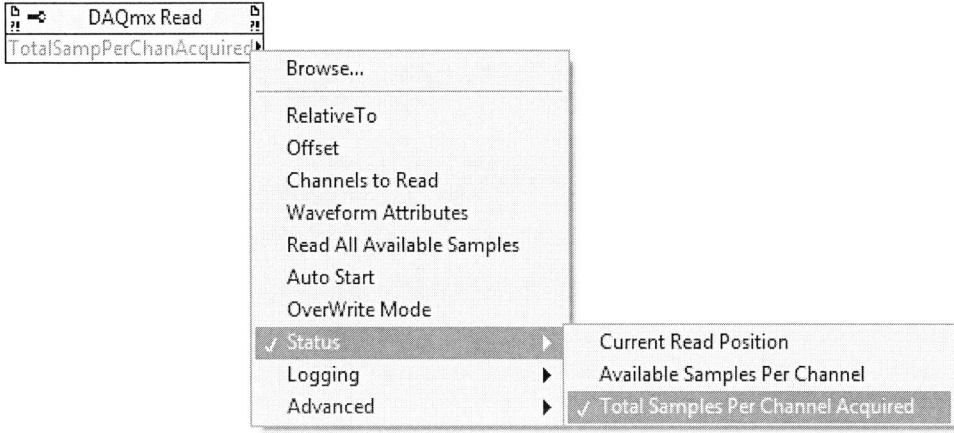

Figura 6.43 Configuración del Property Node para obtener el número total de muestras

El programa realiza adquisiciones del canal de entrada hasta que ocurre algún error o el usuario detiene la ejecución mediante el control *Stop*. Una vez fuera del bucle While, se para la tarea inicializada mediante DAQmx Task Stop y se muestra el error si existe.

6.8.3.4 Medida de temperatura

Este programa realiza medidas de temperatura utilizando un sensor de temperatura LM335 conectado a una entrada analógica del módulo NI USB-6009. El sensor de temperatura LM335 tiene las siguientes características:
- Rango de temperatura de medida: -40°C a 100°C
- Sensibilidad: +10mV/°K

El sensor LM335 dispone de tres terminales para el conexionado: el terminal ADJ se utiliza para calibrar el sensor mientras el + es la salida tensión y – es la referencia de la señal:

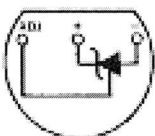

Figura 6.44 Sensor de temperatura LM335

Para realizar medidas de temperatura, se debe realizar el siguiente montaje con el sensor LM335:

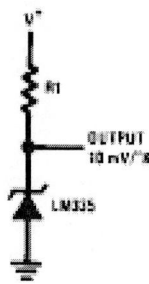

Figura 6.45 Medida de temperatura con LM335

Se puede fijar la tensión de alimentación del sensor a 5V. El valor de la resistencia es de 6kΩ Para realizar la medida de temperatura, se conecta el terminal – del sensor a masa del circuito y el terminal + a una entrada analógica del módulo NI USB-6009. Además se debe conectar la masa del circuito a la masa del módulo NI USB-6009. Este montaje generaría una señal de tipo unipolar referenciado (RSE) (véase apartado).

Panel de control

Entradas al programa (controles):

El panel de control dispone de una serie de entradas (controles) para el correcto funcionamiento del programa. El control *Canal* permite al usuario seleccionar el canal analógico de entrada donde está conectado el sensor de temperatura. El control *Tipo de señal* define el tipo de señal generado por el sensor de temperatura. Hay que decir que si el montaje del sensor es la correspondiente a la figura anterior, entonces la señal del sensor es de tipo RSE. Por otra parte este control permite al usuario implementar diferentes tipos de conexionado entre sensor y el canal analógico de entrada.

Los controles *Temperatura mínima* y *Temperatura máxima* definen el rango de medida del sensor de temperatura LM335. Este rango está definido como -40°C a 100°C por defecto. Mediante el control *Stop* el usuario puede detener la ejecución del programa.

Salidas del programa (indicadores)

Los indicadores de este VI muestran el valor de la temperatura en diferentes tipos de formatos. El indicador numérico *Temperatura (C)* muestra el valor de la lectura instantánea de temperatura mientras en indicador gráfico *Temperatura (C)* visualiza todas las medidas de temperatura y por tanto indica la evolución de la temperatura a lo largo del tiempo. Por otra parte, se ha añadido un indicador de tipo termómetro para visualizar la temperatura en este formato. El indicador *Error* indica si ocurre algún error en la configuración del módulo NI USB-6009 en la medida de temperatura.

La siguiente figura muestra una imagen del panel frontal:

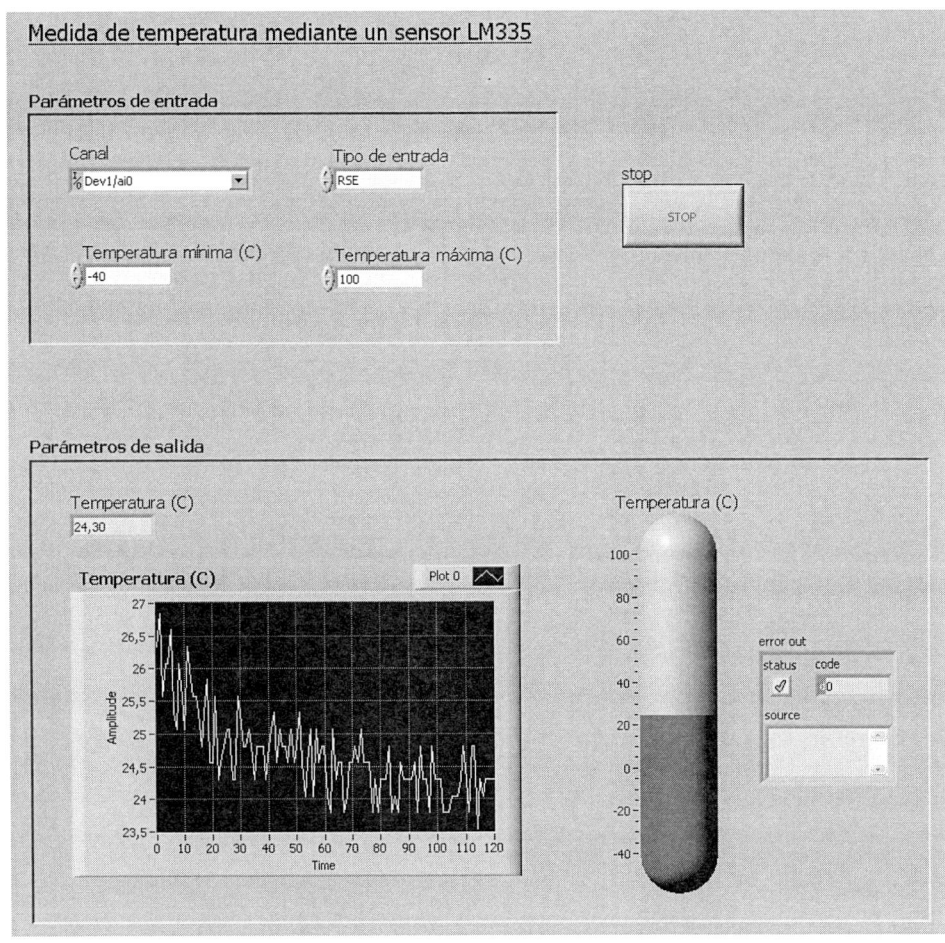

Figura 6.46 Panel frontal del VI medida de temperatura

Diagrama

Se han utilizado las siguientes funciones para implementar el diagrama de este VI:

- DAQmx Create Channel: crea un canal con una cierta configuración.
- DAQmx Start Task: inicializa la tarea configurada en el canal creado.
- DAQmx Read: realiza lecturas de diferentes tipos de datos de un canal
- DAQmx Stop Task: para la tarea inicializada anteriormente.

Mediante la función DAQmx Create Channel se crea un canal analógico de entrada para realizar la medida de temperatura. Se puede observar a configuración de la función DAQmx Create Channel en la Figura 6.23. Para fijar las tensiones máximas y mínimas de medida, se realiza la conversión a tensión conociendo el rango de medida de temperatura del sensor LM335: -40°C a 100°C. La relación entre la tensión de salida del sensor y la temperatura es la siguiente:

$$V_{LM335} = 10(mV / K)*T$$

Las lecturas de tensión en el canal analógico de entrada se realiza mediante la función DAQmx Read una vez cada segundo. Se puede observar la configuración de esta función en la figura. Una vez realizada la medida, esta se convierte a la temperatura en grados Centígrados mediante la expresión anterior. Hay que tener en cuenta que l sensor proporciona una temperatura en grados Kelvin. La medición de temperatura se detiene si existe algún error (configuración o de lectura) en el módulo NI USB-6009 o el usuario pulsa el botón *Stop*. Una vez fuera del bucle *While,* el programa detiene la tarea programada mediante DAQmx Stop Task y muestra el error si existe.

La figura siguiente muestra el diagrama del VI medida de temperatura:

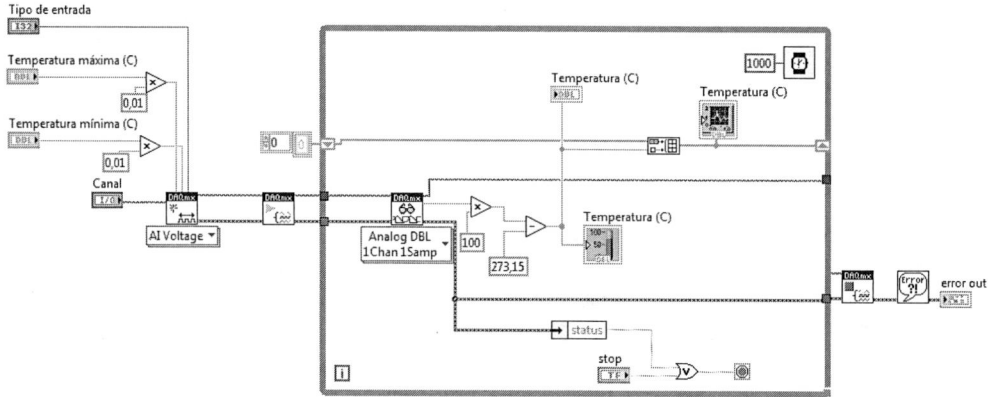

Figura 6.47 Diagrama del VI medida de temperatura

6.8.3.5 Control de relé

Este programa implementa el control de un módulo con relés. El funcionamiento del programa se basa en la activación y desactivación de un relé cada segundo usando una salida digital del módulo NI USB-6009 que dispone de 12 líneas de entrada/salida digitales de tipo TTL/CMOS.

El relé utilizado es el HRS4-S-DC5V de tensión nominal 5V. Se puede observar el esquema del relé en la figura siguiente:

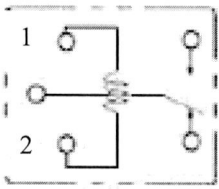

Figura 6.48 Esquema del relé HRS4-S-DC5V

Para activar y desactivar el relé se ha empleado un driver ULN2003. Este driver está compuesto por siete etapas de alta tensión y corriente Darlington en colector abierto y emisor común para controlar siete relés de forma independiente. La figura siguiente muestra el esquema de cada driver:

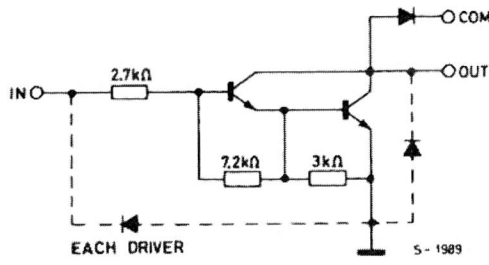

ULN2003 (each driver)

Figura 6.49 Esquema del controlador de relé ULN2003

El control del relé se realiza imponiendo un "0" o "1" lógico en la entrada 2 del relé a través del pin *output* del controlador ULN2003, ya que en el circuito realizado la entrada 1 del relé está conectada a la tensión de alimentación (+5V). De esta forma cada vez que se impone un "0" en la entrada 2 del relé, este conmuta.

Panel de control

Entradas al programa: controles

En este VI, se utilizan tres controles: mediante el control *Canal de salida digital* el usuario selecciona el canal de salida digital del módulo NI USB-6009 que se emplea para controlar el relé. La figura siguiente muestra la lista de canales que el usuario puede seleccionar:

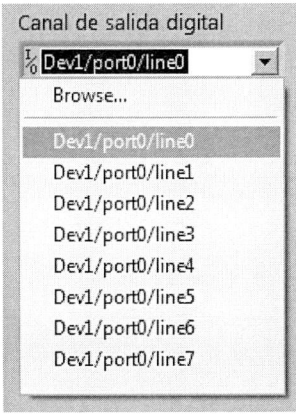

Figura 6.50 El control canal de salida digital

Mediante el control *Tipo de salida* es posible elegir el tipo de salida digital que depende del tipo de driver que se utiliza para controlar el relé. Los tipos a elegir son *Active drive* y *Open Collector*:

Figura 6.51 El control Tipo de salida

Mediante el pulsador *Stop*, el usuario puede detener la ejecución del programa.

Salidas del programa: indicadores

Este VI dispone de dos indicadores: el indicador de tipo LED (booleano) *Conmutación relé* que indica cuando el relé debe conmutar y el indicador *Error* que muestra el código de error si existe en la configuración del módulo NI USB-6009 o en la escritura en el canal digital de salida.
La figura siguiente muestra el panel de control del VI *Control de relé*:

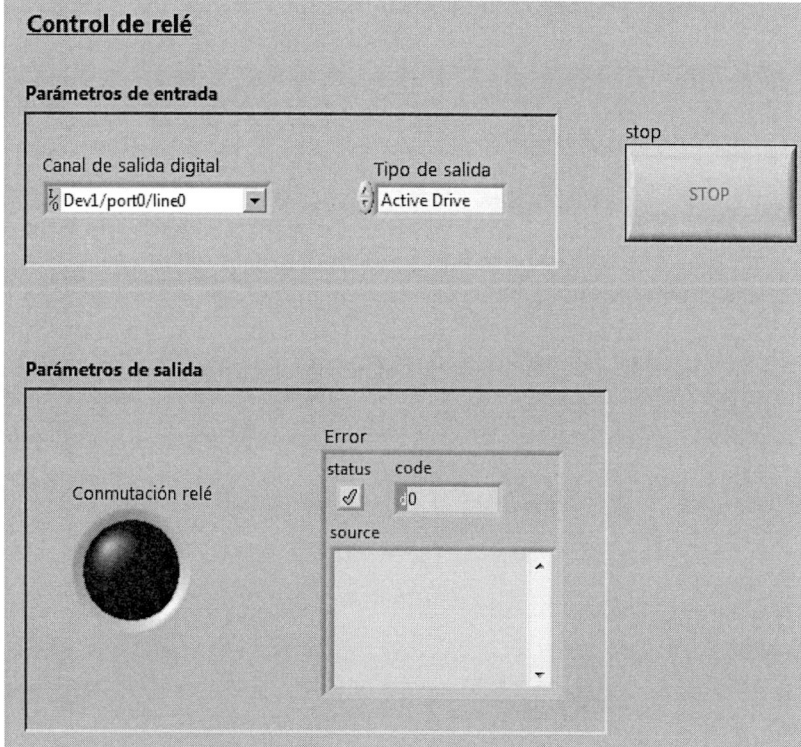

Figura 6.52 Panel de control del VI Control de relé

Diagrama

En este VI se han utilizado las siguientes funciones de la librería DAQmx Data Acquisition de LabVIEW:

- DAQmx Create Channel: crea un canal con una cierta configuración.

- DAQmx Start Task: inicializa la tarea configurada en el canal creado.

- DAQmx Write: escribe un dato en el canal creado y configurado.

- DAQmx Stop Task: para la tarea inicializada anteriormente.

La figura siguiente muestra el diagrama del VI *Control de relé*:

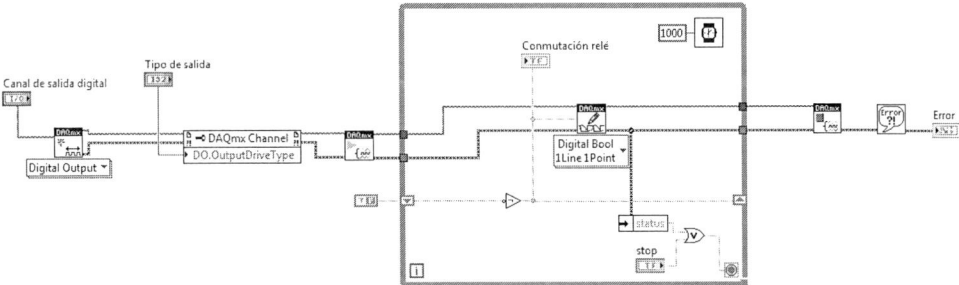

Figura 6.53 Diagrama del VI *Control de relé*

Mediante la función DAQmx Create Channel se crea el canal y se configura como salida digital. La figura siguiente muestra la configuración de esta función para una salida digital:

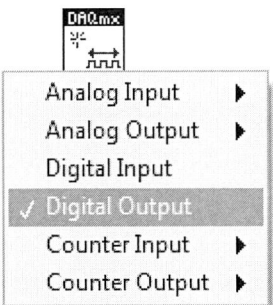

Figura 6.54 Configuración de DAQmx Create Channel como salida digital

Para configurar el tipo de salida digital, se utiliza la función property node para asignar el tipo de salida al canal creado. La figura siguiente muestra la selección de la propiedad *Tipo de salida* en la función property node:

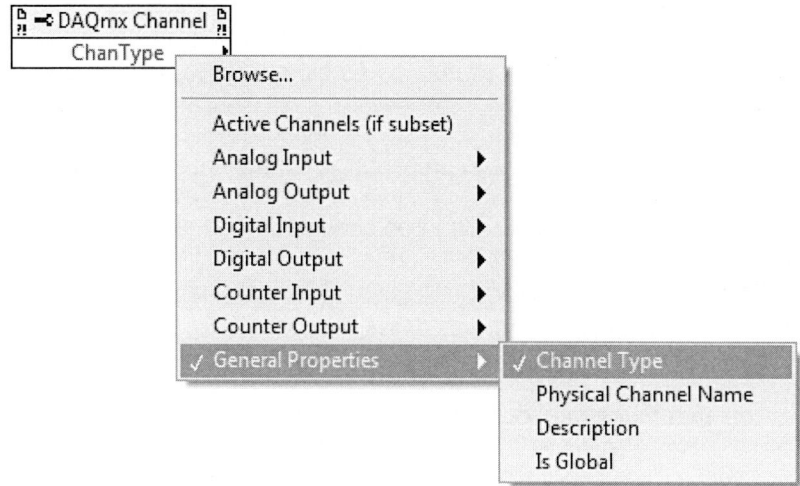

Figura 6.55 Selección del tipo de salida en la función property node

La función DAQmx Start task inicializa el canal con la propiedad configurada. En el bucle *While*, el programa realiza escrituras de un dato de tipo booleano ("0" o "1" lógico) cada segundo en el canal digital de salida mediante la función DAQmx Write. En la figura siguiente se puede observar cómo se configura esta función para escribir valores lógicos en el canal digital de salida.

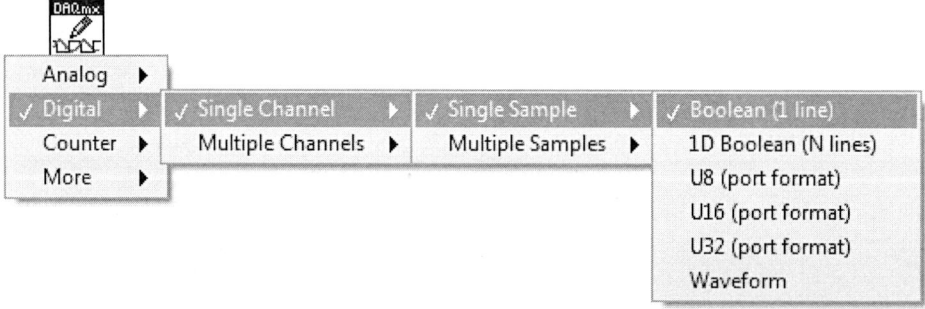

Figura 6.56 Configuración de DAQmx Write para escritura en un canal de salida digital

El valor inicial es un "0" lógico y en cada iteración del bucle se escribe el valor negado de la iteración anterior para hacer conmutar el relé. Para acceder al valor escrito en la iteración anterior, se usa un registro de desplazamiento (Shift Register) que se encarga de almacenar el dato escrito en el canal digital.

El programa sale del bucle *While* cuando el usuario pulsa el botón *Stop* o cuando existe un error de escritura o configuración del canal de salida. Entonces, el programa detiene la tarea inicializada utilizando la función DAQmx Stop Task y muestra los errores si existen.

7

Estándares para el control de instrumentación

7.1 SISTEMAS EN BUS Y BUS GPIB: UN POCO DE HISTORIA

En el mundo de la instrumentación virtual el bus GPIB, sigue siendo uno de los más utilizados para interconectar instrumentos de laboratorio entre sí o con sus correspondientes instrumentos virtuales, soportados sobre alguna plataforma hardware como puede ser un PC, aunque cada vez más, protocolos como USB o Ethernet están ganando terreno al GPIB por su simplicidad y velocidad. Así pues, parece necesario que en un libro de control de instrumentación se proporcionen las directrices necesarias para implementar un VI o *driver* de instrumento, sobre un potente lenguaje de programación gráfica como es el LabVIEW. Ahora bien, antes de pasar a la realización sobre el propio lenguaje LabVIEW del VI, dedicaremos una parte del capítulo a explicar qué es el bus GPIB o norma IEEE488.

Si bien no es estrictamente necesario conocer el funcionamiento del bus GPIB hasta el punto que especifican las normas, no deja de ser cierto que una buena comprensión del protocolo utilizado en el bus ayudará al diseñador a solventar los problemas que le aparezcan al desarrollar el driver.

La aplicación de los ordenadores para el control de procesos tuvo lugar en el año 1965 cuando Digital Equipment Corporation (DEC) introdujo el procesador PDP-8, que se diferenciaba de los ordenadores hasta entonces construidos por el hecho de que estaba basado en una arquitectura de bus abierta. Según esta arquitectura los clientes podían seleccionar el hardware más apropiado según sus necesidades e incluso diseñar sus propias interfaces de tarjeta basadas en las especificaciones de un bus.

Para apreciar la innovación que supone un sistema de bus frente a la estructura convencional de los ordenadores, veamos que un sistema basado ordenador, está construido alrededor de una CPU (central process unit) a la cual se conectan todas las unidades periféricas según la Figura 7.1. Esa configuración se muestra ineficaz, puesto que todos los datos deben pasar por la CPU, aunque no los necesite, consumiendo tiempo de procesado.

Sería más efectivo diseñar un sistema inteligente donde los periféricos puedan comunicarse entre sí e incluso tengan capacidad de decisión. Esto es una configuración en bus (Figura 7.2). Un sistema inteligente donde, siguiendo unas normas adecuadas de coordinación o protocolo en el intercambio de datos, se interconectan diferentes periféricos para realizar un proceso concreto.

De este modo se desechó la idea de fabricar instrumentos programables para conectarlos directamente a un PC y se buscó la forma de interconectarlos entre sí, y a un "controlador" que los dirigiese de forma apropiada.

Hewlett-Packard desarrolló el GPIB original, llamado HP-IB, a finales de la década de los sesenta, cuando aparecieron los primeros instrumentos controlables digitalmente y surgió la necesidad de estandarizar la comunicación entre ellos y el ordenador. Posteriormente, otros fabricantes estudiaron cuáles serían los aspectos básicos que habría que coordinar para asegurar la compatibilidad de la comunicación entre los diversos instrumentos.

Así, en el año 1975, IEEE (Institute of Electrical and Electronics Engineers) publicó el estándar ANSI/IEEE 488-1975 que no era más que una norma a seguir por todos aquellos fabricantes que deseaban utilizar el bus GPIB y donde se indicaban cuáles eran las características eléctricas, mecánicas y funcionales del sistema de interface.

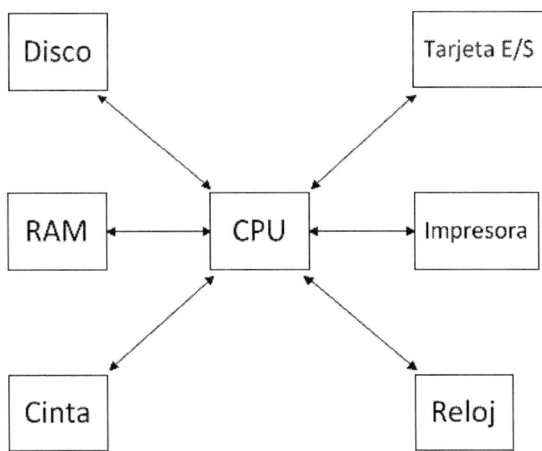

Figura 7.1 Conexión de los periféricos a la CPU

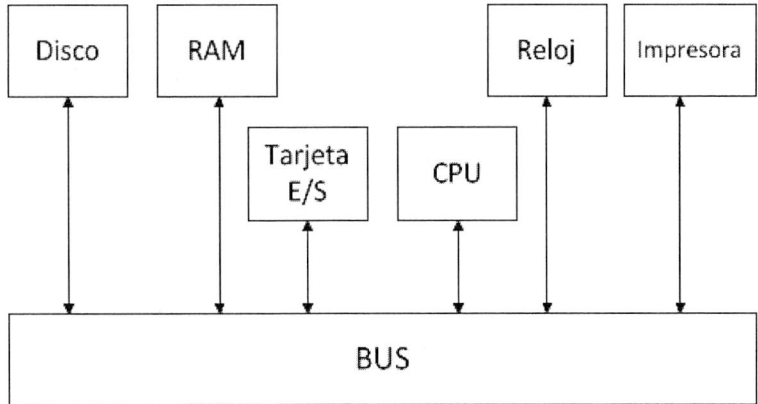

Figura 7.2 Conexión en Bus

Dado que esa primera norma no incluía indicaciones sobre la sintaxis o el formato de los comandos a usar apareció una nueva norma, la IEEE 488.2 que incluía un mínimo conjunto de mensajes que debía entender un instrumento o el tipo de formatos de datos o comandos.

En 1990, un consorcio de compañías desarrolló el SCPI o Standard Commands for Programmable Instrumentation, que no es más que un conjunto de comandos específicos para cada instrumento y que este debe obedecer.

7.2 LA NORMA IEEE-488.1 (GPIB)

Sobre las normas que rigen el funcionamiento del bus GPIB hay que destacar que, aunque no son de imprescindible conocimiento por parte del programador, deben ser comprendidas al menos desde el punto de vista de reconocer cuál es la norma que verifica el instrumento que deseamos controlar, pues según sea la norma con la que se diseñó, presentará un conjunto de comandos y una forma de ejecutarlos diferentes.

A la hora de definir las características de un bus hay que pensar que este se puede definir según dos conceptos: Uno físico y otro lógico. Físicamente consiste en un cierto número de conductores transportando señales eléctricas en paralelo entre diferentes sistemas que contienen circuitos electrónicos. El concepto lógico se refleja en las normas y formatos de intercambio de datos, en la sincronización, el protocolo y la temporización.

El bus transportará información en todas direcciones. Todos los instrumentos recibirán los mismos datos y deberán reconocer autónomamente que han sido direccionadas.

Los parámetros más importantes que describen un bus son:

- Aspectos mecánicos y eléctricos: tipo de conector o tecnología a utilizar.
- Bus orientado a cierto procesador o independencia de él.
- Espacio de memoria direccionable o cantidad de instrumentos a direccionar.
- Ancho de datos.
- Tipo de transferencia de datos: síncrona o asíncrona.
- Existencia de multiplexación de datos y direcciones.
- Frecuencia del reloj.
- Velocidad máxima de transferencia de datos.
- Número de interrupciones y protocolo.
- Número de unidades masters.

Así, entre otros, los objetivos de la norma IEEE488.1 eran:

- Crear un sistema de instrumentación donde los instrumentos estén próximos.

- Especificar los requisitos mecánicos, eléctricos y funcionales para poder interconectar instrumentos.

- Permitir la comunicación directa entre instrumentos sin necesidad de que los datos pasen por el controlador.

- Definir un sistema que permita interconexionar instrumentos de velocidades diferentes, fabricantes diferentes y características o capacidades diferentes.

- Definir un sistema que no introdujera restricciones sobre las características que tiene el instrumento.

- Definir un sistema fácil de usar, de relativo bajo coste y que permita comunicaciones asíncronas en un amplio margen de velocidades de transmisión de datos.

ESPECIFICACIONES FÍSICAS, ELÉCTRICAS Y MECÁNICAS

Sobre características generales y especificaciones físicas que dicta la norma podemos destacar:

- El número máximo de dispositivos conectados al bus es de 15, siendo necesariamente uno de ellos el controlador.

- Los instrumentos están interconectados mediante un cable en estrella o en línea, y la longitud del cable está limitada a 20 m entre los 15 instrumentos, siendo la distancia máxima entre ellos de 2 m.

- Hay 16 líneas de señales, 8 para datos y 8 de control.

- La transferencia de mensajes es asíncrona, controlada mediante ciertas líneas de handshaking.

- La velocidad máxima de transferencia es de 1 Mbyte/s para distancias muy cortas.

- Se pueden direccionar hasta 31 direcciones primarias, aunque solo se puedan conectar 15 instrumentos. Además de las 31 primarias hay 31 secundarias lo que establece un total de 931 posibles direcciones.

- En un sistema puede haber varios controladores, aunque solo podrá haber uno activo al mismo tiempo.

El cable que conecta los instrumentos está formado por 24 conductores con un conector que es a la vez macho y hembra y donde se pueden conectar otros conectores tal y como muestra la Figura 7.3.

Respecto a las especificaciones eléctricas, solo diremos que tanto emisores (drivers) como receptores (receivers) tienen que ser compatibles TTL y que se utiliza lógica negativa, puesto que actualmente existen integrados especializados en realizar esa función de conexión con el bus GPIB, de forma que el usuario puede olvidarse de las especificaciones eléctricas requeridas. Aun así, si algún lector desea ampliar este apartado encontrará más información en la referencia [1].

En las Figura 7.3 podemos ver diferentes configuraciones del bus, así como el tipo de conectores que se utiliza en la Figura 7.4.

Ampliando este último punto y como especificación mecánica del conector, este ha de ser del tipo trapezoidal ribbon de 24 contactos también llamado Amphenol. En la Figura 7.4 también se muestra la asignación de los contactos a las líneas.

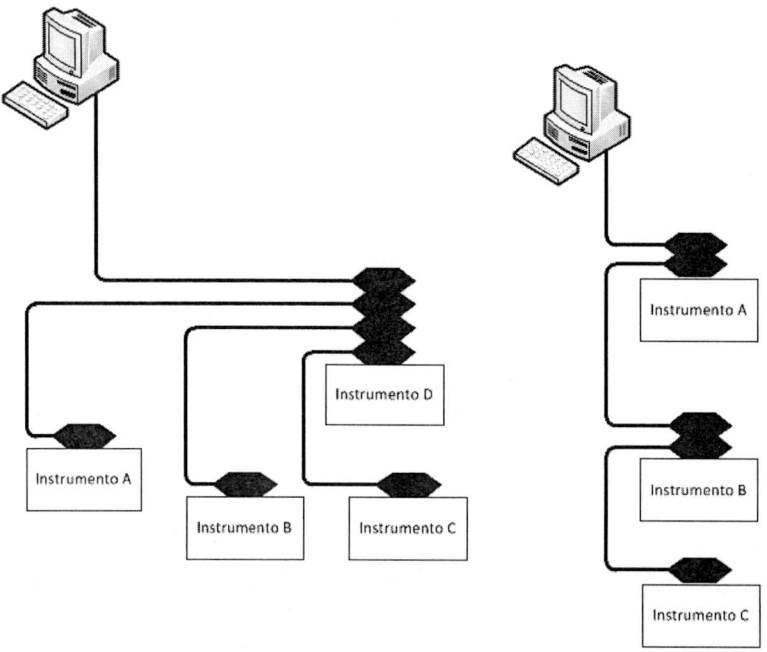

Figura 7.3 Diferentes configuraciones del Bus GPIB

ESPECIFICACIONES FUNCIONALES

Capacidades fundamentales en la comunicación

En toda comunicación con intercambio de comunicación dentro del bus GPIB necesitaremos tres elementos funcionales básicos:

- Un dispositivo actuando como listener, es decir 'escuchando del bus'.
- Un dispositivo actuando como talker, es decir 'hablando' al bus.
- Un dispositivo actuando como controller, es decir dirigiendo el flujo de datos de forma adecuada controlando la comunicación.

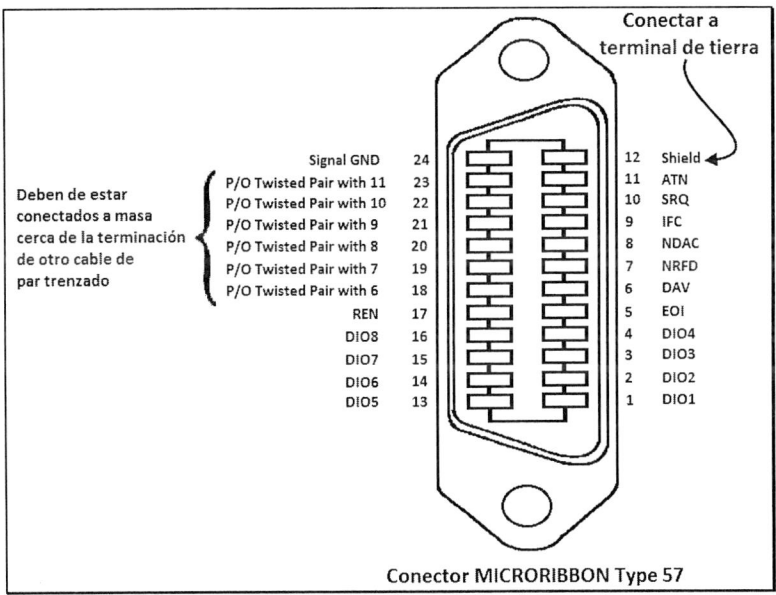

Figura 7.4 Conector para el bus GPIB

Estructura del bus

El sistema de interface del bus GPIB contiene un conjunto de 16 líneas usadas para transportar información, mensajes de interface y mensajes dependientes de dispositivo entre los dispositivos interconectados.

La estructura del bus se organiza en tres conjuntos de líneas:

- Bus de datos con 8 líneas.
- Bus de control de transferencias de datos con 3 líneas.
- Bus de administración general de la interface.

En la Figura 7.5 se muestra la estructura del bus.

Líneas de datos

Las líneas de datos son bidireccionales y están destinadas a transportar mensajes usualmente en código ASCII de 7 bits. La información transferida va desde direcciones a órdenes de programación, información sobre dispositivo o medidas tomadas por un cierto instrumento. Son las líneas DIO7...DIO0.

Líneas del control de transferencia de datos o handshaking

Es evidente que en un bus asíncrono son necesarias ciertas líneas para coordinar las transferencias de datos y asegurar que no se emita si todos los receptores no están preparados para recibir o que la transmisión dure lo suficiente como para que el dispositivo más lento pueda recibir toda la información.

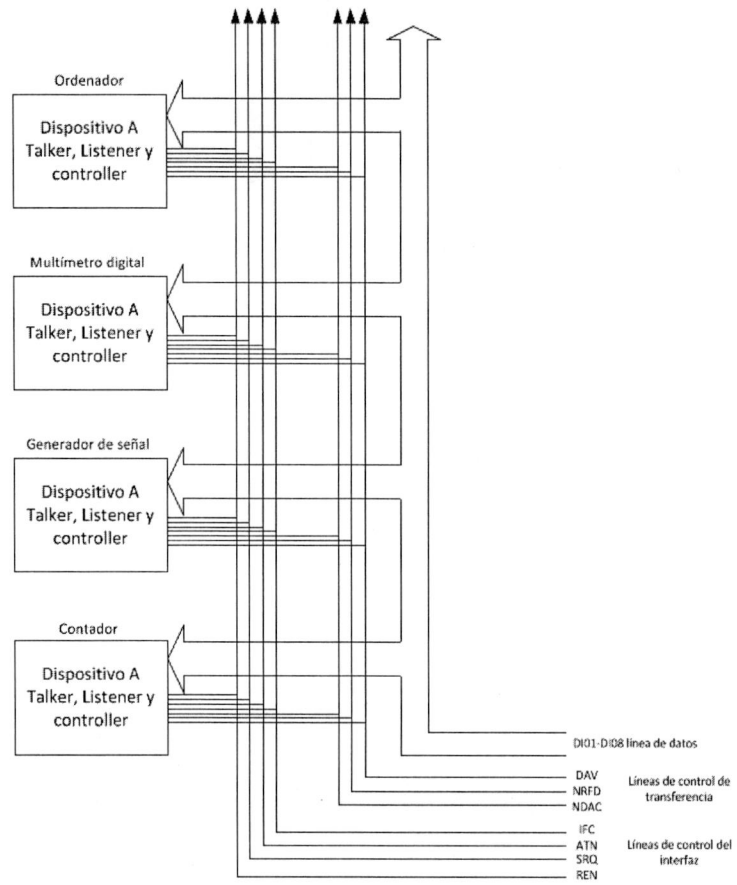

Figura 7.5 Líneas del bus

En las líneas de handshaking se utiliza lógica negativa con colector abierto, lo que aporta una serie de ventajas como la reducción del margen de ruido o la realización de la operación AND entre líneas mediante el WIRED-OR (OR cableada).

Las líneas son:

- DAV: Data Valid. Controlada por el emisor indica que en el bus hay un dato correcto y estable que puede ser aceptado por los receptores.

- NRFD: Not Ready For Data. Los receptores controlan esta línea indicándole al emisor que están o no preparados para recibir los datos.

- NDAC: Not Data Accepted. Los receptores indican si han o no, aceptado el dato presente en el bus.

7.3 LA NORMA IEEE-488.2 (GPIB)

En 1987 se revisó la norma en su versión 1 y, a su vez, se introdujo una segunda versión: La ANSI/IEEE Std 488.2-1987. Este hecho supuso un paso más en la compatibilidad de instrumentos, introduciendo soluciones como:

- Definir el mínimo conjunto de capacidades que ha de tener un instrumento.
- Especificó la forma de presentar los datos a través del bus.
- Definió un protocolo para enviar mensajes de dispositivo y la forma de enviar varios mensajes en una sola cadena de caracteres.
- Dio un conjunto de comandos comunes a todos los instrumentos.
- Definió el modelo estándar de bytes de información sobre el estado del dispositivo.

Sobre los comandos y preguntas más comunes que la norma obliga a incluir en un instrumento destacamos los siguientes:

COMANDO	DESCRIPCIÓN
*CLS	Clear Status Command
*ESE	Standard Event Status Enable Command
*ESE?	Standard Event Status Enable Query
*ESR?	Standard Event Status Register Query
*IDN?	Identification Query
*OPC	Operation Complete Command
*OPC?	Operation Complete Query
*RST	Reset Command
*SRE	Service Request Enable Command
*SRE?	Service Request Enable Query
*STB?	Read Status Byte Query
*TST?	Self-test Query
*WAI?	Wait-to-Continue Command

Sobre ellos en este punto destacaremos el *CLS que inicializa el estatus del instrumento, *IDN? que se utiliza para que un cierto instrumento se identifique y *RST que inicializa el propio instrumento colocándolo en un estado conocido.

Así, todo instrumento que verifique la norma IEEE 488.2 debe responder adecuadamente al recibir alguno de esos comandos.

Refiriéndonos al momento en el que el programador deba enfrentarse ya a un problema real, hay que advertirle que todos estos comandos deben ser recordados, pues su uso es muy habitual en cualquier aplicación.

7.4 LA NORMA SCPI

Antes de su aparición, podíamos encontrar dos instrumentos de laboratorio —ej. Dos fuentes de alimentación— con iguales funciones pero nombres que las representaban que no se parecían en nada. Esto provocaba una dificultad en el desarrollo de un software puesto que era específico de un instrumento.

La norma SCPI (Standard Commands for Programmable Instrumentation), con una estructura de comandos y datos totalmente establecidos para cualquier tipo de instrumentos, soluciona estos problemas: tendremos una gran colección de comandos adecuados para una gran variedad de equipos.

Esta norma está basada en los diagramas de bloques de subsistemas que podemos aplicar a una gran cantidad de instrumentos. En la Figura 7.6 podemos ver cómo se representaría un instrumento SCPI:

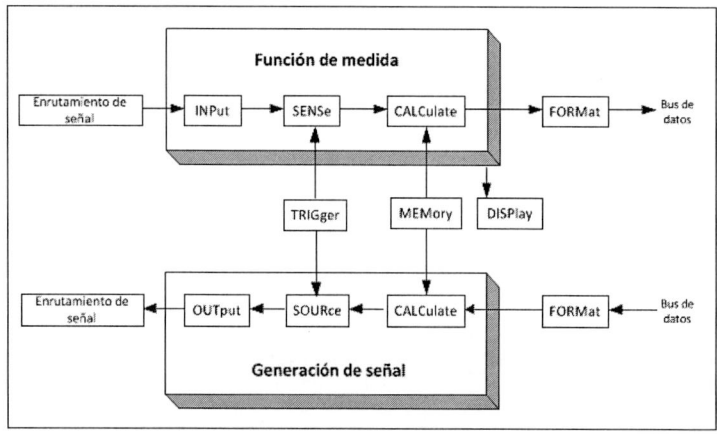

Figura 7.6 Diagrama de un instrumento SCPI

Es muy posible que de todos los bloques que aparecen solo sea necesario aplicar unos cuantos a nuestros instrumentos. Un analizador lógico, probablemente, tendrá todos los bloques debido a su gran complejidad; ahora bien, a una matriz programable de relés no le harán falta todos.

Comentaremos cada uno de los bloques:

- El bloque de 'signal routing' o encaminamiento de la señal, se ocupa de dirigir la señal (una señal física) desde el exterior al bloque de medida de señales o desde el interior del instrumento en el bloque de generación de señal al exterior.

- El bloque de medida convierte la señal a un formato que admita el procesado. Este bloque se haya dividido en tres subsistemas:

  ❶ INPut: Condiciona la señal de entrada antes de ser convertida a formato digital, mediante filtros, escalados o atenuaciones.
  ❷ SENSe: Transforma la señal a un formato digital que se pueda manipular fácilmente. Así controlamos la resolución, el rango de medida, el rechazo en modo serie, etc.
  ❸ CALCulate: Con este subsistema transformamos los datos adquiridos a un formato más útil que nos facilite la aplicación. Como por ejemplo, la conversión de unidades, frecuencia, etc.

- El bloque de generación de señal transforma datos internos en señales que se pueden utilizar en el mundo exterior. Este bloque se subdivide, a su vez, en tres sub-bloques:

  ❶ OUTPut: Una vez la señal ha sido generada, podemos acondicionarla mediante filtrado o sumas de offsets antes de extraerla al exterior.
  ❷ SOURce: Generaremos la señal según ciertas características que indiquemos. Ejemplos son la modulación en amplitud, la corriente a proporcionar, la frecuencia, etc.
  ❸ CALCulate: Convertimos unidades o cambiamos de dominio.

- El bloque de memoria retiene la información interna necesaria para llevar a cabo el resto de procesos.

- El bloque de formato adapta la información que generamos en el equipo o recogemos del exterior para que pueda ser transmitida por el bus, verificando convenientemente la norma.

- El bloque de trigger o disparo sincroniza los diversos bloques y acciones del instrumentos con sucesos externos o con otros instrumentos.

Estas funciones de medida nos proporcionan una gran compatibilidad, puesto que especificamos la medida en un formato estándar que no depende de la funcionalidad del instrumento, es decir, el formato no depende de cómo ese instrumento realice la medida. Así podemos intercambiar instrumentos que puedan realizar la misma función, sin necesidad de cambiar el comando SCPI, obteniendo solo variaciones de resultados debido a las precisiones de cada uno de los instrumentos.

La forma de construir los comandos SCPI es mediante el uso de una estructura jerárquica de comandos que ya existe y que tiene una forma como la siguiente:

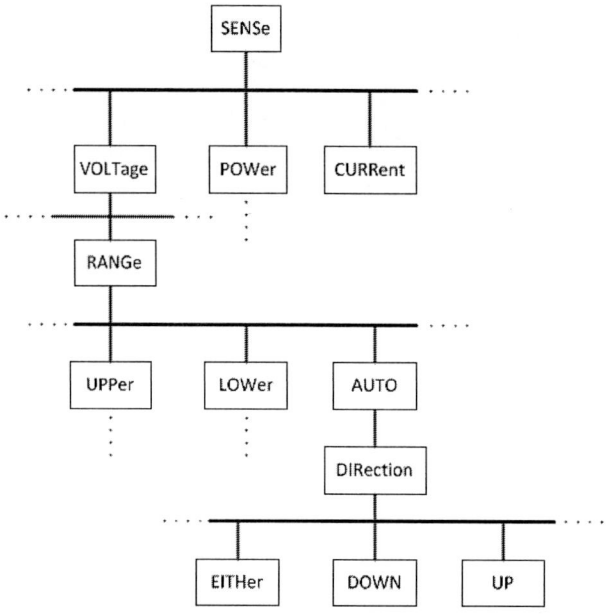

Figura 7.7 Estructura jerárquica construcción comandos SCPI

Podemos ver que los comandos referidos a SENSe son los que controlan parámetros como el rango, resolución, etc., y si deseáramos, por ejemplo, configurar un instrumento para una medida de voltaje utilizando el autorrango dinámico, el comando que le enviaríamos sería el siguiente:

SENS:VOLT:RANG:AUTO:DIR:EITH

Siguiendo esquemas parecidos para otro tipo de instrumentos podríamos construir comandos como:

MEAS:VOLT:DC?
MEAS:FREQ?
SENS:VOLT:DC:RANG   <range>
SENS:CURR:DC:RES   <resolution>

Para el lector que desee profundizar en SCPI se recomienda [3].

Podemos resumir en un dibujo como quedan organizadas las normas que rigen el bus GPIB:

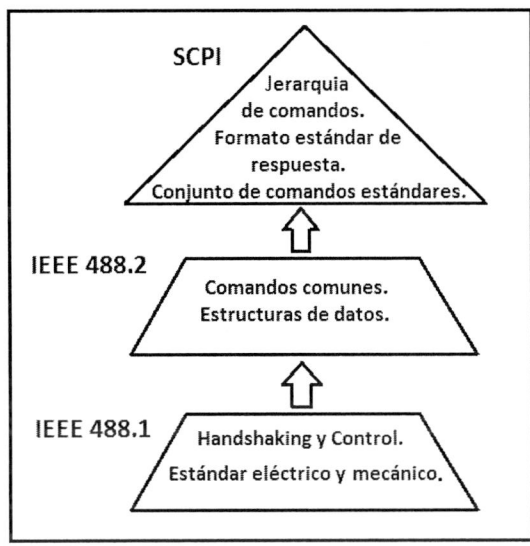

Figura 7.8 Especificaciones de las normas IEEE.488.1, IEEE.488.2 y SCPI

Una vez conocida toda la 'estructura' de normas que rige el bus GPIB y asimilados los conocimientos mínimos sobre el protocolo y funcionamiento del bus, el lector o lectora interesados únicamente en el aspecto de la programación disponen de los conocimientos y herramientas suficientes para enfrentarse a los problemas de software, con lo que pueden pasar al Apartado 7.7 donde se trata más en profundidad la creación de un driver de instrumento GPIB.

7.5 CONTROL DE INSTRUMENTOS EN LabVIEW

Deseamos realizar una aplicación que consta de los aspectos básicos de cualquier sistema de instrumentación: Adquisición, procesado y presentación de datos. (Figura 7.9). Para poder satisfacer todas las situaciones que se presentan en los sistemas de instrumentación y medida, el software debe integrar todos los elementos de adquisición de un modo fácil de usar, flexible y con todas las opciones. Así, en el nivel más bajo, tenemos las librerías de enlace dinámico que controlan las cuatro opciones del *hardware* de adquisición. NI.488.2 para programar el instrumental GPIB, NI.VXI para control del instrumental VXI (VME Extensions for Instrumentation), NI.DAQ para la gestión de las tarjetas de adquisición.

Gracias a las librerías de enlace, de un modo trasparente y mediante programación LabVIEW, diseñamos nuestros *drivers* de instrumento que emplearemos en la aplicación.

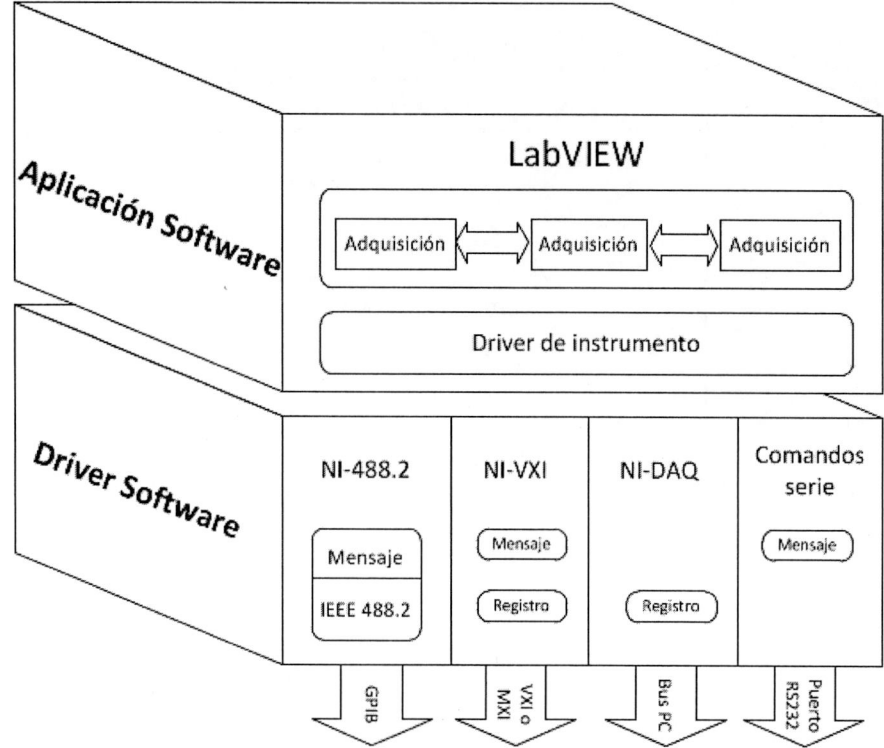

Figura 7.9 Arquitectura del software

7.6 CONFIGURACIÓN DE LA TARJETA CONTROLADORA GPIB

La librería de instrumentos virtuales para la comunicación GPIB emplea el estándar de National Instruments NI-488.2 que ha de ser instalado sobre Windows. La instalación de estos *drivers* nos permitirá utilizar la tarjeta controladora de bus GPIB. Durante la instalación se cargan en el sistema operativo 3 librerías que nos permitirán la comunicación con la tarjeta que son:

- *gpib-32.dll* para aplicaciones de 32bits
- *gpib.dll* para aplicaciones de 16bits
- *gpib-vdd.dll* librería de soporte para la comunicación entre aplicaciones de 16bits y Windows2000/NT/XP

Para los usuarios avanzados existe una consola sobre DOS para la comunicación directa con la tarjeta mediante comandos. La aplicación es *ibic.exe* y se encuentra normalmente en *C:\Archivos de programa\National Instruments\NI-488.2\Bin*

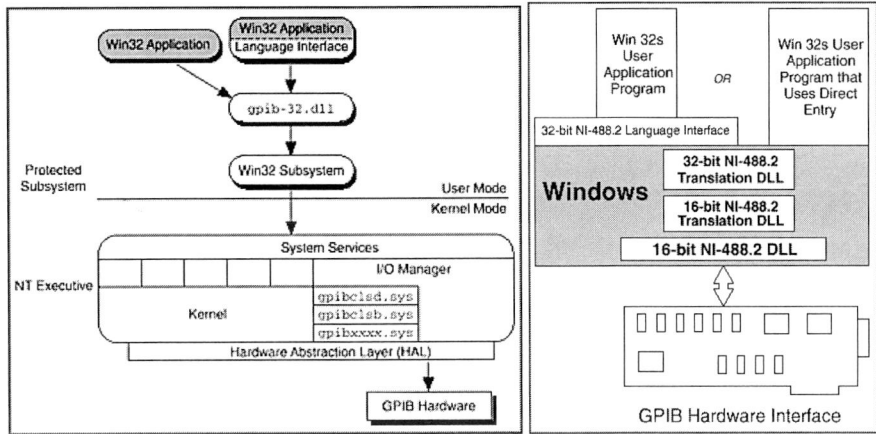

Figura 7.10 Empleo librerías GPIB con tarjetas de a) 32bits y b) 16bits.

La mayoría de tarjetas GPIB son actualmente plug&play, lo que significa que después de instalar los drivers (NI-488.2) el sistema operativo reconoce automáticamente la tarjeta y configura los parámetros necesarios como interrupciones, DMA, direcciones de memoria, etc... Para facilitar la tarea de configuración e instalación de tarjetas controladora del bus GPIB antiguas que no sean plug&play, el driver viene acompañado de las siguientes aplicaciones que se encuentran en *C:\Archivos de programa\National Instruments\NI-488.2\Bin*

- *Add GPIB Hardware.exe* para la instalación de tarjetas que NO plug&play
- *Getting Started.exe* para la verificación y los primeros pasos de comunicación con nuestro instrumento
- *Troubleshooting.exe* para la resolución de problemas

Normalmente, antes de iniciar una comunicación a través del bus GPIB, se deberán realizar las siguientes comprobaciones:

• Comprobar que el instrumento y la tarjeta GPIB están bien conectadas.

• Comprobar que el instrumento esté preparado para la comunicación GPIB (algunos instrumentos poseen un conmutador o configuración vía menú para la comunicación serie o GPIB) y que su dirección correspondiente no entre en conflicto con la de otro instrumento.

• Comprobar que el software de la controladora GPIB tenga habilitada la dirección ocupada por el instrumento y estén fijados los **parámetros necesarios para la comunicación** con los instrumentos, como *timeout*, caracteres de final transmisión, etc. y **los parámetros específicos de control de la tarjeta** como son el nivel de interrupción o el canal DMA (acceso directo a memoria). Estos parámetros bajo Windows2000/XP se configuran automáticamente ya que las tarjetas actuales son plug&play.

7.6.1 Measurement and Automation Explorer

Este programa, que abreviaremos MAX, da acceso a todas nuestras tarjetas y dispositivos DAQ, GPIB, IMAQ, IVI, Motion, VISA y VXI. Podemos acceder a él de diversas maneras, bien a través de un icono que por defecto se crea en nuestro escritorio, bien desde el menú Inicio de Windows y accediendo al grupo de National Instruments. También desde LabVIEW podemos lanzarlo. Iremos a *Tools -> Measurement and Automation Explorer...* La siguiente figura muestra la ventana de presentación del MAX.

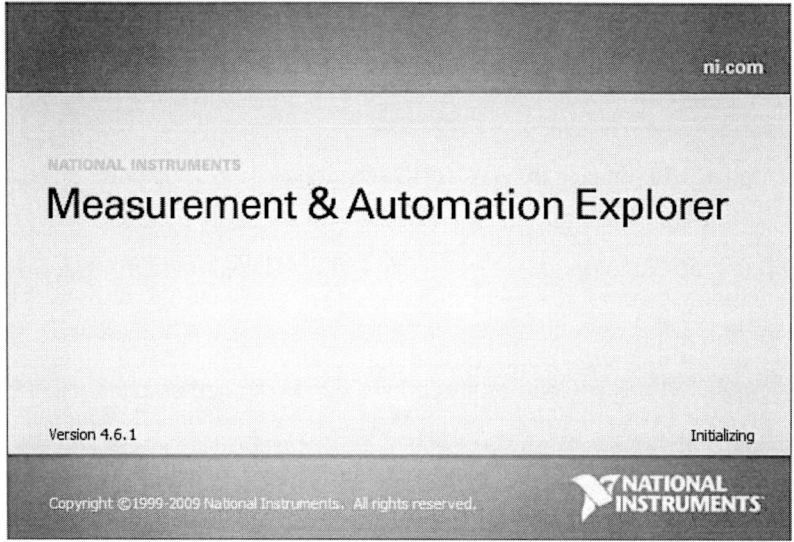

Figura 7.11 Ventana de arranque del MAX versión 3.1

Con el MAX podemos configurar todo nuestro Hardware y Software de National Instruments, añadir nuevos canales, interfaces e instrumentos virtuales, ejecutar tests de diagnóstico del sistema, ver los dispositivos e instrumentos conectados a nuestro sistema.

Se ha de hacer notar que algunas de las opciones dependen de los dispositivos conectados en nuestro equipo. Así, por ejemplo, las categorías *Data Neighborhood* y *Scales* solo se mostrarán en el caso que tengamos instalado un dispositivo DAQ. Del mismo modo, la categoría IVI aparecerá en aquellos dispositivos con IVI instalado.

Configuración del MAX

En la Figura 7.12 podemos observar la ventana de trabajo del MAX. Como vemos se divide en dos ventanas. A la izquierda tenemos *Configuration* y en la derecha el resultado de la selección que hemos hecho.

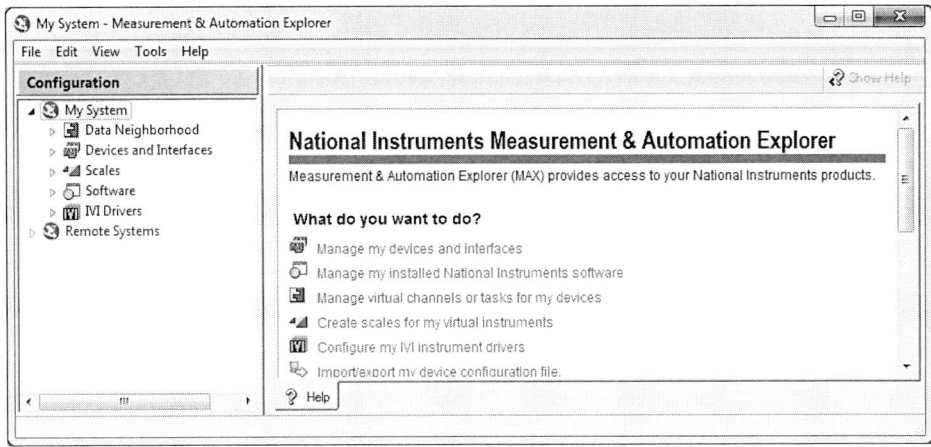

Figura 7.12 Ventana de trabajo del MAX

- *Data Neighborhood*: Crea canales virtuales en nuestros dispositivos.

- *Devices and Interfaces*: Configura los dispositivos e interfícies instalados en nuestro equipo.

- *Scales*: Crea nuevas y configura escalas existentes para nuestros instrumentos virtuales.

- *Software*: Muestra, lanza y actualiza el software de National Instrument que tengamos instalado.

- *IVI*: Configura los drivers de nuestros instrumentos IVI.

Ejemplo 1: Crear un canal virtual llamado Temperatura

Una vez abierto el MAX, nos situamos en *Data Neighborhood* y hacemos clic con el botón derecho. Tomamos la opción *Create New.* En la nueva ventana seleccionamos *NIDAQmx Global Virtual Channel* y clic, escoger entre Acquire/Generate y qué tipo de señal es, escoger canal, darle nombre y *Finish*, a partir de ahí ya sale el Virtual Channel como aparece en la Figura 7.13.

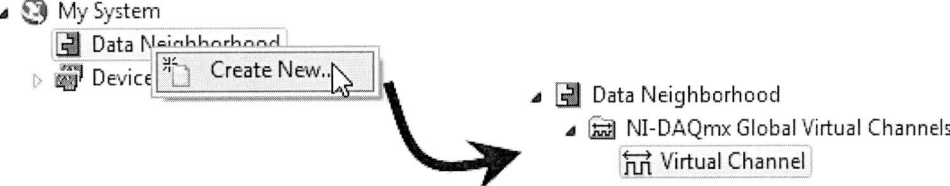

Figura 7.13 Creación de un canal virtual

Ahora ya podemos configurar nuestro canal. Los pasos a seguir son:

1. Seleccionar el tipo de canal: Entrada o salida analógica, Entrada/Salida Digital.

2. Nombre del canal y alguna descripción que nos sea útil.

3. Seleccionar el tipo de sensor o tipo de medida que mejor se ajuste a nuestro canal.

4. Unidades y rango de actuación.

5. Tipo de escalado.

6. Hardware al cual relacionamos el canal virtual.

Desplegando su menú pop-up podremos verificar su funcionamiento, eliminarlo o editar sus propiedades.

Ejemplo 2: Configuración de una tarjeta GPIB

Hemos de utilizar el menú *Devices and Interfaces (Figura 7.14)*. Al ejecutar el MAX, automáticamente detecta nuestra tarjeta y la presenta dentro de esta categoría.

Propiedades básicas

- **Primary GPIB Address:** Todos los controladores han de tener asignada una única dirección primaria en un rango de 0 a 30. El *driver* automáticamente creará la dirección de receptor añadiendo **32** a la dirección primaria y la dirección de emisor añadiendo **64**.

- **Secondary GPIB Address:** Es posible acceder a la controladora a través de la dirección secundaria siempre y cuando haya sido activada. El rango disponible para la dirección secundaria es de **96 a 126** en decimal.

- **I/O Timeout:** El valor de Timeout es la cantidad de tiempo que puede pasar antes de completar una operación de entrada y salida.

- **Terminate READ on EOS:** Si se marca esta opción la controladora GPIB acabará la operación de lectura cuando reciba el byte de EOS (final de envío).

- **Set EOI with EOS on Write:** Si se marca, la controladora GPIB activa la **EOI** línea cuando EOS es detectado en una operación de escritura.

- **8-bit EOS Compare:** Esta opción especifica el tipo de comparación que se ha de hacer con el EOS byte. Puede ser de dos tipos con los **8 bits** o con los **7 bits** menos significativos.

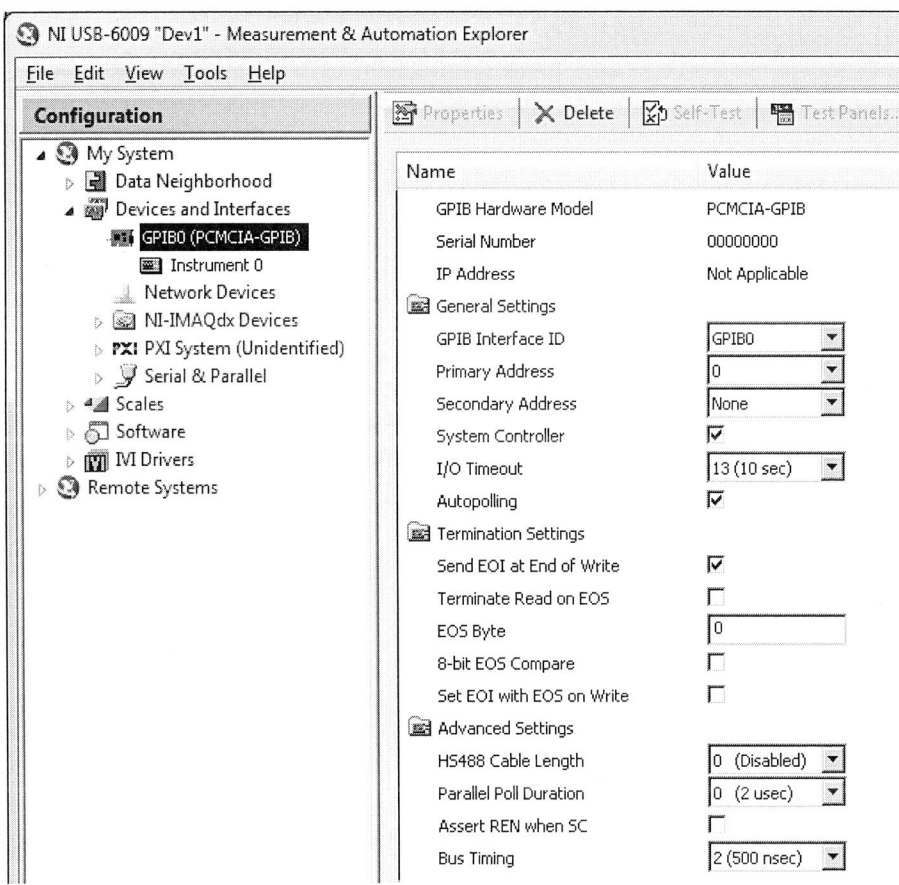

Figura 7.14 Detección de la tarjeta GPIB

Para modificar los diferentes parámetros de la GPIB recurriremos a la ventana de *Properties a la derecha de la pantalla.*

- **EOS Byte:** Esta opción se utiliza para leer el carácter de **EOS.**

- **Send EOI at End of Write:** Si se marca , la interface GPIB activa la línea EOI con el último byte.

- **System Controller:** El controlador de sistema de un sistema GPIB es el instrumento que mantiene el control sobre el bus. Podrá suceder que la interface que se está configurando no fuese la que ha de controlar el bus; entonces habría que desmarcar esta opción.

Propiedades avanzadas

- **Assert REN when SC:** Si se marca entonces **REN (Remote ENable)** se activa automáticamente, siempre y cuando la controladora esté *On-Line*.

- **Autopolling:** Esta opción activa y desactiva el "Serial Poll" (Sondeo serie) de los instrumentos cuando se activa la línea **SRQ** (GPIB Service Request).

- **Bus Timing:** Esta opción sirve para especificar la mínima cantidad de tiempo, después de que los datos sean enviados al bus, que el controlador puede afirmar el **DAV** durante un *write* o operación de comando.

- **Parallell Poll Duration:** Esta opción especifica la cantidad de tiempo que el *driver* espera cuando dirige un sondeo paralelo (parallell poll).

7.7 VIs PARA LA GESTIÓN DEL BUS

Como hemos podido observar, la generación de un programa de control de un instrumento mediante un lenguaje de programación convencional implica una serie de problemas, como dominar todos los comandos del lenguaje, comandos del instrumento y trabajar en un entorno donde la interface con el usuario es poco intuitiva.

Con LabVIEW gran parte de estos problemas quedan solventados ya que no se necesita escritura de código. El usuario o usuaria puede generarse una interface muy intuitiva, que puede ser particularizada a su gusto y, si es necesario, tenemos acceso al control del **Bus GPIB**. La parte de control y comunicación mediante **Bus GPIB** es posible gracias a una librería **GPIB**, mientras que la realización de la interface lo es gracias al uso de las librerías de controles, indicadores, etc.

Para la creación del panel frontal se dispone de la librería de controles e indicadores de todo tipo. Si colocamos un control desde la librería en el panel frontal, inmediatamente aparece un terminal en la ventana de programación. El nivel de programación consiste en conectar estos terminales a bloques funcionales. Los bloques funcionales son iconos con entradas y salidas que se conectan entre sí mediante cables constituyendo el nivel de programación del **VI**.

7.7.1 Librería GPIB

LabVIEW posee una librería **GPIB** que nos permite controlar y comunicarnos con nuestro instrumento a través del **Bus GPIB**. Las operaciones que se utilizan con mayor frecuencia son las de leer y escribir datos desde o hacia el instrumento vía una computadora. Dentro de la librería **GPIB** de LabVIEW en el menú **Functions** existen dos iconos que se encargan de realizar estas operaciones:

GPIB Write & GPIB Read

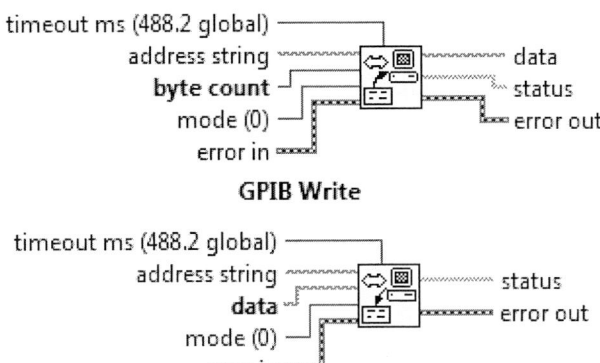

- **Address string**

Este control debe contener la dirección del aparato con el que nos queremos comunicar en formato string. Pueden introducirse las direcciones primaria y secundaria utilizando la forma **primaria+secundaria**. Tanto la dirección primaria como la secundaria son valores decimales, de forma que si la primaria es 2 y la secundaria es 3, entonces el control **address string** debe contener el string **2+3.**

Si no se especifica la dirección, los VIs no realizarán direccionamiento antes de intentar escribir el string. El VI asume que el direccionamiento ha sido efectuado por otro camino, o que otro controlador está al mando y, por tanto a cargo del direccionamiento. Si el direccionamiento no se ha hecho antes del tiempo límite, el VI termina su ejecución con el error GPIB nº 6 (**timeout**) y el bit 14 de **status** en estado **on**.

Cuando hay varios controladores GPIB instalados que pueden usarse desde LabVIEW, se utiliza un prefijo **address string** que determina el controlador que el VI va a utilizar. El formato para este caso es: "**ID:address**", donde **ID** identifica al controlador. Por ejemplo "**1:7**", significa que se direcciona al instrumento de la dirección 7 que está conectado a la placa controladora del bus nº1. En el caso de no utilizar este prefijo, LabVIEW presupone que se está refiriendo a la placa 0.

- **Status**

Este indicador es un array de variables booleanas (leds), en el que cada bit describe un estado del controlador GPIB. Si ocurre algún error el bit 15 se activa.

- **Time out**

La operación se aborta si no se completa dentro del tiempo límite especificado en este control. Si esto ocurre, el bit 14 del status se activa. Para desactivar esta limitación, basta con ajustar el valor del control a cero.

El valor que se toma por defecto es el especificado mediante el VI SetTimeOut del estándar IEEE-488.2 que inicialmente tiene un valor de 25.000 ms.

- **Mode**

Este control indica cómo se va a finalizar la escritura en el bus y atañe al protocolo de comunicación.

0: Enviar **EOI** con el último carácter del string.
1: Añadir **CR** al string, y enviar **EOI** con **CR**.
2: Añadir **LF** al string y enviar **EOI** con **LF**
3: Añadir **CR LF** al string y enviar **EOI** con **LF**
4: Añadir **CR** al string pero no enviar **EOI**.
5: Añadir **LF** al string pero no enviar **EOI**.
6: Añadir **CR LF** al string pero no enviar **EOI**.
7: No enviar **EOI**.

El modo utilizado en los VIs del driver es el cero, lo que obliga a identificar el final del mensaje mediante uno de los caracteres autorizados por el instrumento

Para establecer una comunicación con el instrumento bastaría con utilizar uno de estos iconos. Por ejemplo, queremos programar el canal 1 de la **Fuente de Alimentación** a 12V, el instrumento se encuentra en la dirección lógica 22. Por lo tanto, en la ventana **Block Diagram** de LabVIEW nos quedará:

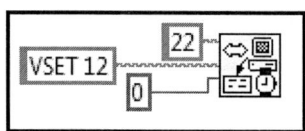

Cabe decir que no hemos implementado ningún **Panel Frontal** como interface con el usuario, ya que en principio este pequeño programa lo que hará constantemente es programar al instrumento a un mismo voltaje. Pero si nos interesara tener un control sobre la tensión sería interesante añadir en el **Panel Frontal** algún control que realice esta operación.

Si ejecutamos el programa observaríamos en el display del instrumento físico que aparece el valor de 12V.

En cambio, si lo que queremos es comunicarnos con nuestro instrumento para poder obtener un dato, por ejemplo, queremos obtener la lectura de la tensión de salida del canal 1 del instrumento, el proceso a realizar sería el siguiente:

1º 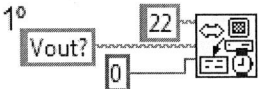 -Mediante este proceso de escritura decimos al instrumento que se prepare para enviarnos como dato la tensión de salida del canal 1.

2º 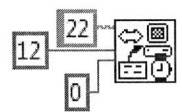 -Mediante este proceso leemos del instrumento el dato que nos tenía preparado, y lo volcamos sobre un display para poder visualizarlo.

Valor de tensión recibido
24,55
-Sobre este indicador colocado sobre el panel frontal quedará registrado el valor de la tensión de salida del canal 1 del instrumento.

Cabe decir que los dos pasos citados pueden ser ejecutados independientemente, como si se tratase de dos programas, o conjuntamente, para lo cual deberemos hacer uso de las estructuras de control de programa **CASE, SEQUENCE**, ya que el proceso de obtención de un dato tiene un orden preestablecido.

Otras funciones que encontraremos en esta librería son:

* Wait for GPIB RQS

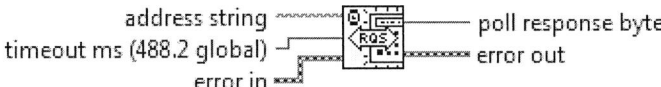

Espera a que el dispositivo indicado con address string envíe una señal de petición de servicio.

* GPIB Trigger

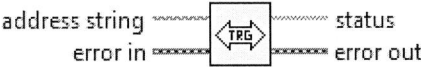

Envía el comando GET (group execute trigger) al dispositivo para que genere un trigger.

- GPIB Clear

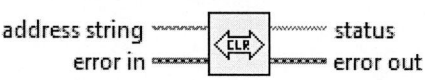

Envía tanto el comando SDC (selected device clear) como DCL (device clear). Sirve para limpiar el buffer de los dispositivos.

- GPIB Initialization

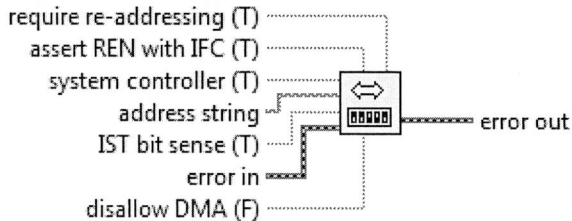

Configura el Bus GPIB que indica address string.

- GPIB Status

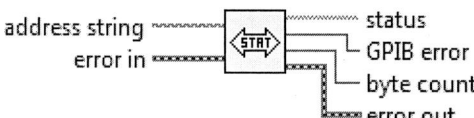

Presenta el estado actual del bus GPIB indicado por address string.

- GPIB Wait

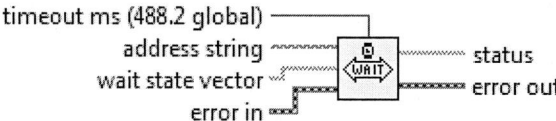

Espera mientras sean ciertos los estados de la variable de entrada Wait state vector sobre el bus GPIB especificado en address string.

- GPIB Misc

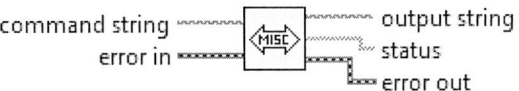

Realiza las operaciones GPIB indicadas por el Command String. Se trata de un VI de bajo nivel que se usa cuando los VIs de alto nivel no están disponibles.

7.8 VISA (VIRTUAL INSTRUMENT SOFTWARE ARCHITECTURE)

Para realizar una comunicación con un instrumento podemos utilizar diferentes buses de comunicación siempre y cuando el instrumento disponga de ellos. Algunos de los buses más utilizados en instrumentación son GPIB, bus serie, VXI, PXI entre otros. Para acceder al bus desde un ordenador personal la mayoría de veces es necesaria una tarjeta controladora del bus, ya sea GPIB, VXI o actualmente adaptadores de bus serie puesto que muchos ordenadores ya prescinden de este caracteristica. Para acceder a cada una de estas tarjetas controladoras de bus podemos utilizar las funciones o VIs propios del bus, como por ejemplo las funciones presentadas en los apartados anteriores sobre GPIB.

La utilización de estas funciones propias del bus fuerzan a que las aplicaciones que desarrollamos para un determinado instrumento trabajen sobre un bus específico: por ejemplo, si utilizamos las funciones de GPIB para controlar un multímetro vía GPIB no podremos utilizar dicho programa para controlar el mismo instrumento utilizando un bus diferente. Para solucionar este y otros problemas semejantes como la interoperabilidad entre instrumentos de diferentes fabricantes en 1993 National Instruments junto con GenRad, Racal Instruments, Tektronix y Wavetek formaron el consorcio llamado VXI*plug&play* Systems Alliance. Uno de los estándars desarrollados por este grupo fue VISA (Virtual Instrument Software Architecture) que es una API (Application Programming Interface) de alto nivel que se encarga de hacer transparente los recursos software que estemos utilizando.

Utilizando VISA podemos controlar buses tales como GPIB, serie, VXI, PXI y otros buses basados en el uso de un ordenador (Figura 7.15). VISA se encargará de utilizar las funciones de bajo nivel para cada uno de los buses de manera transparente para el programador. De esta manera el mismo código de programa para el control de un cualquier instrumento utilizando VISA podrá ser usado vía GPIB, serie, etc.

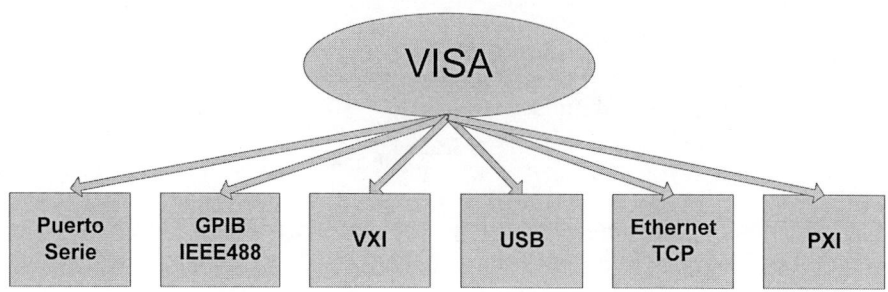

Figura 7.15 Arquitectura de VISA

Las características más relevantes de una comunicación que utiliza VISA son:

- Independiente de la plataforma utilizada
- Independiente del interface utilizado
- Es necesario conocer el juego de comandos SCPI para la programación

Para implementar una comunicación utilizando VISA será necesario especificar al inicio de la comunicación que recursos hardware o bus vamos a utilizar. A diferencia de una comunicación GPIB simple donde únicamente especificábamos la dirección del instrumento dentro del bus, utilizando VISA usaremos un descriptor del instrumento que especifica el bus a utilizar y si es necesaria su dirección primaria y secundaria. La sintaxis se especifica en la Tabla 7.1

INTERFAZ	Sintaxis de la dirección VISA
VXI INSTR	VXI[board]::VXI logical address[::INSTR]
GPIB-VXI INSTR	GPIB-VXI[board]::VXI logical address[::INSTR]
GPIB INSTR	GPIB[board]::primary address[::GPIB secondary address][::INSTR]
GPIB SERVANT	GPIB[board]::SERVANT
PXI INSTR	PXI[bus]::device[::function][::INSTR]
Serial INSTR	ASRL[board][::INSTR]
TCPIP INSTR	TCPIP[board]::host address[::LAN device name][::INSTR]
TCPIP SOCKET	TCPIP[board]::host address::port::SOCKET
USB INSTR	USB[board]::manufacturer ID::model code::serial number[::USB interface number][::INSTR]

Tabla 7.1 Sintaxis del inicio de sesión de una comunicación VISA

Algunos ejemplos de direcciones VISA para diferentes interfaces podrían ser los siguientes:

- GPIB::1::0::INSTR
- ASRL1::INSTR
- TCPIP0::1.2.3.4::999::SOCKET
- PXI::15::INSTR
- USB::0x1234::125::A22-5::INSTR

Las funciones de VISA en LabVIEW las podemos encontrar en la subpaleta que indica la Figura 7.16.

Al igual que en GPIB vamos a disponer de las funciones básicas de comunicación de escritura y lectura sobre el bus. En el ejemplo de la Figura 7.17 podemos ver cómo utilizar las funciones de VISA. Es importante remarcar que el bus a utilizar se indica al inicio de la sesión mediante la sintaxis antes explicada. El diagrama de bloques realiza una interrogación a un instrumento que está conectado vía GPIB con la dirección 2 o modificando el parámetro *VISA resource name* nos sirve el mismo programa para realizar la comunicación vía serie utilizando el puerto COM1.

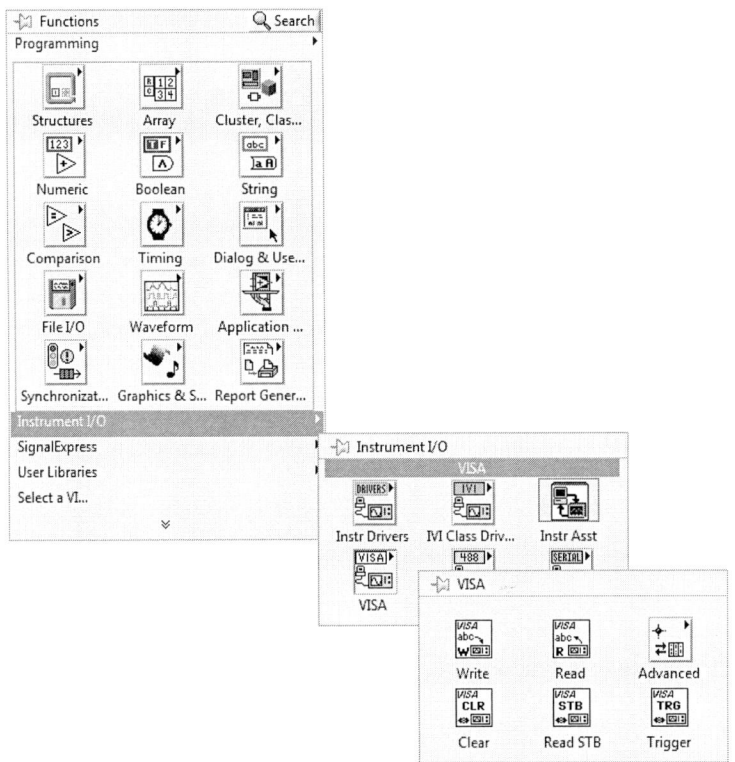

Figura 7.16 API de VISA

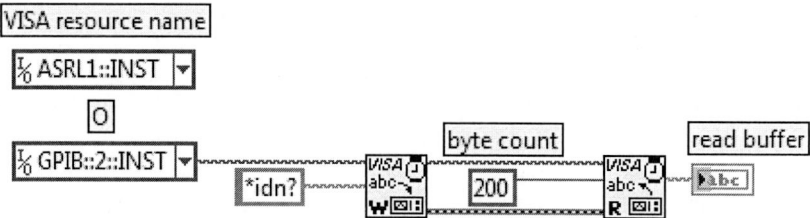

Figura 7.17 Ejemplo de comunicación utilizando la API de VISA

Desde la versión 7.1 de LabVIEW y al igual que vimos en el capítulo de adquisición de datos disponemos del VI Express de comunicación con instrumentos *Instrument I/O Assistant*, que utiliza VISA para implementar la comunicación, lo que significa que con este VI Express podemos configurar una comunicación con cualquier instrumento que soporte GPIB, serie, etc.

Este VI Express lo encontramos en el diagrama de bloques dentro de la paleta de funciones en dos subpaletas, en la de *Input* y en la de *Instrument I/O* (Figura 7.18).

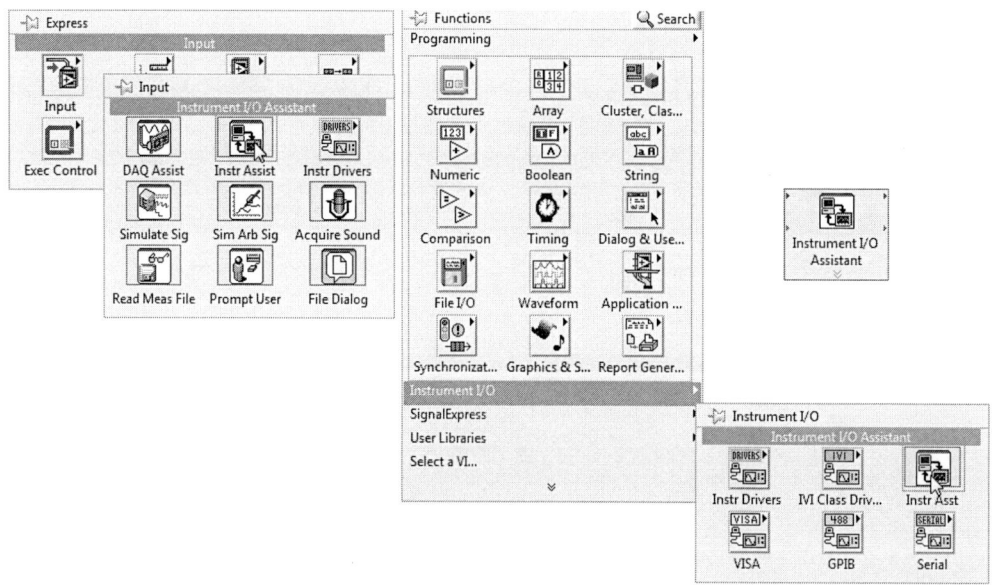

Figura 7.18 Ubicación del VI Express Instrument I/O Assistant

Una vez que lo colocamos en el diagrama de bloques, hacemos doble clic sobre el VI y se abre un cuadro de diálogo como el de la Figura 7.19. En él podemos ir añadiendo diferentes pasos en la comunicación como son la elección del puerto de comunicaciones y el instrumento, realizar una escritura o lectura sobre el instrumento y realizar una operación de escritura-lectura (*query*). El asistente nos permite probar cada uno de los pasos por separado sin tener que programar código alguno, únicamente configurando cada uno de los pasos.

Gracias a este VI Express la implementación de una comunicación con un instrumento podemos realizarla más rápidamente pues solo será necesario conocer el juego de instrucciones que soporta el instrumento para configurarlo o interrogarlo. Además los pasos de lectura y de *query* permiten realizar diferentes procesados de los datos recibidos como la eliminación de cabeceras, la conversión de datos numéricos a variables numéricas, etc.

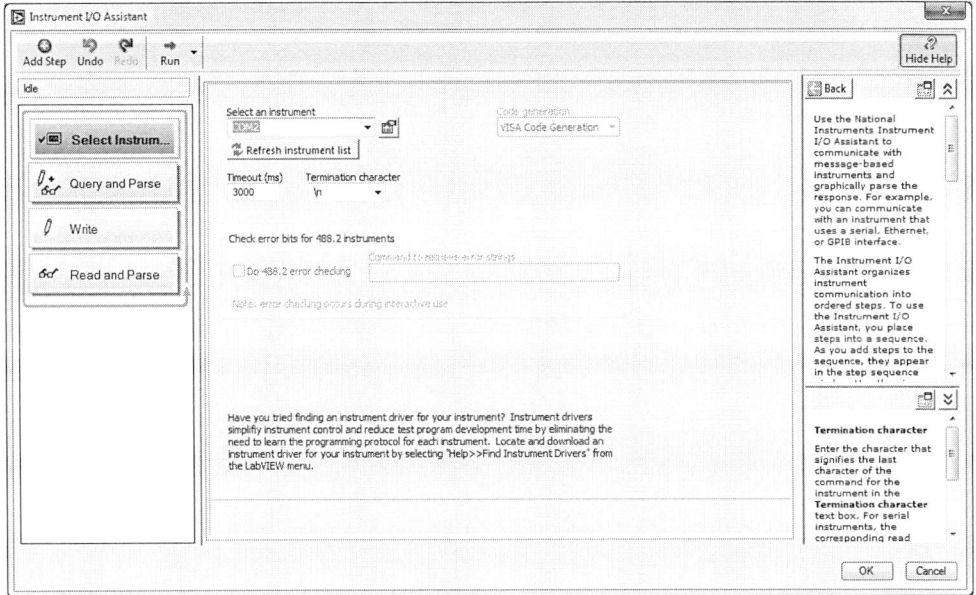

Figura 7.19 Ventana de configuración del VI Express Instrument I/O Assistant

7.9 EJEMPLO PRÁCTICO DE CONTROL DE INSTRUMENTOS GPIB

Este apartado está dedicado a la descripción de una aplicación donde se establece una comunicación entre un PC y dos instrumentos a través del puerto GPIB. En esta aplicación se miden las frecuencias de salida de dos cristales y la temperatura ambiente cerca del cristal. En general, la frecuencia de salida de los cristales estará afectada por diferentes parámetros ambientales como:

1- Temperatura, humedad y Presión
2- Aceleración
3- Campos eléctrico y magnético
4- Efectos de la ionización y radiación
5- Envejecimiento, calentamiento y traza.

Todos estos parámetros provocan una desviación en la frecuencia de salida del cristal. Dependiendo en las condiciones ambientales del cristal, es común considerar el parámetro que tiene un efecto mayor sobre esta desviación. Por esta razón, en esta aplicación se ha tomado la temperatura como el parámetro ambiental principal.

Para medir el efecto de la temperatura sobre la frecuencia de salida del cristal, se ha colocado el cristal dentro de una cámara climática VOTSCH VC4060 y a través de la consola se ha configurado un perfil de temperatura concreto. La Figura 7.20 muestra una imagen de la cámara climática:

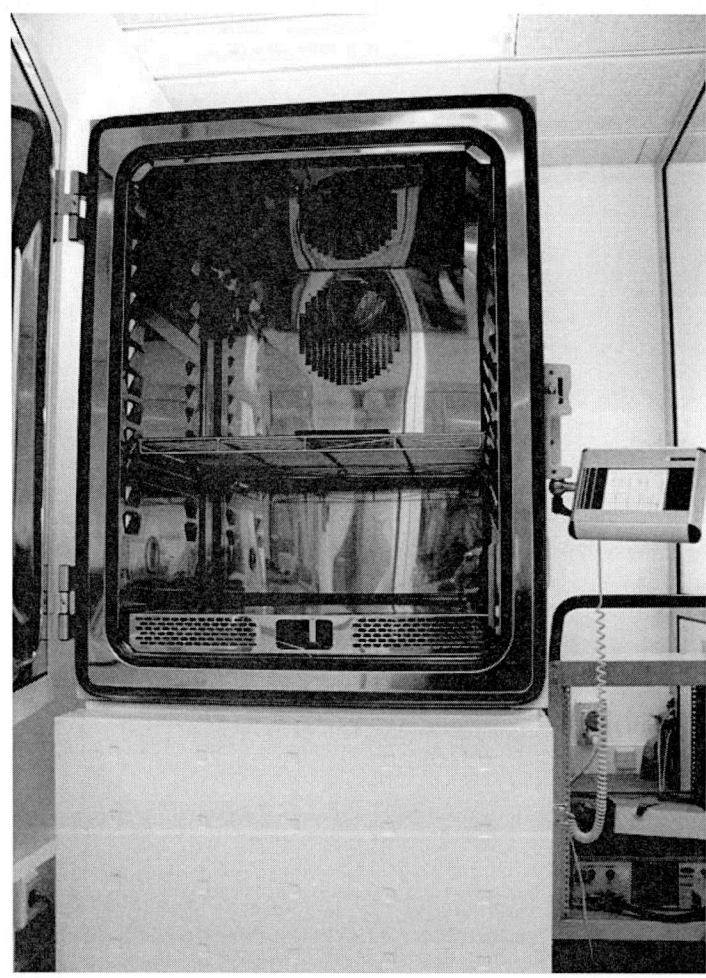

Figura 7.20 Imagen de la cámara climática VOTSCH VC4060

Para medir la frecuencia de salida de los cristales, se ha empleado un contador universal Agilent 53132A con una resolución de 11 dígitos. Este contador dispone de dos canales de medida donde se han conectado las salidas de dos módulos de cristal del mismo tipo. La frecuencia de salida del módulo de cristal es de 125 Hz. Se trata de un cristal con compensación de temperatura (TCXO) con una estabilidad con temperatura de 2×10^{-8}. Para realizar una medida con una resolución mayor, se abre una ventana de tiempo de 1s en la cual el contador realiza la medida.

Para medir la temperatura en la cámara cerca de los cristales, se ha utilizado una sonda de temperatura **356 Elecsil Simce ET2321** y un datalogger HP34970A. La sonda de temperatura es un RTD (Resistance Temperature Detector) donde la salida viene dada por:

$$R(T) = R_0(1 + \alpha T)$$

Para el sensor utilizado, R_0 = 100 y α = 0.00391

El datalogger HP34970A tiene la capacidad de incorporar los siguientes módulos con diferentes funcionalidades:

1- HP34901A: Multiplexor de 20 canales
2- HP34902A: Multiplexor de 16 canales
3- HP34903A: Actuador de 20 canales
4- HP34904A: Conmutador de matriz 4x8
5- HP34905A/6A: multiplexores duales de RF de cuatro canales
6- HP34907A: Módulo multifunción
7- HP34908A: Multiplexor de terminación única de 40 canales

Para realizar la medida de temperatura, se ha utilizado el módulo HP34901A. Este módulo dispone dos bloques de 10 canales cada uno. Además tiene dos canales adicionales equipados con fusibles para realizar medidas directas de corriente continua o alterna. El equipo puede realizar la medida correspondiente a un solo canal, por tanto se conmutan las entradas H y L de los canales. Cuando se realiza una medida a cuatro hilos, el instrumento automáticamente une en pares al canal *n* con el canal *n+10* para establecer las conexiones entre fuente y detector. La Figura 7.21 muestra la estructura interna del módulo HP34901A.

El sistema de medida de frecuencia y temperatura está compuesto por dos módulos de cristal de salida 125Hz compensados por temperatura y un sensor de temperatura de tipo RTD. Estos elementos están instalados en la cámara climática donde se ha configurado el perfil de temperatura deseado. La alimentación de los cristales y los equipos de medida está fuera de la cámara ya que no deben estar sometidos a los cambios de temperatura generados por la cámara. Mediante pasa-muros disponible en la cámara, se instalan los cables para realizar las conexiones entre el sensor de temperatura y datalogger HP34970A, los cristales y el contador HP53132A.

Mediante un ordenador personal equipado con tarjeta controladora GPIB y un cable GPIB, se conectan el ordenador con los equipos de medida. Una aplicación en LabVIEW se encarga de configurar los instrumentos, enviar las órdenes de medida, recoger-las a través del bus GPIB y guardarlas en ficheros de tipo texto con cada parámetro colocado en columnas separadas.

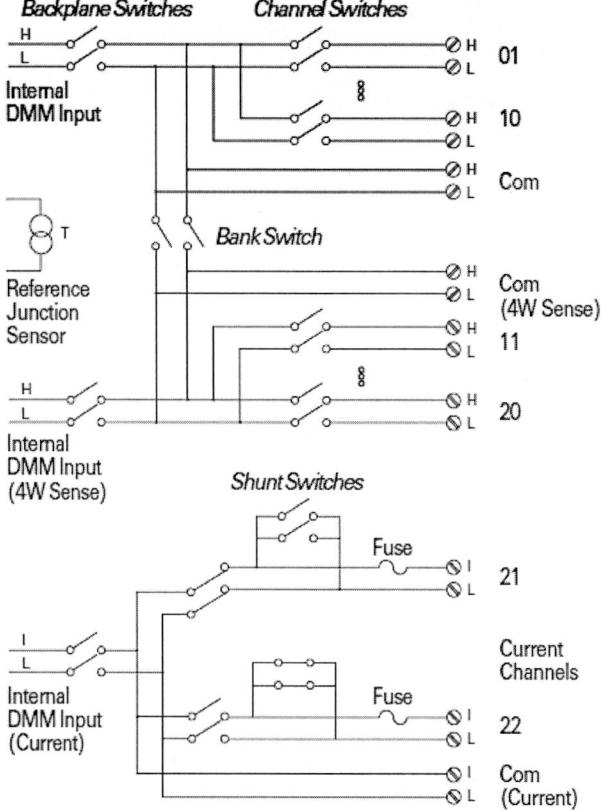

Figura 7.21 Esquema interno del módulo HP34901A

El esquema del sistema de medida puede observarse en la Figura 7.22:

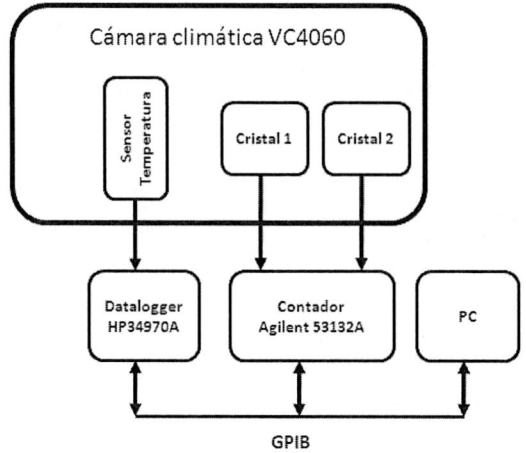

Figura 7.22 Esquema del sistema de medida

7.9.1 Programa de adquisición de datos por el bus GPIB

El programa de adquisición de datos empleando bus GPIB consta de un programa principal y tres subVis encargados de realizar tareas específicas.

- Frequency vs Temp-2ch (programa principal): Es el interfaz del usuario a través del cual se configuran los parámetros de entrada al programa. Su tarea principal es configurar los equipos de medida, realizar las medidas, mostrar las medidas realizadas en gráficas e indicadores numéricos y guardar las medidas en un fichero de tipo texto.

- 53132A config 2 ch (subVI): Configura los dos canales del contador Agilent 53132A para realizar la medida de frecuencia posteriormente.

- 34970A Temp (subVI): Configura el datalogger HP 34970A y realiza una medida a 4 hilos de la temperatura.

- Read Freq (subVI): Realiza la medida de frecuencia en los dos canales del contador Agilent 53132A.

A continuación se describe el funcionamiento del programa principal y las subVIs:

7.9.1.1 Frequency vs Temp-2ch (programa principal)

Panel frontal:

Entradas al programa: controles

Como se ha comentado anteriormente, este programa implementa la interface del usuario donde se deben configurar una serie de controles para el correcto funcionamiento del programa.

- Dirección Agilent53132A
- Dirección HP34970A
- Ruta fichero
- Fichero nuevo/añadir a fichero
- Intervalo de medida
- Stop

Para que el ordenador pueda realizar la comunicación con los equipos de medida (HP 34970A y Agilent 53132A), es necesario introducir las direcciones GPIB de estos instrumentos mediante los controles:

Dirección Agilent53132A	Dirección HP34970A
3	24

En este caso cada equipo dispone de una dirección GPIB propia.

Además el usuario debe introducir la ruta del fichero de tipo texto en el cual se guardan las medidas. El siguiente control muestra la entrada de la ruta del fichero:

Ruta fichero

 C:\Documents and Settings\Default User\Mis documentos\datos.txt

Mediante un control de tipo booleano, es posible reemplazar un fichero de datos existente o añadir las medidas a un fichero:

Fichero nuevo/añadir a fichero

El usuario puede configurar el intervalo entre las medidas en segundos. Se trata de un control de tipo numérico que configura el intervalo de tiempo que el ordenador comunica con los equipos de medida:

Intervalo de medida (s)

10

Otro control booleano permite parar el funcionamiento del programa sin detener LabVIEW.

Stop

Salidas del programa: indicadores

Los indicadores implementan las salidas del programa. El programa principal dispone de los siguientes indicadores:

- Temperatura del cristal (C): tipo string
- Frecuencia del cristal (canal 1): tipo numérico
- Frecuencia del cristal (canal 2): tipo numérico
- Temperatura del cristal (C): tipo gráfica
- Frecuencia del cristal (Hz) (canal 1): tipo gráfica
- Frecuencia del cristal (Hz) (canal 2): tipo gráfica
- Error config Agilent 53132A
- Error medida Agilent 53132A
- Error medida HP 34970A

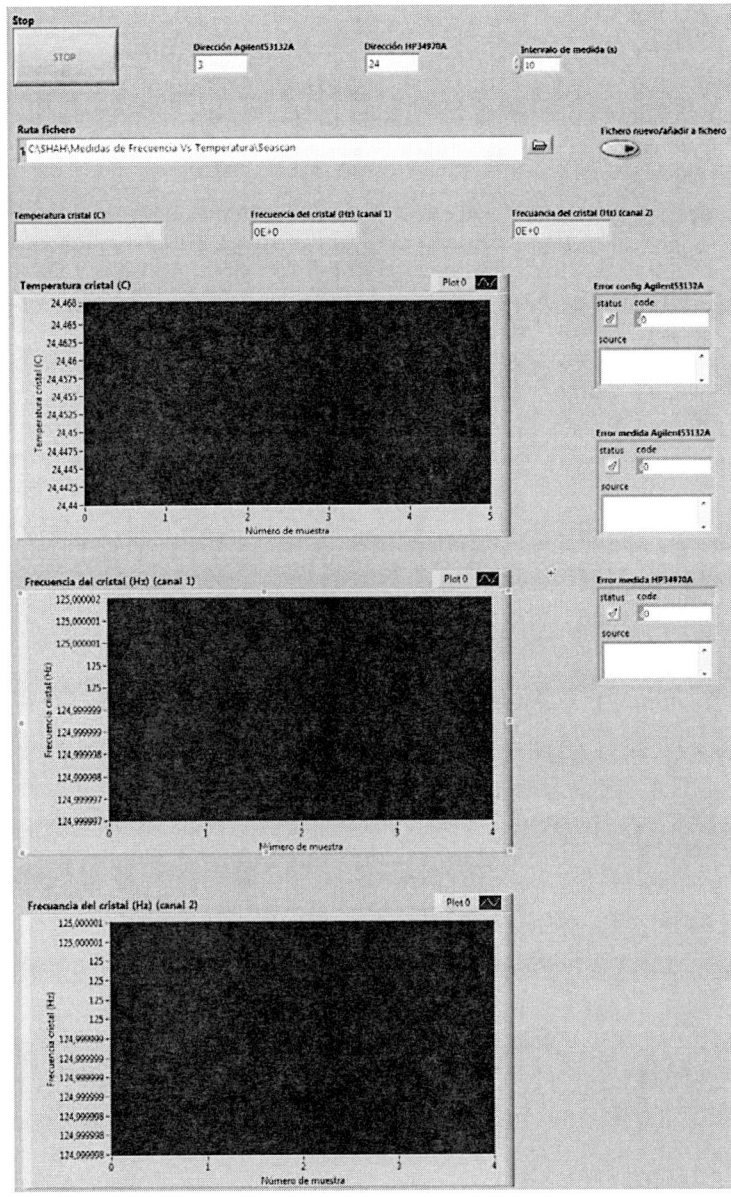

Figura 7.23 Imagen del panel frontal del programa principal Frequency Vs temp-2ch.vi

Los indicadores *Temperatura del cristal (C)*, *Frecuencia del cristal (canal 1)*, *Frecuencia del cristal (canal 2)*, indican las lecturas de temperatura realizada por el datalogger HP34970A en formato string y las lecturas de frecuencia del cristal en los canales 1 y 2 del contador Agilent 53132A en formato numérico respectivamente:

Temperatura cristal (C)	Frecuencia del cristal (Hz) (canal 1)	Frecuencia del cristal (Hz) (canal 2)
	0E+0	0E+0

Los indicadores de arriba también se representan en gráficas separadas para obtener un histórico de las medidas realizadas.

Por otra parte, los indicadores *Error config Agilent 53132A*, *Error medida Agilent 53132A*, *Error medida HP 34970A,* son los errores de configuración del contador, error de medida de frecuencia del contador y el error de medida de temperatura del datalogger respectivamente (Figura 7.24).

Diagrama:

El diagrama del programa principal consta de un bucle *While* controlado por el control *Stop* que realiza la lectura de datos de temperatura y frecuencia de cristal en los dos canales del contador a través de bus GPIB (Figura 7.24). El SubVI 34970A Temp.vi se encarga de realizar la medida de temperatura mientras el SubVI Read Freq.vi realiza la medida de frecuencia en los dos canales. Estas medidas se guardan en un fichero de tipo texto anteriormente creado además de mostrarlas en los indicadores y gráficas del panel de control.

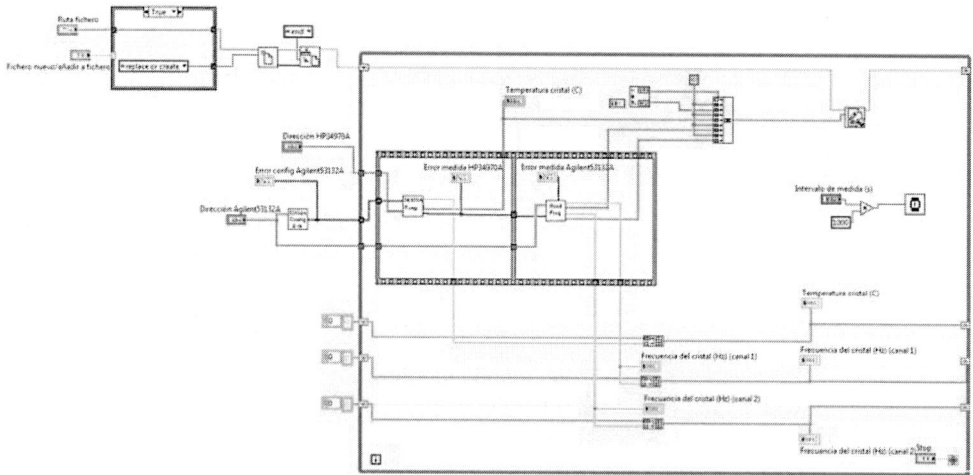

Figura 7.24 Diagrama del programa principal

Antes de entrar en el bucle *While* para realizar las medidas, el programa crea el fichero de tipo texto para almacenar las medidas. Este bloque consta de una estructura *Case* controlado por el control *Fichero nuevo/añadir a fichero*. Dependiendo del valor (True o False) de este control, el programa crea un fichero nuevo o añade los datos al final de un archivo existente. Si el valor del control es True, el programa crea el fichero si no existe o lo reemplaza si existe.

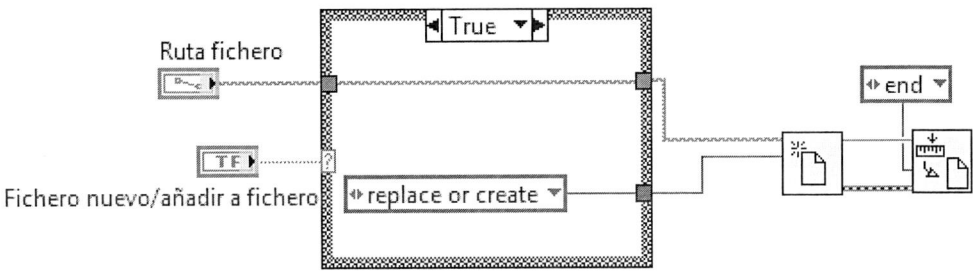

Si su valor es False, el programa abre el fichero existente para añadir los datos al final del archivo.

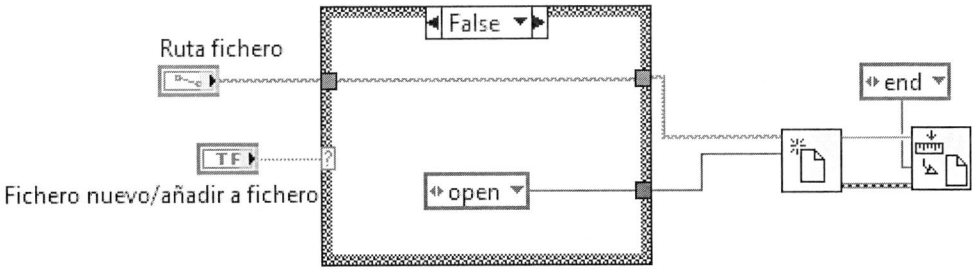

La creación del fichero se realiza mediante la función *Open/Create/Replace File*. La entrada *operation* de esta función permite seleccionar entre las diferentes operaciones de esta función. Además, esta función tiene como entrada la ruta del fichero.

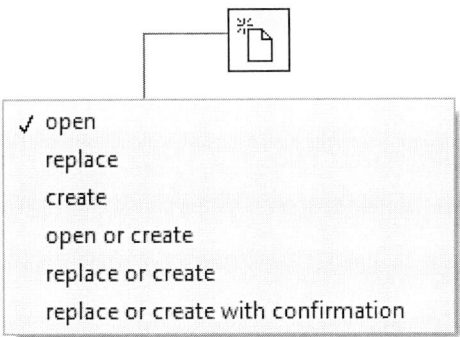

Para añadir los datos al final de un fichero existente, se utiliza la función *Set File Position*. Esta función a través de su entrada *from*, posiciona el puntero de escritura al principio, en la posición actual o al final del fichero. Para añadir los datos al final del fichero, se debe colocar el puntero al final del fichero.

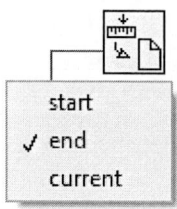

Antes de ejecutar el bucle *While* para realizar las medidas, el programa configura los dos canales del contador Agilent 53132A para el tipo de medida a realizar, además de los parámetros eléctricos (impedancia de entrada, atenuación, etc.) de los canales. De esta tarea se encarga el SubVI 53132 Config 2ch.vi cuyo funcionamiento se explicará en los siguientes apartados.

Dentro del bucle *While*, el programa primero configura y realiza la medida de temperatura a 4 hilos en el datalogger HP34970A ejecutando el SubVI 34970A Temp.vi y después realiza la medida de frecuencia en los dos canales del contador Agilent 53132A ejecutando el SubVI Read Freq.vi. Para asegurar la secuencia de esta operación, se ha utilizado una estructura *Secuence*.

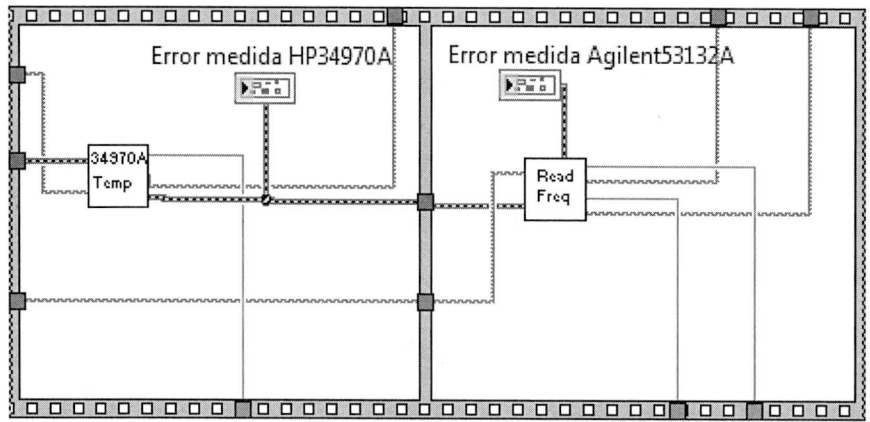

Para guardar los datos en un fichero de tipo texto, se ha utilizado la función *Write to Text File*. Esta función dispone de una entrada *text* donde se conecta el dato de tipo *string* a escribir en el fichero.

Write to Text File

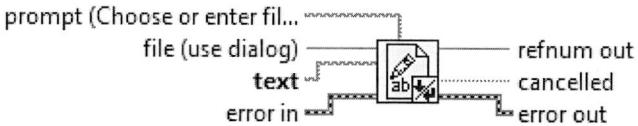

Writes a string of characters or an array of strings as lines to a file. This function does not work for files inside an LLB.

Para que se pueda visualizar el fichero de texto desde la aplicación *Microsoft Excel*, es necesario que los datos estén separados por tabuladores. Además para separar cada línea de medidas, al final de cada línea debe haber un salto de línea. Por tanto, se ha utilizado la función *concatenate string* para insertar las tabulaciones entre medidas. No se ha insertado ningún salto de línea al final de cada fila de medidas ya que el contador Agilent53132A inserta un salto de línea cuando devuelve la medida realizada. Además, las filas de medidas, están asociadas a la fecha y hora en la que se han realizado las medidas. Para ello, se ha utilizado la función *Get Date/Time String* que realiza una consulta de la fecha y hora del sistema:

Get Date/Time String

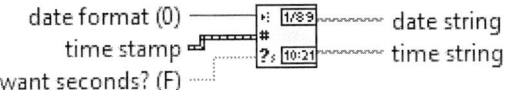

Converts a timestamp value or a numeric value to a date and time string in the time zone configured for the computer. The function interprets timestamp and numeric values as the time-zone-independent number of seconds that have elapsed since 12:00 a.m., Friday, January 1, 1904, Universal Time.

Se ha fijado el valor de la entrada *want seconds ?* a *True* para incluir los segundos en los datos de tiempo.

Para configurar el intervalo de medida, se ha utilizado la función *Wait (ms)* que implementa un retardo entre las medidas. En cada interacción del bucle *While*, esta función inserta un retardo en milisegundos.

Wait (ms)

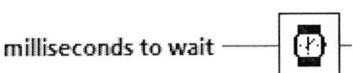

Waits the specified number of milliseconds and returns the value of the millisecond timer. Wiring a value of 0 to the **milliseconds to wait** input forces the current thread to yield control of the CPU.

Para que el intervalo de medida sea configurable por el usuario y además de orden de segundos, se multiplica el valor del control *Intervalo de medida* por 1000 y se conecta a la entrada de la función *Wait*.

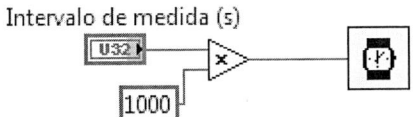

Para visualizar la medidas realizadas en gráficas, se usa la función *Build array* de dos entradas para generar una cadena de la medidas. Se conecta la salida a una gráfica de tipo *Waveform graph* para visualizar todas las medidas.

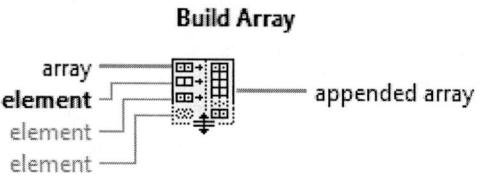

Hay que tener en cuenta que la función *Build array* debe trabajar en modo *Concatenate Inputs* (concatenar entradas). Para ello, se debe hacer clic con el botón derecho sobre el icono *Build array* y fijar el modo de funcionamiento:

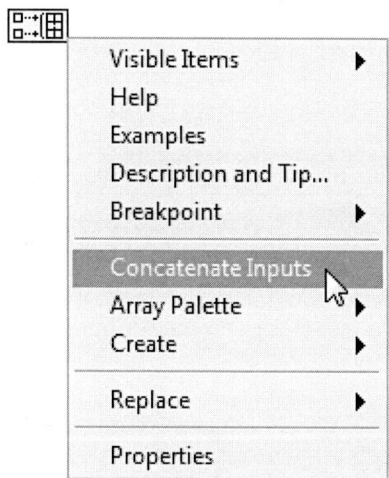

De esta manera, en cada iteración del bucle *While* la función *Build array* concatena las medidas para generar la cadena de datos. Para ello, es necesario conectar la salida de la función a la entrada de un registro de desplazamiento *(Shift register)*, mientras una de sus entradas se conecta a la salida del registro de desplazamiento y la otra entrada a la salida del SubVI que realiza las medidas.

A continuación se describen el funcionamiento de los subVis de este programa.

7.9.1.2 SubVI Counter Config 2 ch:

Como se ha comentado anteriormente, este SubVi se encarga de configurar los dos canales del contador Agilent 53132A según la señal de entrada de cada canal. En este caso, se configuran la impedancia de entrada, atenuación y el acoplamiento para cada canal.

Además, se configura el contador para realizar la medida de frecuencia en una ventana de 1s, lo que permite obtener una resolución mayor en la medida:

Panel frontal:

La Figura 7.26 muestra una imagen del panel frontal del SubVI Counter Config 2 ch.vi:

Figura 7.25 Panel frontal del SubVI Counter Config 2 ch.vi

Entradas al SubVI: controles

- Dirección Agilent 53132A: es la dirección GPIB del instrumento.
- Error entrada: la entrada de propagación del error.

Salidas del SubVI: indicadores

- Error salida: la salida de error para propagar el error hacia otros subVis o el programa principal.

Diagrama:

El diagrama de bloques de este SubVI consta de tres de escrituras a través del puerto GPIB para la configuración del contador Agilent 53132A (Figura 7.26). Utiliza la función *GPIB Write* para realizar la escritura en el instrumento.

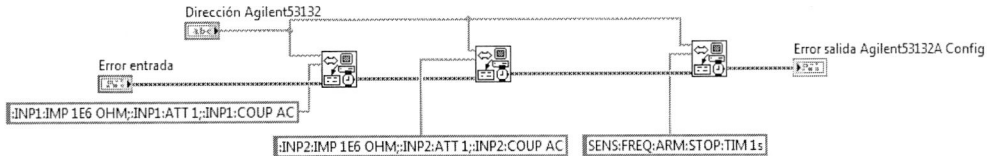

Figura 7.26 Diagrama de bloques del SubVI Counter Config 2 ch

Se han usado los siguientes comandos SCPI para configurar los parámetros deseados:

-   :INP1:IMP 1E6 OHM -> fija la impedancia del canal 1 a 1 Mega Ohmios.

-   :INP1:ATT 1 -> fija la atenuación del canal 1 al valor 1.

-   :INP1:COUP AC -> fija el acoplamiento del canal 1 en AC.

Es posible enviar los tres comandos en una sola escritura *(GPIB Write)* separándolos con el símbolo (;)

De la misma forma, los comandos enviados para configurar el canal 2 son:

-   :INP2:IMP 1E6 OHM -> fija la impedancia del canal 2 a 1 Mega Ohmios.

-   :INP2:ATT 1 -> fija la atenuación del canal 2 al valor 1.

-   :INP2:COUP AC -> fija el acoplamiento del canal 2 en AC.

Para configurar el contador Agilent 53132A para que realice las medidas de frecuencia en una ventana de 1s, se envía el siguiente comando:

-   SENS:FREQ:ARM:STOP:TIM 1s -> mediante este comando, se prepara el contador para realizar una medida de frecuencia y usar un tiempo de 1s como evento de parada. De esta forma, el contador realiza la medida de frecuencia durante 1s y devuelve una media de todas las medidas durante este tiempo. De esta forma se consigue una medida con mayor resolución.

7.9.1.3 SubVI 37970A Temp (Datalogger_temp.VI:

Este SubVI se encarga de configurar y realizar la medida de temperatura a cuatro hilos en el datalogger HP 34970A. En el programa desarrollado, se ha conectado el sensor de temperatura (RTD ver apartado *Sistema de medida por el bus GPIB)* en el canal 105 del datalogger.

Panel frontal:

La Figura 7.27 muestra el panel frontal del SubVI 34970A Temp:

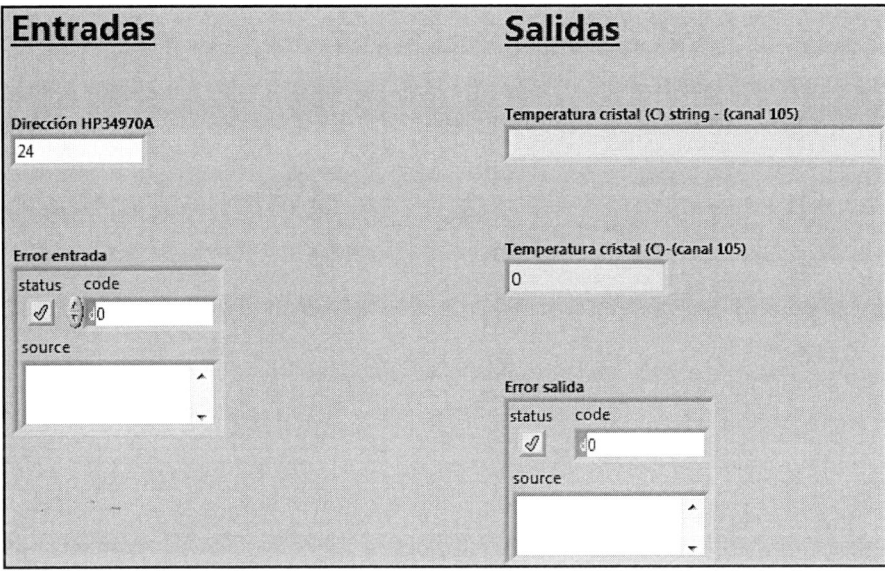

Figura 7.27 Panel frontal del SubVI 34970A Temp.

Entradas al SubVI: controles

- Dirección HP34970A: es la dirección GPIB del instrumento.
- Error entrada: La entrada de propagación del error.

Salidas del SubVI: indicadores

- Temperatura Cristal (C) – string (canal 105): es la temperatura medida por el sensor de temperatura leida en el canal 105 del datalogger 34970A en formato *string*. Representa la temperatura del cristal por la cercanía del sensor al cristal. Es un dato que devuelve la función *GPIB Read*.

- Temperatura Cristal (C) – (canal 105): es el mismo parámetro que arriba pero en formato numérico *DBL*. Se hace la conversión de *String* al numérico para poder representar la medida en una gráfica (véase apartado programa principal).

- Error salida: la salida de error para propagar el error hacia otros subVis o el programa principal.

<u>Diagrama:</u>

En el diagrama de bloques de este SubVi se utiliza la función *GPIB Write* para configurar y realizar la medida de temperatura, y la función *GPIB Read* para leer la medida realizada.

La medida de temperatura realizada se presenta tanto en formato *String* para guardar en un fichero de tipo texto, como en formato numérico *DBL* para representarla en una gráfica. La Figura 7.28 muestra el diagrama de bloques del SubVI 34970A Temp:

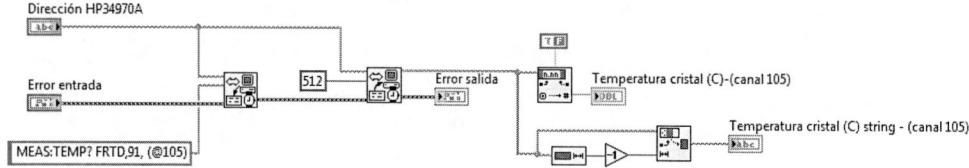

Figura 7.28 Diagrama de bloques del SubVI 34970A Temp

Como se puede observar en la Figura 7.28, mediante la función *GPIB Write* se envía un comando de tipo *Query* (petición) que configura el equipo y realiza la medida en el canal que se encuentra conectado el sensor:

- MEAS:TEMP? FRTD,91, (@105): Configura el canal 105 (@105) para la medición (MEAS:TEMP?) de temperatura en una RTD a 4 hilos (FRTD). el parámetro 91 indica que el coeficiente de temperatura (α) de RTD es 0.00391.

Para que el instrumento devuelva la medida realizada, se utiliza la función *GPIB Read* para leer 512 bytes del instrumento. Para convertir la medida del formato *String* al numérico *DBL*, se ha usado la función *fract/Exp String to Number*:

Fract/Exp String To Number

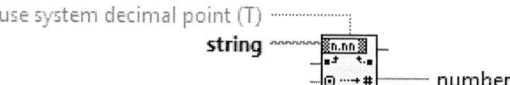

Interprets the characters 0 through 9, plus, minus, e, E, and the decimal point (usually period) in **string** starting at **offset** as a floating-point number in engineering notation, exponential, or fractional format and returns it in **number**.

Como el valor por defecto, esta función usa el símbolo (,) como separador decimal. Para que esta función use como separador decimal el símbolo (.) que corresponde al separador usado por el datalogger HP34970A, hay que fijar el valor de la entrada *use system decimal point (T)* a *False*.

El datalogger HP34970A añade un final de línea al final de la cadena de caracteres leída por la función *GPIB Read*. Para eliminar este final de línea, se extrae toda la cadena menos el último carácter. Para ello se ha utilizado la función *String Subset* que se encarga de extraer una cadena de caracteres de un dato de tipo *String*:

String Subset

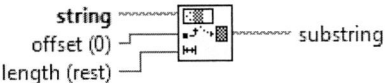

Returns the **substring** of the input **string**
beginning at **offset** and containing
length number of characters.

Para realizar esta operación, se ha fijado el comienzo de la cadena a extraer en el principio (*Offset=0*) del dato y la longitud de la cadena a extraer *(length)* a la longitud del dato original menos uno (véase Figura 7.29).

SubVI Read Freq:

Este SubVI se encarga de configurar y realizar la medida de frecuencia en los dos canales del contador Agilent 53132A. En cada canal del contador, se ha conectado un módulo de cristal compensado en temperatura (TCXO) con una frecuencia de salida de 125Hz. El SubVI primero hace la configuración, medición de frecuencia y lectura de dato en el canal 1 y después en el canal 2. Las funciones de comunicación GPIB utilizadas en este SubVI son *GPIB Write* y *GPIB Read*.

Panel frontal:

La Figura 7.29 muestra una imagen del panel frontal del SubVI Read Freq:

Entradas	Salidas	
Dirección Agilent53132A	**Frecuencia del cristal (Hz) - (canal 1)**	**Frecuencia del cristal (Hz) string - (canal 1)**
3	0E+0	
Error entrada	**Frecuencia del cristal (Hz) - (canal 2)**	**Frecuencia del cristal (Hz) string - (canal 2)**
status code	0E+0	
source		
	Error salida	
	status code	
	source	

Figura 7.29 Panel frontal del SubVI Read Freq

Entradas al SubVI: controles

- Dirección Agilent53132A: se trata de la dirección GPIB del contador Agilent 53132[a]

- Error entrada: es la entrada de error para la propagación del error.

Salidas del SubVI: indicadores

- Frecuencia del cristal (Hz) – (canal 1): la medida de frecuencia realizada en el canal 1 del contador Agilent 53132A en formato numérico *DBL*. En este caso es la frecuencia del cristal conectado al canal 1 del contador. Este formato de dato se usa para representar la frecuencia del cristal en una gráfica ya que las gráficas aceptan datos de tipo numérico.

- Frecuencia del cristal (Hz) string – (canal 1): es el mismo parámetro que arriba pero en formato *String*. Este formato es necesario ya que la función *Write to Text File* acepta entradas de tipo *String*.

- Frecuencia del cristal (Hz) – (canal 2): la medida de frecuencia realizada en el canal 2 del contador Agilent 53132A en formato numérico *DBL*. En este caso es la frecuencia del cristal conectado al canal 2 del contador. Como en el caso de canal 1, el formato numérico es necesario para poder representarlo en una gráfica.

- Frecuencia del cristal (Hz) string – (canal 2): es el mismo parámetro que arriba pero en formato *String*. Como en el caso del canal 1, este formato es necesario ya que la función *Write to Text File* acepta entradas de tipo *String*.

- Error salida: es la salida de error para poder propagar el error hacia las funciones o subVis siguientes.

Diagrama:

En el diagrama de bloques de este SubVI se utiliza la función *GPIB Write* para configurar y realizar la medida de temperatura, y la función *GPIB Read* para leer la medida realizada. La secuencia de la operación es configuración, medición y lectura del canal 1 y configuración, medición y lectura del canal 2.

Como se puede observar en la Figura 7.30 para configurar el contador y realizar la medida, se envía un comando de tipo *Query* (petición) al equipo mediante la función *GPIB Write*. El comando incluye parámetro a medir (frecuencia: FREQ), la frecuencia esperada (125Hz), resolución de la medida (1e-6: en este caso seis decimales) y el canal de medida ((@1) o (@2)). En el caso del canal 1, el comando enviado es:

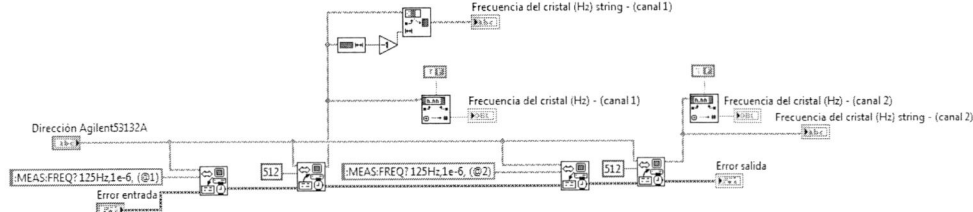

Figura 7.30 Diagrama de bloques del SubVI Read Freq.

- :MEAS:FREQ? 125Hz,1e-6, (@1) -> configura y realiza la medida de frecuencia de valor 125Hz con seis decimales de resolución en el canal 1 del contador Agilent 53132A.

Para realizar la lectura de la medida realizada mediante el comando anterior, se usa la función *GPIB Read* para leer 512 bytes del instrumento.

Después de recibir la medida realizada en el canal 1 del contador, se repite la operación para el canal 2. Mediante la función *GPIB Write*, se envía:

- :MEAS:FREQ? 125Hz,1e-6, (@2) -> configura y realiza la medida de frecuencia de valor 125Hz con seis decimales de resolución en el canal 2 del contador Agilent 53132A.

Y posteriormente se hace la lectura de 512 bytes mediante *GPIB Read*.

Una vez recibida la medida de cada canal, se convierte la medida de formato *String* a numérico *DBL* para representarla en una gráfica. Para ello se usa la función *fract/Exp String to Number* fijando la entrada *use system decimal point (T)* a *False* para que la función coja el símbolo (.) como separador decimal (*véase* SubVI 34970A Temp).

Además, para eliminar el cambio de línea introducido por el instrumento al final del dato, se usa la función *String Subset* para extraer toda la cadena del dato menos el último carácter (ver SubVI 34970A Temp).

A lo largo de este apartado, se ha explicado la programación y funcionamiento de una aplicación de comunicación con dos equipos de medida a través del bus GPIB. Estos equipos han sido el datalogger HP 34970A para la medida a cuatro hilos de temperatura con un sensor RTD y el contador universal Agilent 53132A para la medida de frecuencia en los dos canales. Los datos enviados por los equipos, son almacenados en ficheros de tipo texto en formato Microsoft Excel. Además se representan las medidas en gráficas separadas para tener un histórico de los datos en el panel frontal del programa en tiempo real.

7.10 EL ESTÁNDAR RS-232

7.10.1 Generalidades

El RS 232 o "Recommended Standard" 232 está definido en las especificaciones ANSI (American National Standard Institution) como "la interface entre un equipo terminal de datos y un equipo de comunicación de datos empleando un intercambio en modo serie de datos binarios". En él se describen las diferentes reglas a seguir para realizar una comunicación serie entre dos dispositivos distantes entre sí.

Normalmente, los dispositivos que intervienen en una comunicación serie son el *Equipo Terminal de Datos (ETD)*, que suele ser un PC, y el *Equipo de Comunicación de Datos (ECD)*, generalmente un módem. A pesar de que el estándar RS 232 empezó utilizándose para la comunicación entre un PC y un módem, la gran implantación de los PCs ha derivado en la ampliación del uso del RS 232, convirtiéndose en el estándar más utilizado en aplicaciones de bajo coste que requieran la interconexión serie entre un ETD y un periférico. Como periféricos serie más usuales se pueden nombrar las impresoras, el ratón, los plotters, los scanners, los digitalizadores, etc.

El estándar ha ido evolucionando a lo largo de los años, durante los cuales ha sufrido diferentes revisiones. La última de estas revisiones ha sido la "E", realizada en julio de 1991. Ahora, el estándar es conocido como el EIA/TIA-232-E, donde EIA es "Electronic Industries Association" y TIA significa "Telecommunications Industry Association".

Las características principales que definen el estándar son:

- Velocidad máxima de transmisión de datos: 20kbits por segundo (kbps). Ahora bien, existen aplicaciones que se salen de las especificaciones del estándar que llegan a velocidades de hasta 115200kbps o para distancias cortas y conversores hasta 1 en incluso 3Mbps Este es un factor que depende de la UART utilizada.

- Capacidad de carga máxima: 2500 pF. Esto se traduce en una longitud máxima de cable entre el PC y el periférico de 15 a 20 metros. Para distancias mayores se ha de utilizar otro estándar de comunicaciones.

7.10.2 El conector DB9S

Dado que el conector de 9 patillas es muy utilizado en las comunicaciones serie basadas en el RS 232, a continuación se muestra una tabla resumen con la función asociada a cada patilla. A la hora de construir un cable para la interconexión serie de dos dispositivos mediante RS 232, esta información es indispensable.

Patilla	Siglas	Descripción
1	DCD	Data Carrier Detect
6	DSR	Data Set Ready
2	RD	Receive Data Line
7	RTS	Request To Send
3	TD	Transmit Data Line
8	CTS	Clear To Send
4	DTR	Data Terminal Ready
9	RI	Ring Indicator
5	GND	Signal Ground

Tabla 7.2 Pines del conector DB9S

A continuación se describe brevemente la función de cada una de las patillas.

- **Data Carrier Detect (DCD):** El DCE pone a "1" esta línea para informar al DTE que está recibiendo una señal portadora con información.

- **Data Set Ready (DSR):** Es una señal que el DCE pone a "1" para indicar al DTE que está conectado a la línea.

- **Receive Data Line (RD):** Las señales que se reciben por la línea RD son en forma de transmisión serie. Cuando la señal DCD está a "0", la línea RD se ha de mantener en el estado *Mark*.

- **Request To Send (RTS):** Esta señal es puesta a "1" por el DTE para indicar que está preparado para transmitir datos. Entonces el DCE ha de prepararse para recibir datos. En comunicaciones *Half Duplex* también se inhibe el modo de recepción de datos. Después de una cierta espera, el DCE pone a "1" la línea CTS para informar al DTE de que ya está preparado para recibir datos. Una vez la comunicación ha finalizado y no se transmiten más datos por parte del DTE, RTS pasa de valer "1" a valer "0". Después de un pequeño tiempo de espera, para asegurarse de que han sido recibidos todos los datos transmitidos, el DCE pone a "0" la línea CTS.

- **Transmit Data Line (TD):** Las señales se transmiten por esta línea, en modo serie, del DTE al DCE. Cuando no se está transmitiendo ningún tipo de información, la línea ha de mantenerse en su estado *Mark*. Para que se puedan transferir datos, las líneas DSR, DTR, RTS y CTS han de encontrarse a "1".

- **Clear To Send (CTS):** Esta señal es puesta a "1" por el DCE para indicar al DTE que está preparado para recibir datos. CTS es puesta a "1" como respuesta a un estado "1" simultáneo de las líneas RTS, DSR y DTR.

- **Data Terminal Ready (DTR):** Esta señal, conjuntamente con DSR, indica que los equipos están operativos. DTR es puesta a "1" por el DTE para indicar al DCE que está preparado para recibir o transmitir datos. DTR ha de estar a "1" antes de que el DCE pueda poner a "1" DSR. Cuando DTR es puesta a "0" por el DTE, el DCE es desconectado del canal de comunicaciones dado que ya ha sido completada la transmisión de la información.

- **Ring Indicator (RI):** RI es puesta a "1" por el DCE cuando está recibiendo una llamada. Esta línea ha dejado de ser útil al emplearse el estándar en las aplicaciones de modems.

- **Signal Ground (pin 5):** Esta línea proporciona el común, la referencia de tierra, a todas las líneas antes expuestas. Está eléctricamente separada de la toma de tierra para protección del equipo.

7.10.3 La conexión "módem nulo"

En ciertas aplicaciones es necesario interconectar directamente dos ETD's, es decir, la conexión serie no se realizará entre el PC y un módem, sino entre el PC y otro dispositivo como otro PC, un Autómata Programable Industrial, u otros. En estos casos es necesario construir un cable de comunicaciones *especial*, con un cableado que permita la conexión de los dos equipos sin la mediación de un módem. Esta conexión típica es la llamada de "módem nulo" y se presenta en la Figura 7.31

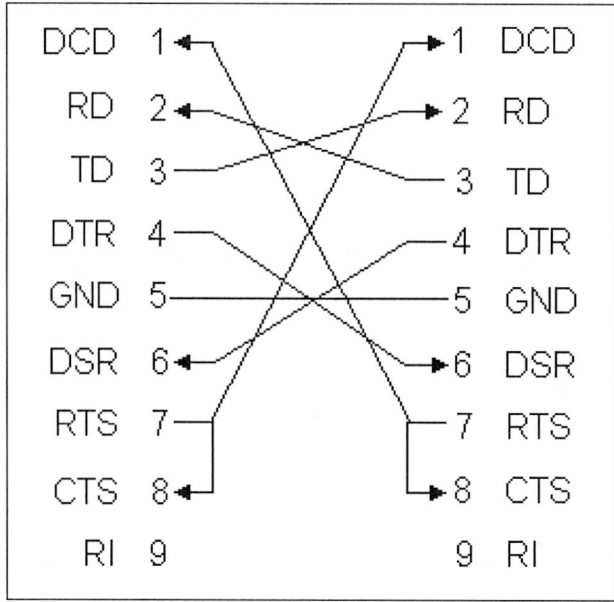

Figura 7.31 Conexión Módem Nulo

7.11 UTILIZACIÓN DEL PUERTO SERIE MEDIANTE LABVIEW

LabVIEW proporciona herramientas de gran utilidad para el manejo del puerto serie. Todas las funciones que son necesarias a la hora de realizar una comunicación serie entre el PC y un periférico se encuentran ya programadas en forma de Instrumentos Virtuales (VIs). De esta forma, la utilización del puerto serie es casi transparente al programador de LabVIEW. La manera de actuar es la siguiente: Cuando se desee realizar alguna operación con el puerto, se escogerá el icono necesario para dicha función, este se cableará de forma adecuada y, al ser ejecutado, LabVIEW se ocupará de manejar el puerto convenientemente para obtener o entregar los datos requeridos.

De manera alternativa podemos utilizar la API de VISA y el VI Express *Instrument I/O Asistant* tal y como se explica en el apartado 7.8. A lo largo de este apartado trabajaremos con la API de bajo nivel del puerto serie propiamente y al final del capítulo se presentará un ejemplo más complejo utilizando VISA.

Los VIs de manejo del puerto serie se encuentran en el menú **Functions** de la ventana **Diagram**. Una vez en **Functions**, se ha de acceder al submenú **Instrument I/O**. Acto seguido, situar el ratón sobre **I/O Compatibility -> Serial Compatibility**. Tras seguir estos pasos, aparecen en pantalla los seis iconos que LabVIEW ofrece para el uso del puerto serie. La situación de estos VIs en el submenú indicado se muestra en la Figura 7.33. Es importante recordar que esta librería no se instala por defecto al hacer la instalación básica de LabVIEW y es necesario especificar su instalación al seleccionar los "Device Drivers". Como se ha visto en este capítulo, también es posible acceder a las operaciones del puerto serie mediante la librería VISA.

Es importante tener en cuenta que los pasos a seguir al utilizar el puerto serie son siempre:

- Realizar la configuración del puerto serie, inicializándolo según las características que se deseen para la comunicación. Ya no será necesario volver a configurar el puerto mientras no se varíen las condiciones de la comunicación.

- Acceder al puerto serie para recibir o enviar datos tantas veces como se desee.

A continuación se mostrarán y se describirán los diferentes VIs de que dispone LabVIEW para el manejo del puerto serie. La explicación de cada uno de estos VIs estará acompañada, para mayor claridad, por uno o más ejemplos de programación.

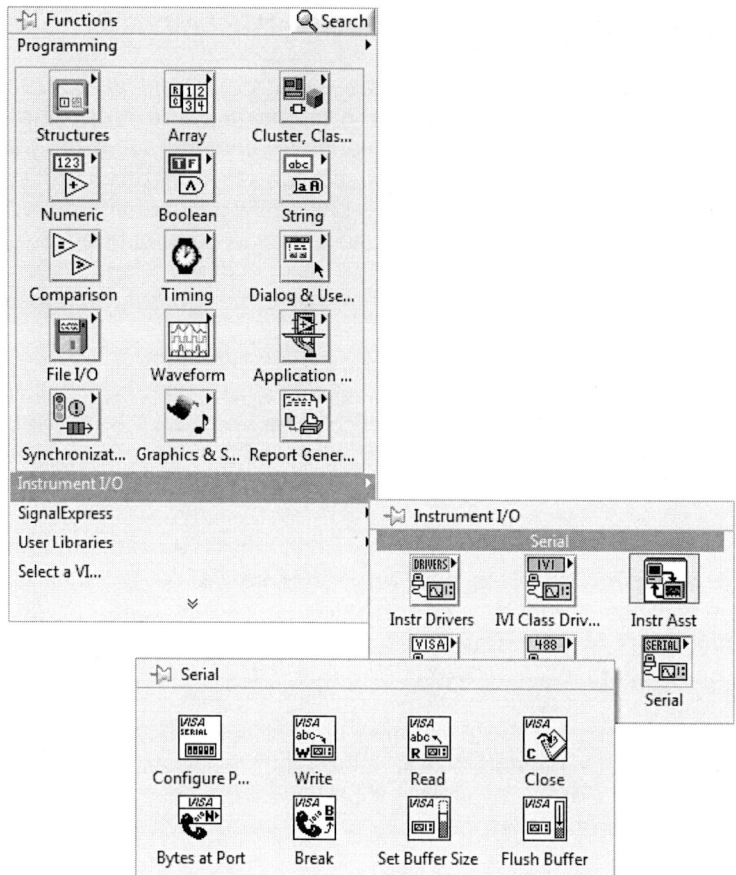

Figura 7.32 Ubicación de los VIs del puerto serie en la paleta de funciones

7.11.1 Configuración del puerto serie

Antes de poder utilizar el puerto serie para transmitir y/o recibir, es imprescindible configurarlo. De esta manera se le indica al PC cómo ha de actuar en las comunicaciones, es decir, qué puerto serie ha de utilizar, con qué velocidad de transmisión ha de emitir y recibir bytes, qué tipo de paridad ha de utilizar, etc... Es importante tener en cuenta que la configuración que se le dé al puerto serie del PC ha de ser exactamente la misma que utilice el dispositivo periférico. Si esto no fuera así, PC y periférico no podrían comunicarse con éxito, ya que estarían utilizando especificaciones de transmisión diferentes.

Así pues, antes de realizar ninguna operación con el puerto serie, será necesario configurarlo de forma adecuada, teniendo en cuenta las características de comunicación serie del dispositivo.

PROTOCOLOS DE COMUNICACIÓN ("*HANDSHAKING MODES*")

En una comunicación serie es conveniente realizar un control sobre la transmisión y la recepción de datos a fin de que esta se lleve a cabo de forma correcta, es decir, que no se pierda información. Uno de los principales problemas que se presentan es la vigilancia de los buffers que destina el puerto serie para la recepción y transmisión de datos. Estos buffers son zonas de memoria reservada que funcionan de la siguiente manera:

Por una parte, se guardan los datos que van llegando por el puerto serie desde el periférico. Estos datos se mantienen almacenados hasta que son leídos por el programa que gestiona el puerto serie. Es posible que la llegada reiterada de información sin que esta sea leída acabe por llenar la capacidad del buffer de recepción. En este caso, los nuevos datos que se reciban tras la saturación del buffer son ignorados, es decir, toda esta nueva información se pierde. Para que se puedan volver a recibir datos nuevos, primero se han de leer algunos de los datos almacenados en el buffer, con lo que en este se dejará espacio libre que podrá ocuparse con la nueva información que se reciba.

Por otra parte, en el buffer de emisión se almacenan los datos que se desean enviar al periférico, en espera de que la transmisión sea posible, es decir, en espera de que el periférico se encuentre preparado para recibir.

La gestión de los buffers de entrada y salida es transparente al usuario cuando se trabaja con LabVIEW, es decir, el usuario solo ha de leer del buffer de entrada los nuevos datos recibidos y escribir en el buffer de salida los datos que desee enviar, despreocupándose de cómo se llenan o vacían estos buffers.

Los protocolos de comunicación (*"handshaking modes"*) se ocupan de evitar que el buffer de recepción de datos del puerto serie se sature y, por consiguiente, se pierda información. Con el uso de estos protocolos, el PC y el periférico se envían información sobre sus respectivos buffers de recepción. La mecánica de funcionamiento de los protocolos es la siguiente:

En el caso de que el buffer del receptor se llegue a saturar con datos recibidos, se envía una señal al emisor indicándole que ha de interrumpir la transferencia de datos ya que, de otro modo, se perdería información. El emisor recibe dicha señal y deja de transmitir, quedándose en espera de que el receptor vuelva a estar disponible para continuar con la comunicación. Una vez el receptor haya leído parte de la información contenida en su buffer, este volverá a disponer de espacio libre, con lo que se enviará una señal al emisor indicándole que ya puede continuar con la transferencia de datos.

LabVIEW es capaz de utilizar dos tipos diferentes de protocolos de comunicación: *"Software handshaking"* y *"Hardware handshaking"*. En el caso de que se desee utilizar uno de ellos en la comunicación, el protocolo escogido deberá ser habilitado en el momento de realizarse la configuración del puerto serie. Si ninguno de los dos es habilitado expresamente, por defecto LabVIEW no utilizará ningún protocolo en las transferencias.

Esta última opción es aconsejable, por su simplicidad, en aplicaciones en las que la cantidad de información a transmitir es pequeña. En estos casos, la capacidad del buffer puede ser más que suficiente para que este nunca llegue a saturarse, siendo innecesaria, pues, la utilización de protocolos. Ahora bien, si el volumen de información a transmitir es considerable y/o si el periférico conectado al PC no es muy rápido, el uso de uno de los protocolos de comunicación está del todo recomendado.

IMPORTANTE: Al utilizar uno de los protocolos es necesario comprobar que el periférico conectado al PC dispone también de la posibilidad de utilizar dicho protocolo. Si esto es así, se han de configurar los dos puertos serie, el del PC y el del periférico, para que utilicen el mismo protocolo, de manera que puedan comunicarse satisfactoriamente.

A continuación se describen brevemente los dos tipos de protocolos disponibles en LabVIEW:

• Software Handshaking - XON/XOFF

El protocolo XON/XOFF es un protocolo software para evitar la saturación de los buffers de comunicación serie. Su funcionamiento es el siguiente: Cuando el buffer de recepción está a punto de ser saturado, el receptor envía el carácter XOFF (<control-S>, decimal 19) para indicar al emisor que ha de detener la transferencia de datos para que no llegue a perderse información. Una vez el receptor ha leído parte de la información contenida en su buffer de recepción, dispondrá de nuevo de espacio libre para recibir más datos, enviando entonces el carácter XON (<control-Q>, decimal 17) para indicar al emisor que puede reanudar la transmisión.

Si se activa el protocolo XON/XOFF, los dispositivos que se están comunicando siempre interpretan los caracteres <control-S> y <control-Q> como los comandos XOFF y XON respectivamente, no como datos. Es por esto que no se ha de utilizar este protocolo al transmitir información binaria, ya que es posible que dichos caracteres se encuentren por casualidad entre los bytes enviados, con lo que se interpretarán erróneamente como los comandos XON y XOFF, alterando el curso de la comunicación, cosa que no es conveniente. En este caso se deberá desactivar el protocolo XON/XOFF, con lo que los caracteres <control-S> y <control-Q> se interpretarán como datos y no actuarán sobre la comunicación, ya que no son considerados comandos de control.

• Hardware Handshaking

Es el segundo protocolo que puede utilizarse en las comunicaciones serie con Labview. Al igual que el protocolo software, su finalidad es la de evitar que llegue a saturarse alguno de los buffers de datos utilizados en la comunicación. Ahora bien, en este caso no se controla la transferencia de información mediante el envío de caracteres, sino que se utiliza una serie de señales **físicas** que interconectan los dos dispositivos a comunicar. Estas señales son: DSR, RTS, CTS y DTR, ya comentadas en 7.10.2.

Dado que son señales que necesitan un soporte físico para ser transmitidas, será necesario construir un cable de comunicaciones adecuado para el uso de este protocolo. Un ejemplo muy usual de conexión de este cable es la configuración de *módem nulo* ya descrita en la Figura 7.31.

Una vez se han conectado los dos dispositivos a comunicar con el cable adecuado, el protocolo podrá hacer uso convenientemente de las señales de control antes indicadas.

VISA CONFIGURE SERIAL PORT.VI

El icono que se ha de utilizar para la configuración del puerto serie es el llamado **VISA CONFIGURE SERIAL PORT.VI**. Ejecutando este icono se eligen las características de comunicación que se desean para el puerto serie como, la velocidad de transmisión, la paridad, o el tipo de control de flujo a utilizar, etc... En la Figura 7.33 se muestra dicho icono, así como sus conexiones.

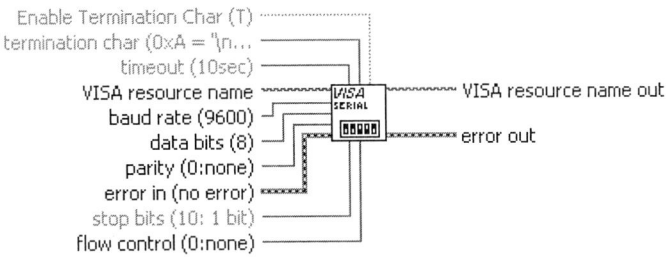

Figura 7.33 VISA CONFIGURE SERIAL PORT

A continuación se describen las diferentes conexiones del icono, su función y el tipo de dato que se le ha de introducir, en el caso de que se trate de una conexión de entrada, o el tipo de dato que entrega, si se trata de una conexión de salida.

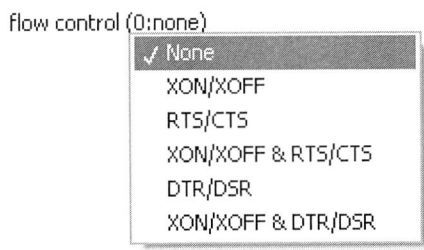

• **Flow control:** Permite configurar el tipo de control de flujo. La figura anterior muestra las diferentes opciones. Quizás la más habitual es no utilizar control de flujo. Por el contrario, si el periférico a controlar utiliza control de flujo software o hardware deberemos configurarlo aquí para la gestión de las líneas de control.

VISA Set I/O Buffer Size

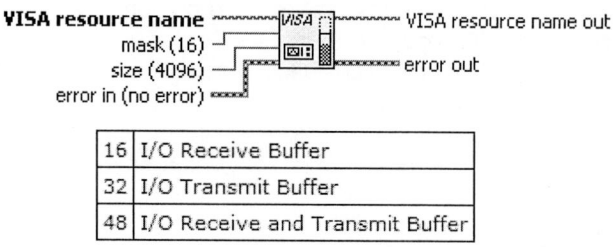

16	I/O Receive Buffer
32	I/O Transmit Buffer
48	I/O Receive and Transmit Buffer

Para la gestión del tamaño de los buffers utilizaremos la función VISA Set I/O Buffer Size como se muestra en la figura anterior. Este SubVI debe ser utilizado después del VISA Configure Serial Port. Mediante este SubVI se configuran tanto el buffer de recepción como el de transmisión. Utilizaremos un valor de máscara tal como aparece en la figura para especificar qué buffer estamos configurando.

• **VISA Resource Name:** Este terminal configura la dirección VISA o el Alias del puerto a utilizar tal como se especifica en el capítulo anterior donde se describe el uso de VISA. . Habitualmente a título de ejemplo, la dirección VISA para el puerto RS232 COM0 será ASRL1;;INST. Habitualmente, esta dirección VISA lleva asociado el alias COM0 que configuramos mediante el Measurement & Automation Explorer.

• **Baud Rate:** El valor que se introduzca en esta entrada se tomará como la velocidad de transferencia de datos, en baudios, con la que se configurará el puerto serie. A esta velocidad se realizarán todas las transferencias, tanto el envío como la recepción de datos. Valores típicos de velocidad de transferencia son los 1.200, 2.400, 4.800 y los 9.600 baudios.

• **Data Bits:** En esta conexión se ha de indicar el número de bits de los bytes recibidos que se considerarán como bits de datos. Es decir, cuántos bits han de ser tomados como bits de datos en cada byte recibido. Los valores que puede tomar esta entrada van de 5 a 8 bits de datos.

• **Stop Bits:** Entrada donde introducir los bits de stop que se desea utilizar en las transferencias. Valores posibles son: **0** para 1 bit de stop o **1** para 2 bits de stop.

• **Parity:** En esta conexión se ha de indicar el tipo de paridad que se desea utilizar en la comunicación. Se introducirá un **0** en el caso de no querer emplear ningún tipo de paridad, un **1** para utilizar paridad impar o un **2** en el caso de paridad par.

• **Termination Character** y **Enable Termination Character.**El SubVI de lectura del puerto serie nos permite recoger datos del buffer en paquetes que podemos identificar mediante un carácter de terminación. En comunicaciones ASCII, habitualmente finalizamos cada trama de datos mediante un carácter de NewLine (\n ó 0x0A hexadecimal). Podemos habilitar la lectura del puerto serie mediante paquetes finalizados en un carácter determinado.

Si, al ejecutar el VISA Configure Serial Port, se obtuviera un **error** debemos comprobar que los valores de **Baud Rate, Data Bits, Stop Bits, Parity,** y **Port Number** se encuentran dentro de sus respectivos márgenes. En el caso de que todos estos valores fueran correctos, podría ser que el puerto serie que intentamos configurar esté siendo utilizado por otra aplicación. Es necesario recordar que un recurso hardware como es el puerto serie, solo puede ser utilizado por una aplicación a la vez, si esta no libera el recurso. En LabVIEW, una vez inicializamos el puerto serie, este no va a poder ser utilizado por ninguna otra aplicación hasta que liberemos mediante la función VISA Close el puerto

7.11.2 Ejemplo de configuración del puerto serie

En este ejemplo se ilustra cómo realizar una configuración del puerto serie (Figura 7.34) para que este funcione sin utilizar ningún tipo de control de flujo (*"Handshaking Modes"*). Como ya se ha comentado anteriormente, este tipo de configuración es la indicada, dada su simplicidad, en aplicaciones en las que el volumen de datos a transferir sea reducido en comparación con el tamaño de los buffers de datos del puerto serie. Si esto es así, dichos buffers no llegarán a saturarse en ningún caso, con lo que no será necesaria la utilización de ningún protocolo de comunicación.

Cuando se ejecute el VI que contenga programado el ejemplo siguiente, el puerto serie se configurará según las especificaciones que a continuación se detallan:

- Puerto COM 1.
- Velocidad de transmisión: 9.600 baudios.
- 8 bits de datos.
- 1 bit de stop.
- Paridad par.
- No se utiliza el control de flujo XON/XOFF.
- No se utilizan las señales de Hardware Handshake.
- Si se produce un error en la configuración, se activa un indicador booleano en el panel principal.

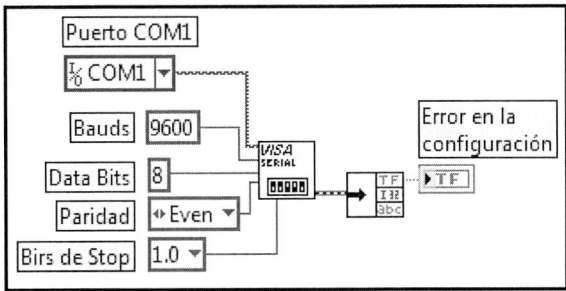

Figura 7.34 Ejemplo de configuración del puerto serie

7.11.3 Escritura en el puerto serie

Una vez el puerto ha sido configurado, deberemos realizar operaciones de envío y recepción de datos por el puerto serie. En este apartado se describirá cómo utilizar el puerto serie para transmitir datos al periférico al que se encuentra conectado. El método que se sigue para transferir información es el mismo que se ha expuesto en el apartado anterior, es decir, se ha de escoger el SubVI adecuado de entre los iconos del puerto serie, se ha de cablear de forma correcta y, al ser ejecutado, los datos que se hayan programado serán escritos en el buffer de salida del puerto serie. A partir de ese punto, el programador en LabVIEW ya no ha de preocuparse de la transferencia de dichos datos, es el propio puerto serie quien establecerá por su cuenta la comunicación con el periférico, enviándole la información cuando este se encuentre dispuesto para recibirla.

VISA WRITE

Este es el VI que LabVIEW proporciona para enviar datos por el puerto serie. Tras escoger el icono de escritura en el puerto serie, este aparecerá en la ventana del diagrama, listo para ser cableado. La representación de dicho icono, así como todas sus conexiones, se muestra en la Figura 7.35

Figura 7.35 VISA Write

Como puede apreciarse intuitivamente, la utilización de este icono es muy simple. A continuación se explicará con detalle cada una de sus conexiones, su utilidad y el tipo de dato con el que opera.

• **VISA resource name:** El mismo que hemos utilizado en la función VISA Configure Serial Port y que apunta al puerto serie donde queremos enviar la cadena de caracteres que previamente escribiremos en el buffer mediante esta función.

• **write buffer:** En esta entrada se han de introducir, en forma de cadena de caracteres, los datos que se desean enviar por el puerto serie.

Se ha de tener en cuenta que no siempre se querrá enviar información formada por caracteres, es decir, datos en forma de texto como, por ejemplo, *"El viernes saldré de viaje hacia Cádiz"*. En este caso, los datos ya se encuentran en forma de *String*, o sea, en forma de cadena de caracteres, y podrán ser introducidos directamente por esta conexión.

Ahora bien, si la información a transferir es de tipo binario, es decir, está compuesta por una serie de bytes cuya información no es en forma de texto como, por ejemplo, *"2A$_H$, 93$_H$, FB$_H$"*, primero se deberán convertir a cadena de caracteres para después introducirse por esta entrada. La solución a este problema será expuesta con más detalle en el Apartado 7.2.4, en uno de los ejemplos de escritura en el puerto serie.

7.11.4 Ejemplo de escritura en el puerto serie

A continuación se muestra un código simple para enviar datos por el puerto serie (Figura 7.33). En este ejemplo se ilustra el cableado del icono VISA WRITE para enviar por el puerto serie una cadena determinada de caracteres. Se supone que previamente se habrá configurado el puerto serie con VISA CONFIGURE SERIAL PORT. Las características del ejemplo son las siguientes:

- Puerto serie por el que se enviarán los datos: COM 1.
- Datos a enviar: la cadena de caracteres *"El viernes saldré de viaje hacia Cádiz"*.
- Si se produce algún error en la escritura de los datos, se señalizará con un indicador booleano en el panel principal.

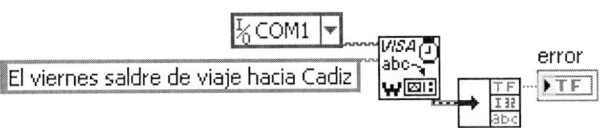

Figura 7.36 Escritura de una cadena de caracteres en el puerto serie

Cuando se ejecute este programa, los datos contenidos en la cadena de caracteres se escribirán en el buffer de salida del puerto serie COM 1, donde quedarán almacenados hasta que puedan ser transferidos al periférico. La gestión de esta segunda parte del proceso es, como ya se ha comentado, transparente al programador; es ya el propio puerto serie quien se encarga de establecer la conexión y transferir los datos en cuanto el periférico esté preparado para recibirlos.

7.11.5 Número de datos en el buffer de entrada

En aplicaciones en las que sea necesario recibir datos por el puerto serie, es muy útil disponer de una herramienta que permita conocer, siempre que se desee, el número de bytes que se han recibido y que todavía no han sido leídos por el programa, es decir, la cantidad de información que se encuentra almacenada en el buffer de entrada del puerto serie en espera de ser leída.

Para realizar esta función, LabVIEW dispone del icono correspondiente al **Bytes at Port**, que se describe con detalle a continuación.

BYTES AT PORT

Este VI se trata exactamente de un Property Node para un número de puerto determinado que nos proporciona la cantidad de bytes que tiene almacenados en su buffer de entrada en espera de que sean leídos. Su icono y sus conexiones se muestran en la Figura 7.37.

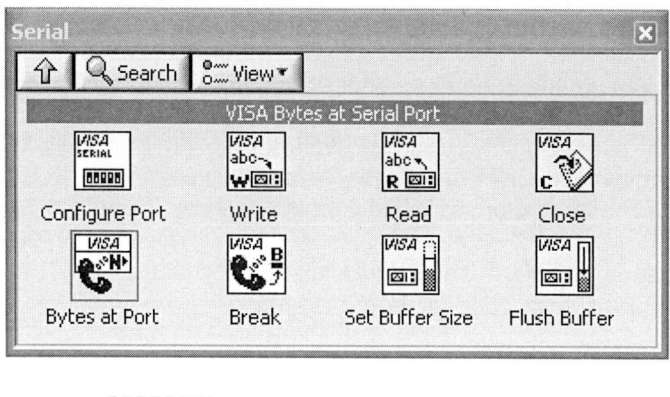

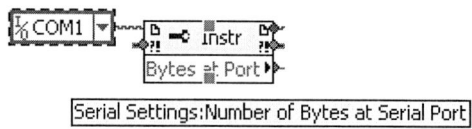

Figura 7.37 Bytes at Port

Una posible aplicación que podría tener este Property Node sería la realización de un programa que gestionara la recepción de datos por el puerto serie, interesando saber que solo se realizaran accesos al puerto para leer datos cuando se hubiera recibido un determinado volumen de información. En este caso concreto, se podrían ir realizando consultas periódicas al puerto serie mediante la propiedad **Bytes at Port** hasta que el número de bytes almacenados en el puerto fuera del tamaño deseado. En ese instante, el programa pasaría a leer todos los datos recibidos.

Otra clara aplicación de esta propiedad se encuentra en la recepción de paquetes de tamaño fijo por el puerto serie. Dado que, debido al tipo de comunicación, se conoce de antemano la longitud en bytes de los paquetes que se van a ir recibiendo, es posible realizar accesos al puerto para lectura de nueva información siempre que se hayan recibido uno o más paquetes. Para ello, se realizarán consultas periódicas con el **Bytes at Port** hasta que este indique que el número de bytes almacenados en el puerto es un múltiplo prefijado de la longitud de un paquete. En ese instante se realizaría un acceso al puerto para la lectura de los paquetes recibidos.

7.11.6 Lectura del puerto serie

Una vez configurado el puerto serie y establecida la conexión, es posible que el periférico haya transferido datos al PC. Para el programador, este proceso de recepción de datos es transparente, es decir, es el propio puerto serie quien se encargará de gestionar la comunicación con el periférico si este desea enviar información. Una vez finalizada la transferencia, los datos recibidos quedan almacenados en el buffer de recepción, en espera de que sean leídos. Hasta este punto, todos los pasos se realizan automáticamente, sin necesidad de que el programador haya de intervenir. Ahora bien, en el momento en que se quiera acceder a la información recibida para poder tratarla, es necesario programar un acceso de lectura al puerto. Esta lectura se ha de realizar con el VISA Read, que se encuentra en el menú de los iconos del puerto serie. La utilización de este icono es igual que en los casos anteriores, es decir, primero ha de cablearse adecuadamente y después, al ser ejecutado, entregará los datos leídos del buffer de recepción.

Se ha de tener en cuenta que, una vez se haya leído cierta información del buffer de recepción, esta dejará de estar almacenada en él, dejándose espacio en el buffer para nuevos datos que puedan llegar en el futuro.

VISA Read

Es el VI que ha de utilizarse para realizar lecturas de datos recibidos por el puerto serie. Su icono y sus conexiones se muestran en la Figura 7.35.

VISA Read

Figura 7.38 Serial PortWrite.vi

• **Byte Count:** Indicará el número de bytes que se desean leer del puerto serie.

Se recomienda la utilización del **Bytes at Port** previamente, explicado en el apartado 7.2.3. Utilizando dicho VI, es posible cablear la salida *Bytes at Port* con la entrada *Byte Count* del **VISA Read**, con lo que se leerán siempre todos los bytes almacenados en el buffer de recepción, sea cual sea su estado de ocupación.

• **Read Buffer:** Una vez se ha ejecutado el icono, esta salida nos devuelve en forma de cadena de caracteres (*string*), los datos leídos del buffer de recepción.

En este punto se plantea un problema, ya expuesto al explicar el **VISA Write**, sobre el tipo de datos que se obtienen al leer del puerto serie. Si la información que se ha recibido es de tipo texto, es decir, son cadenas de caracteres como *"Te recuerdo como eras en el último otoño... (Neruda)"*, estas se pueden visualizar directamente, sin tener que realizar ningún cambio de formato.

Ahora bien, si la información recibida no son caracteres, sino bytes como *"A3$_H$, F5$_H$, 62$_H$"* con un significado específico, entonces se deberán realizar conversiones de formato para que la información pueda ser interpretada correctamente.

7.11.7 Interrupción temporal de una emisión de datos

LabVIEW proporciona una herramienta que permite interrumpir la emisión de datos durante un tiempo a determinar por el programador.

VISA SERIAL BREAK.VI

Dicha herramienta es el **Serial Port Break.vi**, cuyo icono y conexiones se representan en la Figura 7.36.

Figura 7.39 VISA Serial Break.vi

Su funcionamiento es muy sencillo. Una vez cableado el icono correctamente, cuando este es ejecutado se provoca un paro en la emisión de datos del puerto serie. Este paro tiene una duración, en milisegundos, indicada por el programador en la conexión *Delay* del icono. Una vez transcurrido dicho intervalo de tiempo, la emisión de datos se reanuda, continuando desde el punto en que se encontraba antes de ejecutarse el **VISA Serial Break.vi**.

A continuación se describen todas las conexiones del icono de la Figura 7.36, el tipo de información que manejan y la función que realizan.

- `U32` **Delay (ms):** En esta entrada se ha de indicar el tiempo que se desea que dure la interrupción del puerto. Este tiempo se ha de introducir en milisegundos, tal como ya indica la conexión.

Una vez descritos en profundidad los diferentes iconos para el manejo del puerto serie, a continuación se presentan dos aplicaciones reales de comunicación LabVIEW con un periférico.

7.11.8 Ejemplo De Configuración Mediante Funciones Visa Genéricas

Disponemos de una subpaleta con las mismas funciones descritas en este capítulo para el puerto serie pero que utilizan las funciones genéricas de VISA para implementar la comunicación.

El uso de estas funciones o de las funciones anteriores puede ser indistinto siempre y cuando vayamos a utilizar nuestra aplicación siempre con el puerto serie. Si en un futuro nos pudiese interesar utilizar la misma aplicación utilizando otro bus de comunicaciones como GPIB por ejemplo, entonces es recomendable utilizar la API de la Figura 7.37 ya que sin realizar modificaciones en el programa podremos utilizarlo en los dos buses.

Cuando utilizamos VISA podemos utilizar el VISA Configure Serial Port o utilizar los VIs de VISA en general para abrir una sesión. La Figura 7.37 muestra un diagrama de bloques donde se realizan las siguientes funciones:

- selección del puerto serie. La variable *Puerto* tendrá valores 0,1,2,3… y especifica el puerto serie a utilizar (COM1, COM2,…)
- seleccionado el puerto creamos el VISA Resource Name (ASRLx::INST).
- Abrimos una sesión de comunicación VISA con *VISA Open.*
- Mediante una función *Property Node* configuramos los diferentes parámetros de la sesión tales como la velocidad de transmisión, número de bits de datos, etc… De esta manera también podemos configurar el estado de las líneas de control de flujo hardware como el DTR y el RTS.
- Mediante otro *Property Node* podemos saber cuántos bytes de información tenemos en el buffer de recepción del puerto serie para de esta manera leerlos todos mediante la función *VISA Read.*

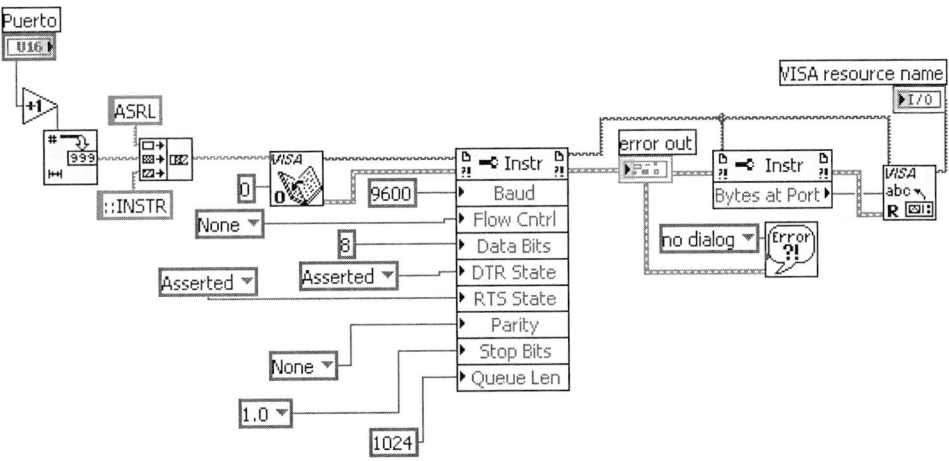

Figura 7.40 Diagrama de bloques de configuración del puerto serie mediante VISA

8

Internet, nuevo elemento del sistema de medida. TCP/IP, UDP, DataSocket & WEB SERVER y SMTP para envío de e-mails

8.1 INTRODUCCIÓN

Es indiscutible que Internet está presente, cada vez más, en muchas de las acciones diarias de nuestra vida, introduciéndose con gran facilidad a todos los niveles de acción: ocio, entretenimiento, trabajo, información, servicios y un largo etcétera.

Particularmente este hecho nos afecta a científicos e ingenieros de forma directa debido a que encontramos en Internet un estándar a nivel mundial de muy bajo coste por el cual podemos distribuir todo tipo de información.

Con LabVIEW, la publicación y distribución de datos que genera nuestra aplicación a través de Internet, la podemos llevar a cabo de forma muy sencilla y en algunos casos sin tener que llegar a programar, únicamente bastará con realizar las configuraciones necesarias.

Las herramientas que vamos a tratar en este capítulo para la publicación, compartición y distribución de datos a través de una red de área local o a través de Internet van a ser TCP/IP, UDP, DataSocket y WEB SERVER. LabVIEW también dispone de herramientas para la gestión de otros puertos y protocolos como el de infrarrojos (IrDA), Bluetooth, protocolo SMTP para el envío de correos electrónicos y herramientas para el uso de la plataforma .NET de Microsoft. Todas estas funciones las encontramos *en las paletas de Data Communication y Connectivity* en la paleta de funciones del diagrama de bloques, Figura 8.1

Existen diversas razones en las cuales están fundamentadas el porqué de realizar nuestra aplicación como una aplicación distribuida y no de forma concentrada como se conciben actualmente la mayoría de aplicaciones. La gran mayoría de las aplicaciones actuales recogen, analizan, procesan y visualizan los datos en una misma máquina. Esta ideología actualmente ya está cambiando, ahora la adquisición de datos ya no se realiza únicamente en el PC, sino que existen sensores distribuidos que recogen información y se conectan directamente a la red Ethernet convirtiéndose en un punto de medida remoto al cual nos vamos a conectar y vamos a importar esos datos a nuestra aplicación.

Otra de las ventajas de montar aplicaciones distribuidas es el hecho de poder aprovechar las diferentes características de diferentes máquinas y/o plataformas de manera que podemos procesar información en una máquina más potente y quizás visualizar resultados en otra cuyas características sean más limitadas. Es ya un hecho que en un porcentaje elevadísimo de empresas la red ethernet es una herramienta común entre muchas otras, así que tenemos que utilizarla igual que se utiliza para otros quehaceres.

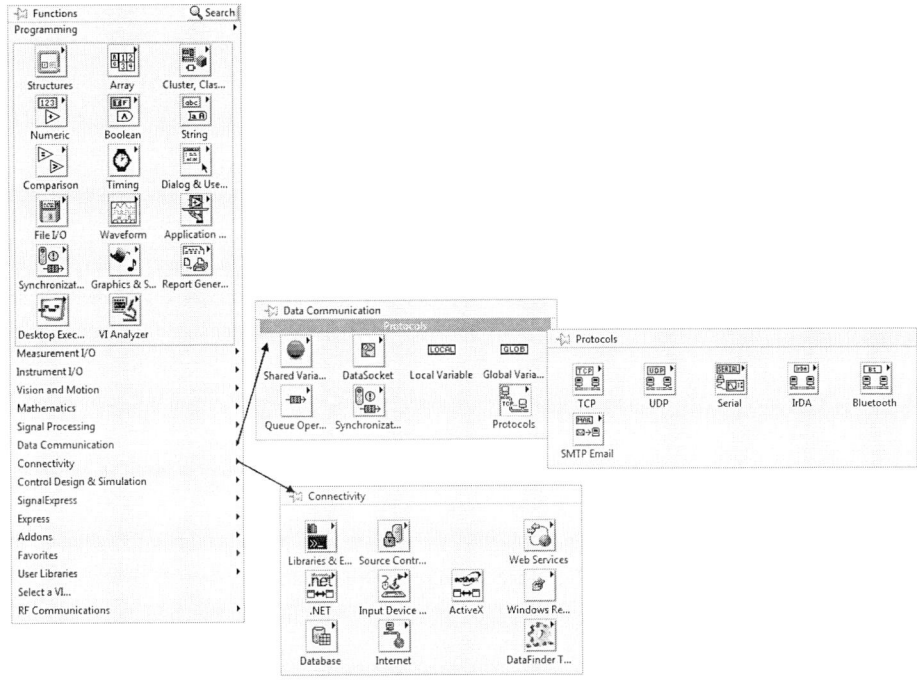

Figura 8.1 Paleta donde se encuentra la API de TCP, UDP, .NET, IrDA, Bluetooth, etc.

Para finalizar esta introducción, mentar solo un hecho que verifica lo que este capítulo quiere transmitir: En sus orígenes, cuando Internet nació para uso militar, se montaron las direcciones IP de 32 bits, sin pensar que el crecimiento que este fenómeno experimentaría fuera tal para quedarnos sin direcciones. Pues esto está pasando y el crecimiento es tan grande que dentro de muy poco las direcciones de 32 bits ya se habrán acabado. Para solventar este problema y viendo el futuro que a Internet le espera la nueva versión de dirección IP no va a ser de 64 bits, sino que ya será de 128 bits, una cantidad impresionante de direcciones que podrá soportar el conectar a la red ya no solo PC's, sensores y objetos de este tipo, sino cualquier elemento que nos rodea en el día a día.

8.2 PROTOCOLO TCP-IP

En el mundo de las telecomunicaciones cada vez es más importante comunicarnos (transmitir datos) a sistemas, independientemente de su localización, por este motivo necesitamos unas herramientas que nos permitan llevar la información a dicho destino. Estas herramientas son los protocolos que no son más que una serie de normas que definirán como se debe realizar la transmisión y recepción de información.

Con el protocolo TCP-IP (Transmission Control Protocol) podemos interconectarnos con equipos que se encuentren fuera de nuestra red local.

Es decir, podemos conectarnos con cualquier equipo que también esté conectado a Internet y que tenga una dirección IP, una vez estemos conectado con ese equipo, podremos transmitir todo tipo de información (correo electrónico, documento, datos de cualquier instrumento de medida, etc.)

8.2.1 Motivación

El protocolo TCP-IP está diseñado para trabajar con grandes redes, con redes "Mundiales" (WAN), pero no obstante podremos también utilizarlos para comunicar dos equipos que se encuentren en una misma red local. Por tanto, podemos decir que el protocolo TCP-IP nos permitirá comunicar equipos a través de la red de comunicaciones siendo Internet la red por excelencia. Cabe destacar que como muy bien hemos dicho TCP-IP es un protocolo de comunicaciones que nos permitirá comunicar "**equipos**" y no solo "**PC**", es decir cualquier sistema que tenga una interface TCP-IP será capaz de conectarse a la red, transmitir y/o recibir datos.

De esta forma podemos conectar cualquiera de nuestros instrumentos a través de un interface TCP-IP a Internet, y así poder manipular estos instrumentos desde cualquier lugar del planeta.

Esto abre muchas puertas a los sistemas remotos ya que hasta ahora podíamos controlar un instrumento remoto a pocos metros de distancia, pero ahora podemos controlarlos y obtener información de ellos desde cualquier parte del planeta sin necesidad de crear una infraestructura adicional, es decir sin preocuparnos de la línea de transmisión de datos porque esta ya está implementada.

8.2.2 TCP-IP en LabVIEW

LabVIEW dispone de una serie de VIs que implementan el protocolo TCP-IP y que aparecen en la Figura 8.2. Algunas de las funciones nos van a permitir establecer una comunicación TCP (activa o pasiva), enviar y recibir datos y cerrar la conexión. También disponemos de una función para realizar la conversión de la dirección IP en formato string A.B.C.D a su representación en un valor numérico que después utilizan las funciones de envío y recepción.

Figura 8.2 API con las funciones de TCP/IP

8.2.3 Puerto

Es una interface entre dos elementos. En TCP-IP, utilizaremos los puertos como enlace entre dos aplicaciones. Para explicar esto con mayor claridad pondremos un ejemplo.

Imaginemos que estamos trabajando con un Host que tiene por nombre PC1 y que queremos enviar un fichero de datos a otro Host que tiene por nombre PC2, si en este mismo instante tenemos otra aplicación en PC1 que también quiere enviar datos al PC2, la forma que tiene el protocolo TCP-IP de saber a cual de las dos aplicaciones tiene que enviar la trama de datos que la lleva al PC2 es mediante el puerto. Así de esta forma el número de puerto está enlazando la aplicación del PC1 con la del PC2.

8.2.4 Dirección IP

La dirección IP es la dirección de nuestro equipo dentro de Internet. Un símil sería la dirección de nuestro domicilio, que gracias a ella nos puede llegar una carta desde cualquier parte del mundo a nuestro buzón, sin ninguna confusión ya que no existen dos iguales en todo el mundo. La dirección IP es lo mismo pero en Internet, donde la dirección IP identifica nuestro equipo (el buzón de nuestra casa) dentro de toda la red (del mundo).

La dirección IP está formada por 32bits agrupados en 4 bloques de un byte cada uno y según las normas del protocolo IP la dirección IP se puede clasificar de cuatro formas diferentes.

Clase A			Clase B			Clase C			Clase D	
(pocas redes cada una de ellas con muchos terminales)			(número medio de redes con un número medio de terminales)			(muchas redes cada una con muchos terminales)			(sin definir)	
0	Red (7bits)	Terminal (24 bits)	10	Red (14 bits)	Terminal (16 bits)	110	Red (21 bits)	Terminal (8 bits)	111	Sin definir

En la práctica, la notificación utilizada tiene una estructura como la mostrada a continuación 147.83.4.32 donde los dos primeros bytes definen el dominio (red o subred) y los dos últimos definen el terminal.

8.2.5 Servidor de datos

En este ejemplo se implementa de forma muy simple, y muy rápida un servidor de datos. Podemos ver el diagrama de bloques en la Figura 8.3.

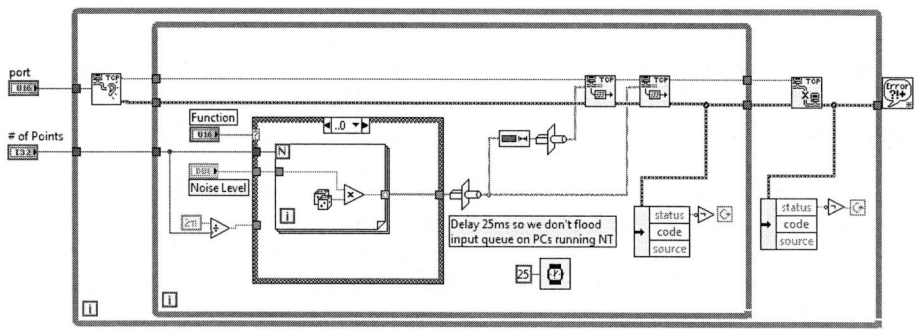

Figura 8.3 Diagrama de bloques del Servidor de datos

El primer paso es establecer una escucha de la línea a la espera de efectuar una conexión TCP (conexión pasiva). Una vez tenemos la conexión TCP el servidor envía una serie de datos al cliente. Para ello, primero le envía la longitud de la trama de datos y luego le envía la trama de datos. Por último, lo que hace es cerrar la conexión y volver a comenzar todo el proceso, ponerse a la espera de una nueva conexión.

Los pasos a seguir para la generación de un servidor de datos son los siguientes:

1. Escuchar y esperar a que algún cliente pida una conexión.
2. Una vez se pide conexión, se envían los datos de la siguiente forma:
   a. Primero se envía la longitud de la trama de datos.
   b. Segundo se envía la trama de datos.
3. Una vez se han enviado los datos se cierra la conexión.

8.2.6 Cliente de datos

En este ejemplo se implementa de forma simple y rápida un cliente de datos. Como podemos observar en la Figura 8.3 lo primero que se hace es abrir la conexión TCP de una dirección y puerto determinado a continuación, lo que se realiza es una lectura de 4 bytes. Estos 4 bytes contienen la longitud de la trama de datos que vamos a recibir, a continuación leemos los datos y los mostramos. Una vez mostrados los datos cerramos la conexión.

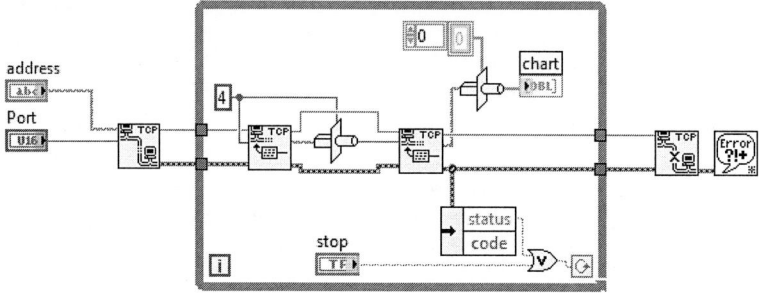

Figura 8.4 Diagrama de bloques del Cliente de datos

Pasos a seguir para la creación de un cliente de datos

Los pasos a seguir para la generación de un cliente de datos son:

1. Abrir la conexión en un puerto y en una dirección del servidor de datos.
2. Hacer una primera lectura de 4 bytes donde se leerá la longitud de la trama de datos.
3. Realizar una segunda lectura de la trama de datos y leeremos tantos bytes como indique la primera lectura.
4. Una vez se ha finalizado la lectura de datos se cierra la conexión.

8.3 PROTOCOLO UDP

El protocolo UDP (User Datagram Protocol) al contrario que el TCP-IP está más enfocado a trabajar con redes de ámbito local. Su filosofía de trabajo es similar a la de TCP-IP, pero con la diferencia que UDP no está orientado a conexión, la información se envía a la red y es el ordenador destino el que se preocupa de recoger la información. La forma que tiene de diferenciar los distintos tipos de información a enviar por el servidor es a través de los diferentes puertos.

Por tanto, utilizaremos los puertos para diferenciar el tipo de información a transmitir y/o al sistema que esté destinado.

El protocolo UDP nos permite enviar datos a la red dirigidos a un único receptor o a múltiples receptores. Cuando la información se envía a un solo receptor especificamos su dirección IP que va a ser única y que diferencia a este cliente de los demás. Cuando deseamos que la información sea recogida por varios receptores podemos utilizar direcciones IP del tipo multicast que en el rango de 244.0.0.0 a 239.255.255.255.

8.3.1 UDP en LabVIEW

LabVIEW dispone de una serie de VIs que implementan el protocolo UDP y nos permitirán enviar y recibir datos a través de la red.

Figura 8.5 Paleta con la API del protocolo UDP

8.3.2 Transmisión de datos usando UDP

Para realizar una transmisión de datos es necesario realizar 3 pasos: abrir una sesión UDP (*UDP Open* o *UDP multicast Open*), realizar el envío (*UDP Write*), cerrar la sesión (*UDP close*). En el ejemplo de la Figura 8.5 podemos ver el diagrama de bloques de una aplicación que cada segundo envía unos datos de temperatura y humedad en formato multicast. En el ejemplo se utiliza la función *UDP multicast Open* en el puerto 10100 y en la dirección IP multicast 238.0.0.1. Utilizamos un bucle while temporizado (*Timed While Loop*) para realizar el envío mediante la función *UDP Write* a la misma IP multicast la 238.0.0.1 y al puerto 10001. Apretando el botón stop dejaríamos de enviar datos y cerraríamos la sesión mediante *UDP close*. El código para realizar la lectura de estos datos lo podemos ver en la Figura 8.6.

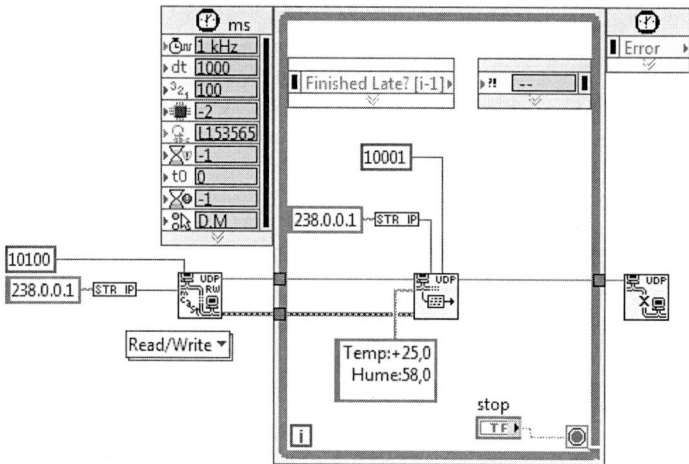

Figura 8.6 Transmisión de datos multicast con UDP

8.3.3 Recepción de datos usando UDP

Como continuación del punto anterior, podemos ver en la Figura 8.7 el diagrama de bloques correspondiente al código que realiza la lectura de datos en formato multicast.

Para realizar la lectura primero abrimos una sesión mediante *UDP multicast Open* en la IP 238.0.0.1 y en el puerto por donde recibiremos los datos que es el 10001. Si no hay problemas al iniciar la sesión iremos recibiendo los datos en paquetes de 24 bytes mediante la función *UDP read*. Finalizado el bucle cerramos la sesión UDP para liberar el puerto.

Para realizar un envió UDP punto a punto (a diferencia del ejemplo que era punto a multipunto) únicamente es necesario modificar el VI de inicio de sesión por una sesión normal (*UDP Open*) y especificar la IP donde se enviarán los datos.

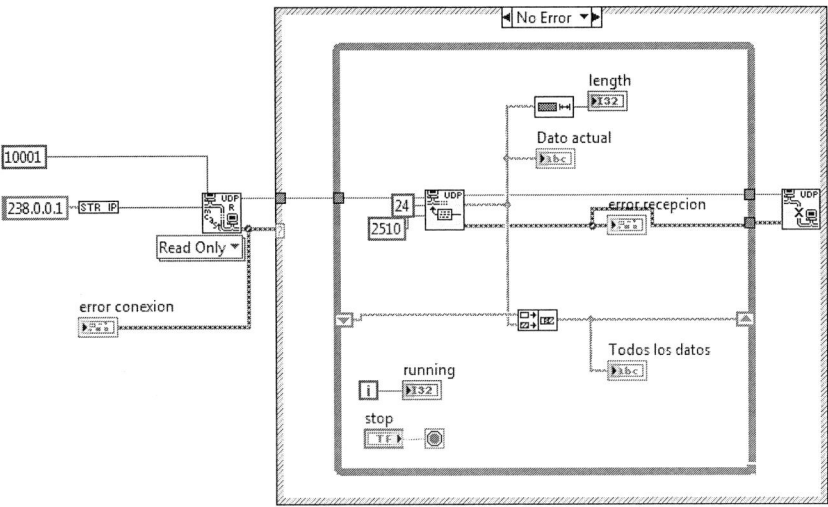

Figura 8.7 Recepción de datos multicast con UDP

8.4 DATASOCKET

Las librerías de DataSocket nos van a ahorrar programación en el momento de publicar y compartir los datos que genera nuestra aplicación en LabVIEW a través de la red.

Presentamos un ejemplo: supongamos un laboratorio universitario dotado con una tarjeta de adquisición de datos ubicada en uno de los PC's del aula. Mediante LabVIEW y DataSocket podemos utilizar este PC como servidor de los datos que la tarjeta de adquisición toma para que los demás PC's del aula puedan importar dichos datos y realizar los cálculos necesarios en cada una de sus aplicaciones.

Mediante DataSocket nos vamos a ahorrar todos los pasos que tenemos que realizar cuando implementamos una comunicación basada directamente sobre TCP/IP que eran:

- Elección de un puerto en el PC servidor (esperando que dicho puerto no sea utilizado por otra aplicación).
- Configurar el servidor a la escucha de una petición de conexión por el puerto elegido.
- Programación de la conversión necesaria de los datos para poder enviarla a través de la red.
- Programar todo el manejo de errores que se pueden dar en la comunicación.
- Configuración del cliente para realizar la conexión al PC servidor por el puerto indicado.
- Programar la conversión de los datos que nos llegan a través de la red en el cliente con la complicación de lo que ello a veces supone.

Mediante DataSocket los pasos a seguir para establecer una comunicación serán:

- En el servidor, abrir una conexión DataSocket utilizando un nombre que identifica los datos a transmitir.
- Escribir los datos en la conexión DataSocket cada vez que los datos se actualicen.
- En el cliente, únicamente es necesario conocer el nombre del PC (dirección TCP/IP) donde se publican los datos y realizar la lectura de los datos de interés.

Mediante las librerías DataSocket la programación a bajo nivel sobre TCP/IP ya está resuelta. El manejo del protocolo lo realiza la aplicación DataSocket SERVER que es la que se va a encargar de servir los datos que nosotros queramos publicar. La aplicación DataSocket SERVER se instala en nuestra máquina cuando instalamos LabVIEW, y es necesario ejecutarla siempre que vayamos a utilizar las librerías de DataSocket para compartir datos.

Vamos a ver en más en profundidad los elementos que intervienen en una comunicación de este tipo. En la comunicación mediante DataSocket intervienen 3 actores:

- El que publica: aplicación donde se generan los datos a compartir.
- El que suscribe: aplicación que importa los datos desde otra aplicación.
- DataSocket SERVER: aplicación que sirve los datos que son publicados para las aplicaciones que quieren acceder a ellos.

Por tanto el esquema podría ser el siguiente:

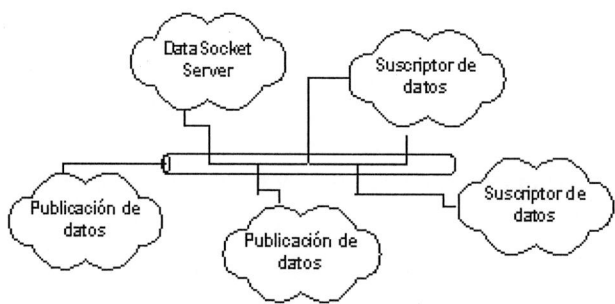

Figura 8.8 Comunicación mediante DataSocket

Cada una de estas aplicaciones puede estar en máquinas diferentes como sería el caso de la figura anterior (Figura 8.8) y sobre plataformas diferentes.

Otra configuración podría ser que DataSocket SERVER estuviera instalado en una de las máquinas que publica datos. La configuración en este caso sería de la siguiente manera:

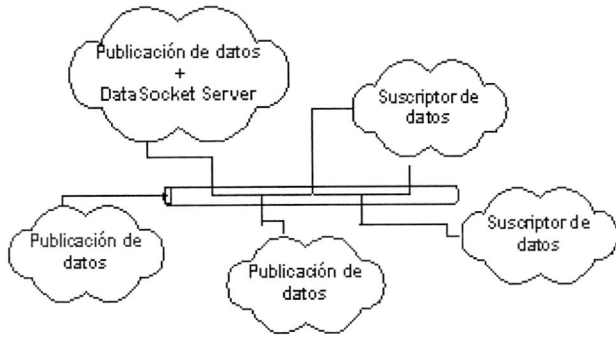

Figura 8.9 DataSocket SERVER instalado en máquina que publica datos

Todas ellas van a trabajar sobre el mismo protocolo: dstp (DataSocket transfer protocol).

Vamos a ver los pasos a seguir para poder realizar una transmisión de datos mediante DataSocket. Tenemos dos opciones para trabajar con DataSocket en función de la aplicación de cada usuario:

Primera opción: permite compartir los datos que se generan en una aplicación únicamente configurando las propiedades del control o el indicador donde se visualizan los datos a compartir:

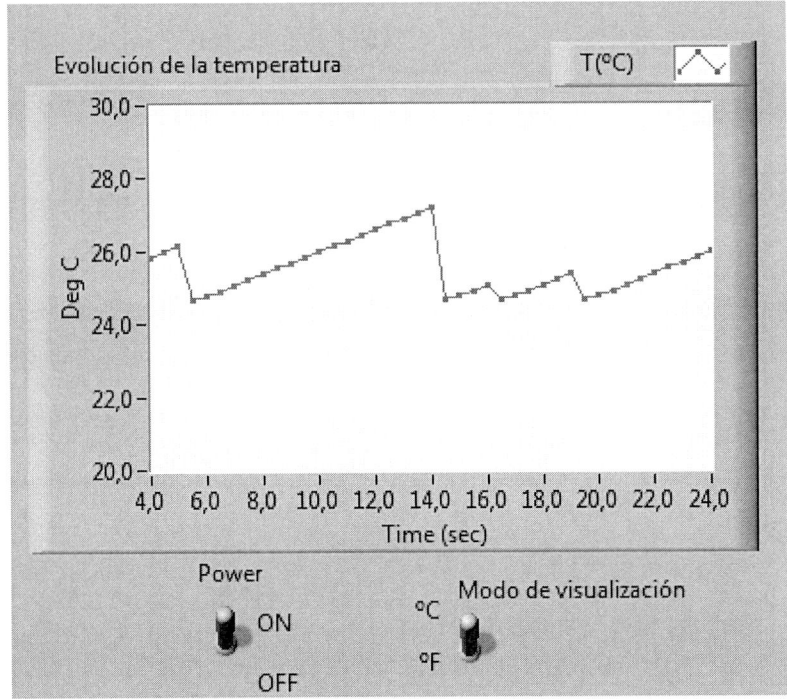

Figura 8.10 Evolución de la temperatura

Supongamos este panel frontal con una gráfica en la que visualizamos la evolución de la temperatura y nos interesa ver desde otra aplicación que se ejecuta en una máquina diferente los mismos datos de temperatura que recoge esta aplicación.

Para publicar los datos de temperatura tendremos que seguir los siguientes pasos:

1. Mediante las opciones de la gráfica (tipo Chart en este caso) acceder al menú DataSocket Connection tal y como indica en la Figura 8.11 mediante un clic con el botón derecho sobre la gráfica (menú pop up):

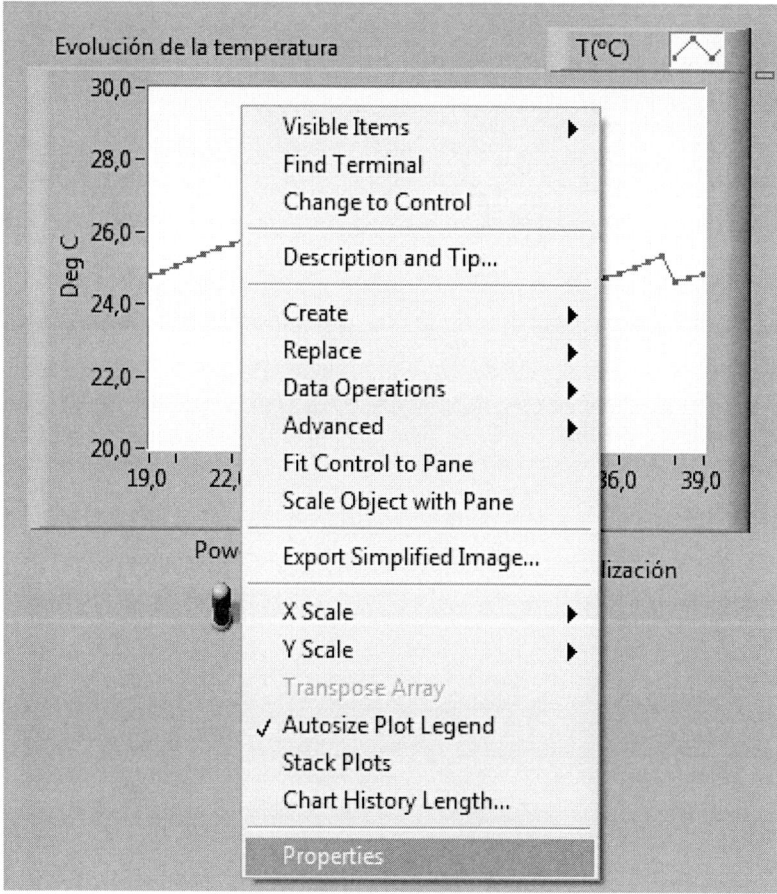

Figura 8.11 DataSocket Connection

2. Una vez en el menú aparecerá una ventana como la de la Figura 8.12. En esta ventana tenemos que configurar 4 parámetros:

    -   protocolo y lugar se encuentra la aplicación DataSocket SERVER.
    -   nombre de la variable que contiene los datos a publicar.
    -   escoger la opción de publicar dichos datos.

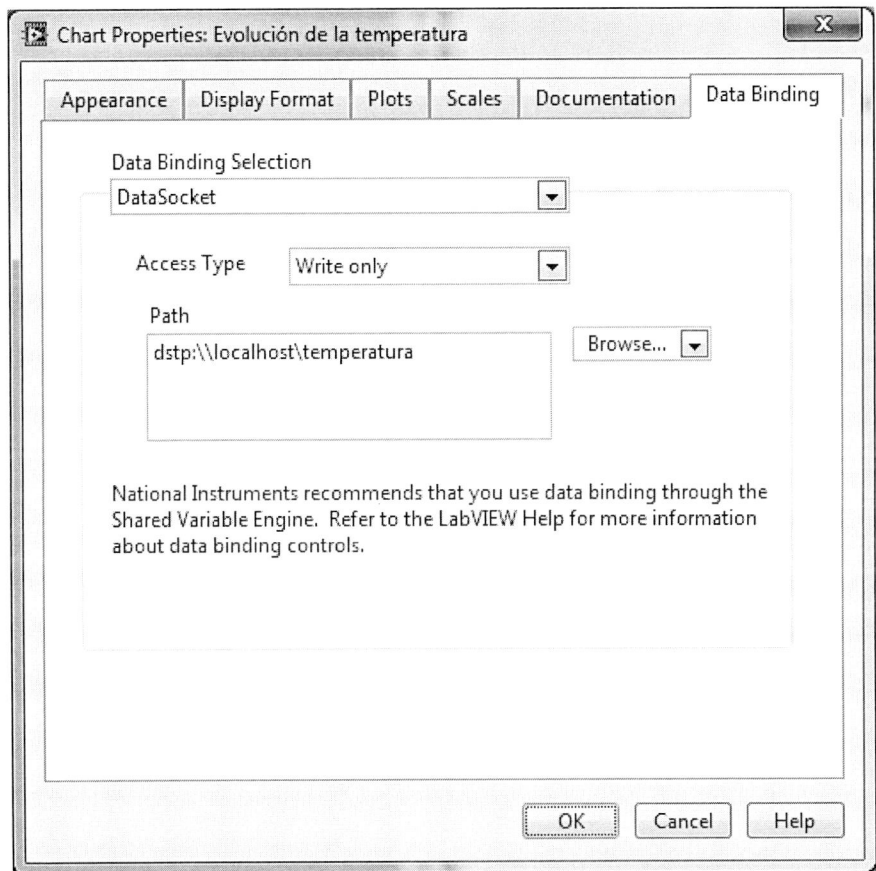

Figura 8.12 Configuración del DataSocket

En nuestro ejemplo vamos a realizar la aplicación con los tres actores en un mismo PC: el que publica, el que suscribe y DataSocket SERVER van a estar en una misma máquina. Los campos del menú quedarán:

Connect To: '**dstp://localhost/temperatura**' donde *dstp* es el protocolo a utilizar, *localhost* es el nombre de la máquina donde se encuentra DataSocket Server y temperatura es el nombre que le damos a los datos que vamos a publicar. En el caso que SataSocket SERVER estuviera en otra máquina. Sustituiríamos *localhost* por el nombre de la máquina o su dirección TCP/IP.

Connection Type: queremos publicar los datos de temperatura, '**Publish**'.

Una vez realizadas esta configuración aceptamos mediante el botón **Attach.**

En este momento aparece en la esquina superior derecha del control un pequeño indicador del estado de la conexión como indica la Figura 8.13. Cuando la conexión sea correcta el indicador será de color verde, gris si no existe conexión y rojo si la conexión es errónea. La conexión no se realiza hasta que se ejecuta la aplicación.

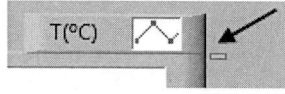

Figura 8.13 Indicador del estado de la conexión

Llegados a este punto ya tenemos listo la aplicación que publica los datos. Fijémonos que no hemos realizado ningún tipo de programación, únicamente hemos realizado las configuraciones oportunas. Para ver estos datos desde otra aplicación accederemos a las propiedades del indicador que va a visualizar los datos que publica la gráfica. En nuestro caso visualizaremos los datos en un termómetro. Desplegamos su menú pop-up y vamos a DataSocket Connection, dentro de Data Operations.

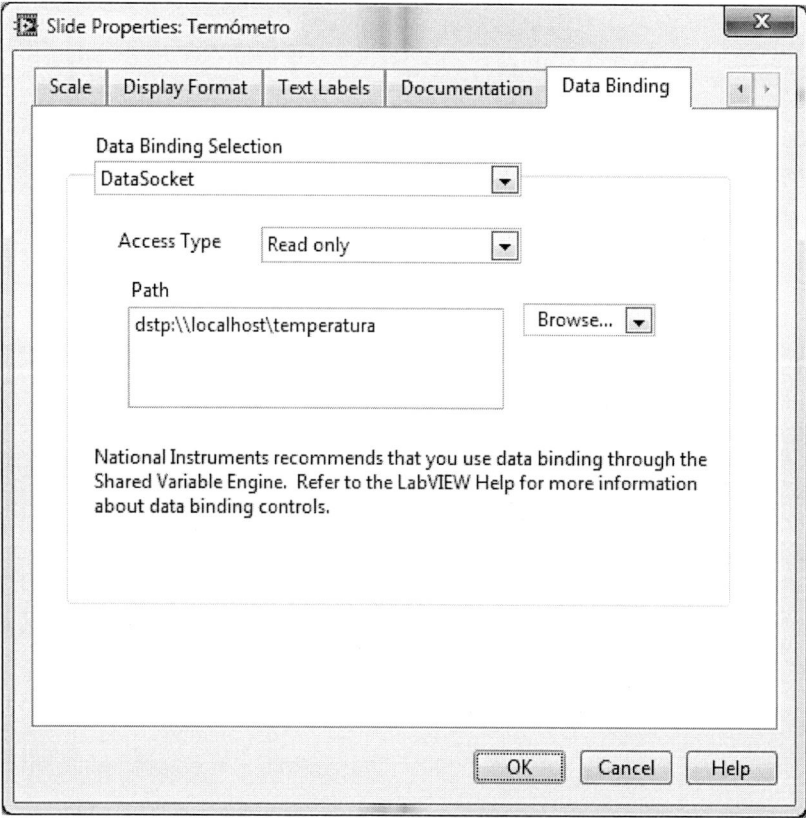

Figura 8.14 Subscribir

Las opciones en este caso son:

Connect To: '**dstp://localhost/temperatura**' donde *dstp* es el protocolo a utilizar, *localhost* es el nombre de la máquina donde se encuentra DataSocket Server y temperatura es el nombre de los datos a los que acceder.

Connection Type: como queremos acceder los datos de temperatura, '**Subscribe**'.

Una vez realizadas esta configuración aceptamos mediante el botón **Attach.**

Antes de arrancar las dos aplicaciones y ver que los datos que se generan en la gráfica, también se visualizan en el termómetro nos falta arrancar la aplicación DataSocket Server que se encuentra en el menú Inicio de Windows, Programas, National Instruments, DataSocket, DataSocket Server.

Una vez lanzada, aparecerá una ventana como la de la Figura 8.14.

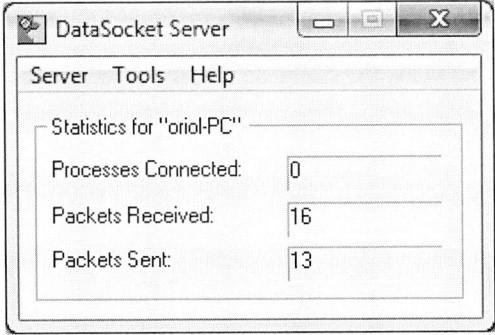

Figura 8.15 DataSocket Server

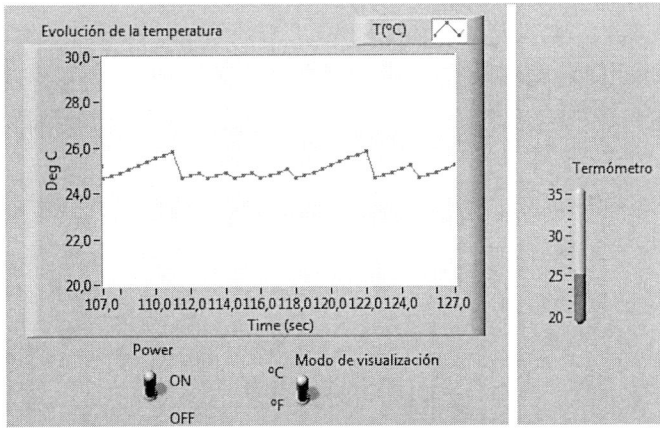

Figura 8.16 Panel frontal

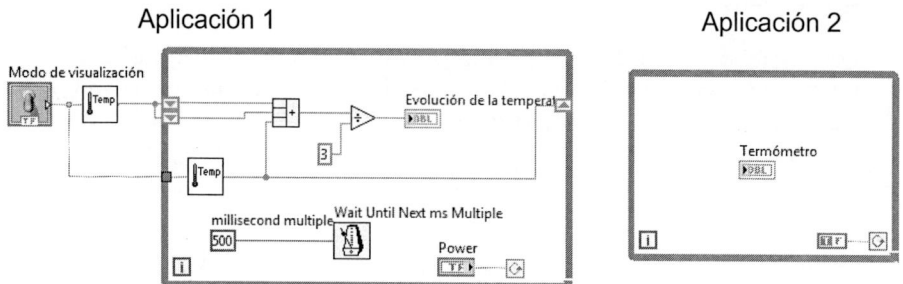

Figura 8.17 Diagramas de bloques de las dos aplicaciones

Fijémonos en los en la Figura 8.17. No hemos realizado ningún tipo de programación especial para publicar.

Con las configuraciones anteriores los datos de la gráfica de *APLICACIÓN 1.vi* también se visualizan en el termómetro de *APLICACIÓN 2.vi*. Recordamos que DataSocket Server debe estar activo antes de ejecutar las dos aplicaciones. Hay que tener en cuenta que los datos se publican cada vez que se actualizan, no hay paso de datos cuando estos no cambian.

Segunda opción: otra opción para utilizar DataSocket es utilizar las librerías de comunicación para DataSocket:

En la Paleta de funciones del diagrama de bloques (Figura 8.18), dentro de la subpaleta de Communication tenemos las librerías de DataSocket

DataSoket Read

DataSocket Write

DataSocket Select URL

Con estos 3 VIs podremos publicar y suscribir todo tipo de datos igual que en el caso anterior.

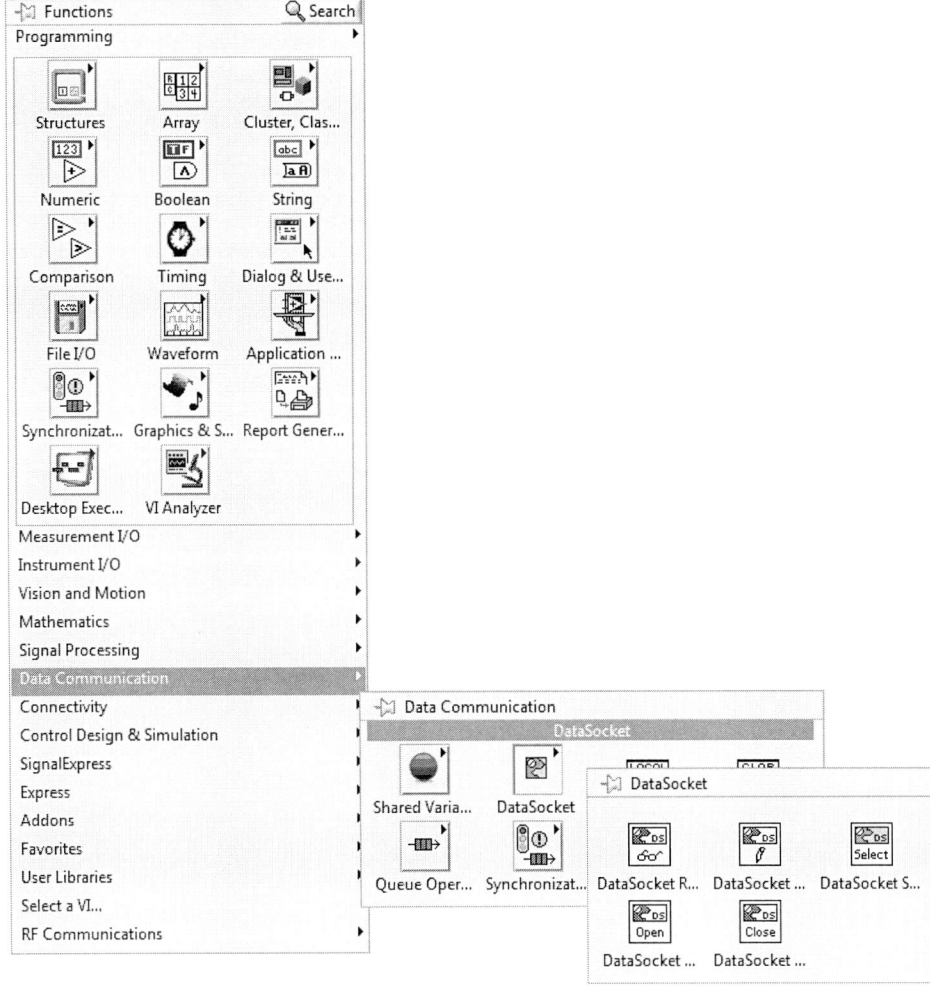

Figura 8.18 Paleta de DataSocket

La paleta da al programador más flexibilidad a la hora de programar la aplicación, ya que se publica y suscribe cuando nosotros queremos y no de forma continuada como en el caso anterior.

Esto puede suponer una ventaja o un inconveniente frente al caso anterior ya que de necesitar una publicación continuada de los datos es necesario controlar mediante programa cuando varían los datos a publicar.

Vamos a realizar el mismo ejemplo con la librería de DataSocket. Ahora los paneles de las dos aplicaciones son iguales a excepción de un nuevo control, la dirección URL de los datos a publicar o a suscribir.

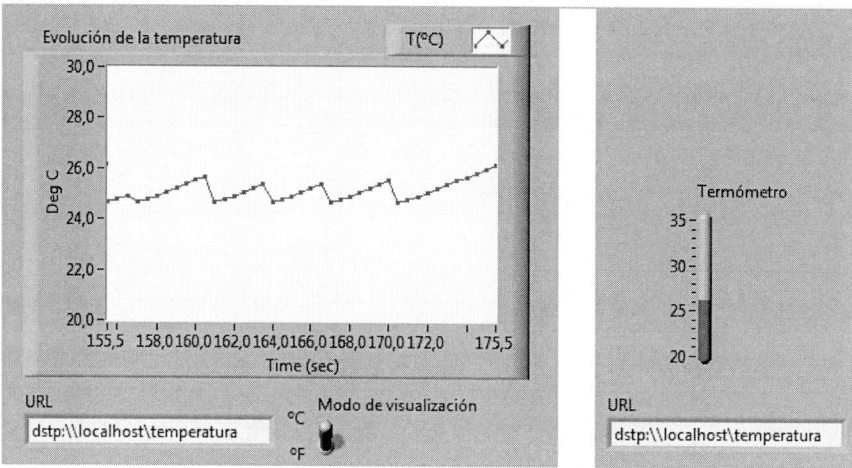

Figura 8.19 Ejemplo con la librería de DataSocket

En la Figura 8.20 vemos los diagramas de bloques de las dos aplicaciones. Para hacer el ejemplo sencillo vamos a publicar el valor de temperatura a cada adquisición y no únicamente cuando esta varíe sino de forma continuada. Para publicar solo será necesario especificar la dirección URL donde vamos a publicar, en nuestro caso '**dstp://localhost/temperatura**', donde temperatura es el nombre de los datos que publicamos, y utilizar DataSocket Write.

En el caso de la aplicación 2 que suscribe los datos, especificaremos la dirección de los datos a leer, que será la misma dirección donde fueron publicados '**dstp://localhost/temperatura**' y especificar el tipo de datos a leer, en este caso una constante numérica en coma flotante, utilizando DataSocket Read.

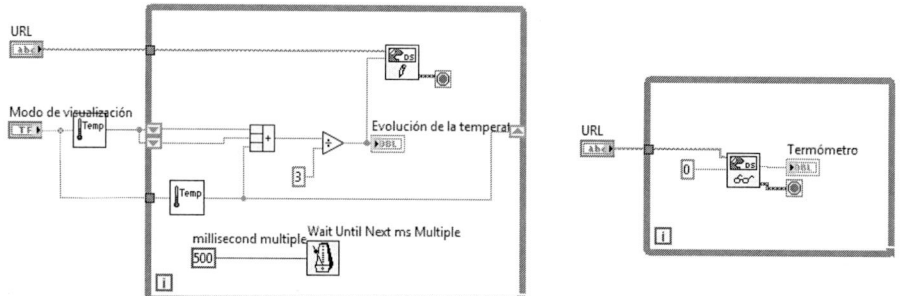

Figura 8.20 Diagramas de bloques de las dos aplicaciones

Con estos dos ejemplos hemos visto que de forma sencilla y ahorrándonos todos los pasos de programación TCP/IP.

Para finalizar este punto comentar un elemento más de DataSocket que es el DataSocket Server Manager. Mediante esta otra aplicación vamos a poder configurar todos los parámetros relacionados con la conexión como pueden ser:

- número máximo de conexiones a DataSocket server.
- máximo número de elementos a publicar.
- permisos de grupos y usuarios para permitir o negar conexiones desde diferentes máquinas.
- etc.

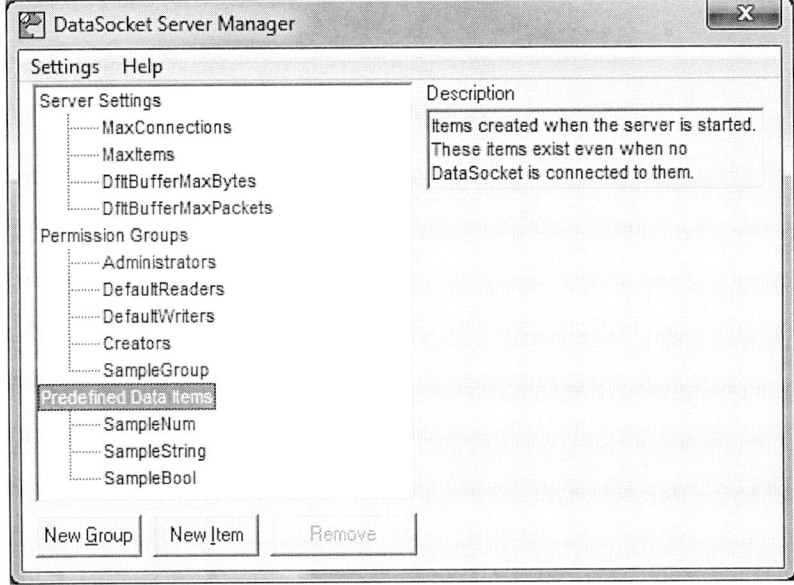

Figura 8.21 Configuración del DataSocket Server

8.5 PUBLICACIÓN EN WEB

Otra de las herramientas de LabVIEW es la posibilidad de publicar en web. LabVIEW incorpora un servidor web que nos permitirá pulicar cualquier tipo de documento, así como paneles frontales de VIs que se estén ejecutando de manera que podamos monitorizar el estado de diversas variables de nuestra aplicación desde cualquier terminal que tenga acceso a internet en cualquier parte del mundo. Vamos a exponer aquí dos maneras de visualizar nuestro panel frontal en la web.

1- *web publishing tool* :web server
2- VI server

8.5.1 Web publishing tool: web server

Es una herramienta que incorpora LabVIEW y que nos va a permitir crear una sencilla página web que estará compuesta por un título, una primer párrafo de texto, una imagen del panel frontal de nuestra aplicación o bien el panel frontal real de nuestra aplicación para poder controlar y monitorizar a distancia la aplicación utilizando un navegador http. Esta herramienta la tenemos disponible en el menú *Tool* de LabVIEW en la opción *web publishing tool*.

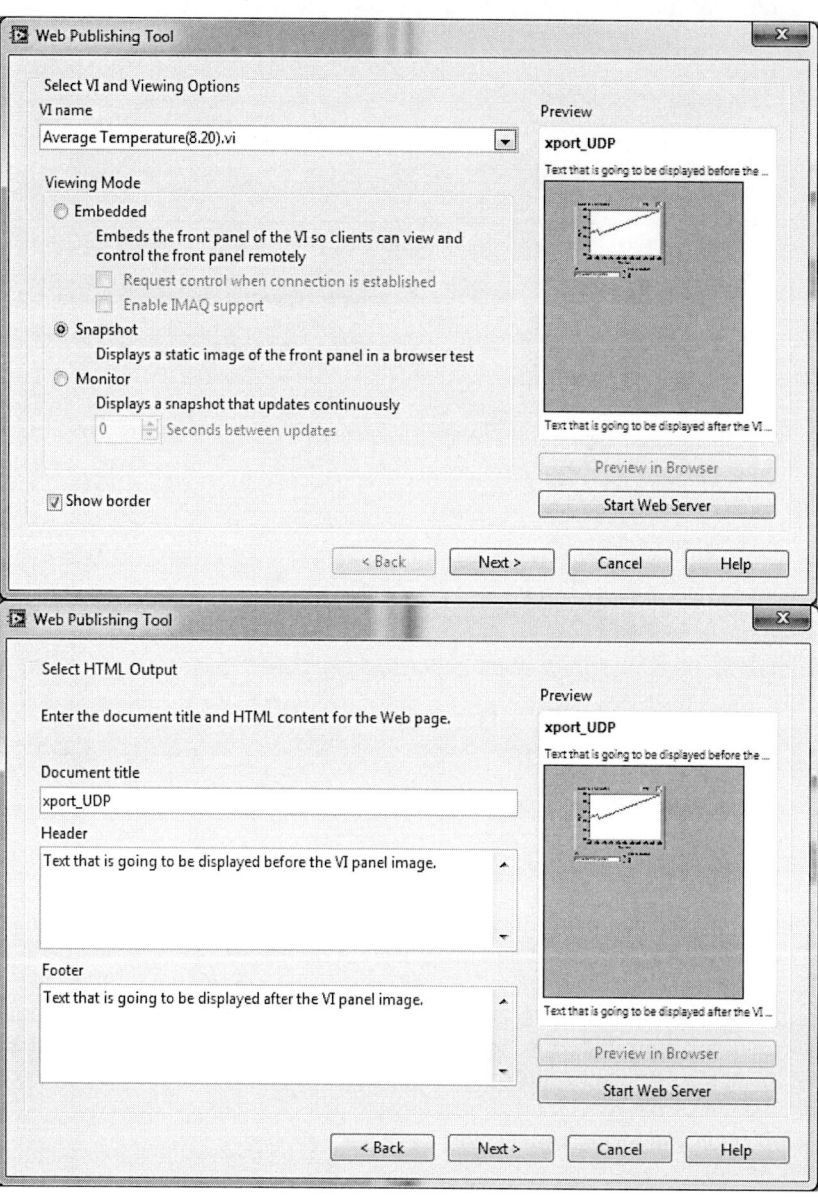

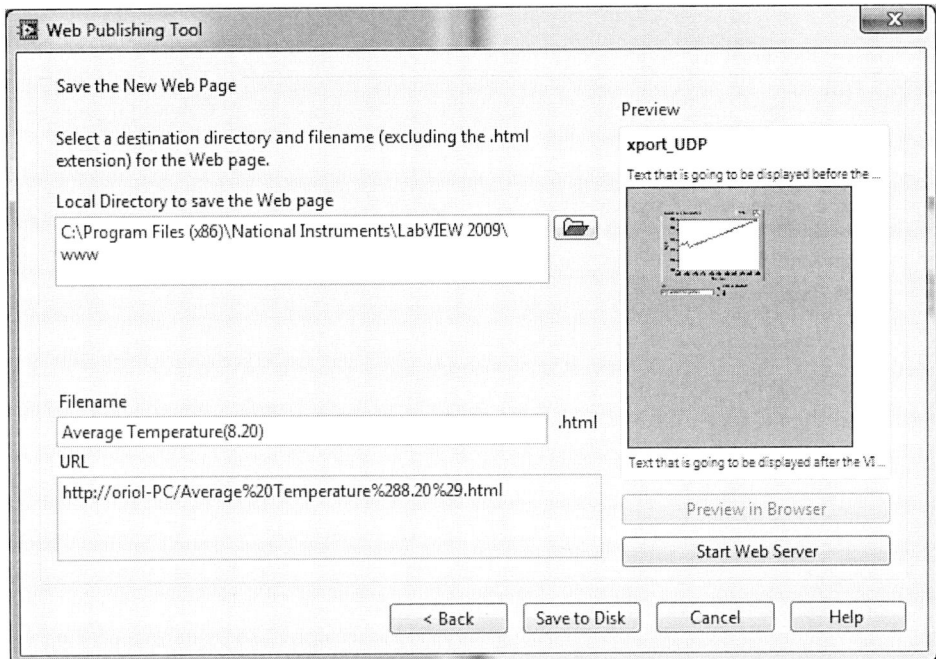

Figura 8.22 Herramienta para Web Publishing

En la Figura 8.22 podemos ver las ventanas de diálogo que nos permiten configurar la creación de un archivo html con los elementos comentados antes. Tenemos tres campos donde configuramos el título del documento y la posibilidad de escribir dos párrafos de texto (la cabecera y el pie de página.)

Tenemos la opción de enmarcar la imagen del panel frontal (*Border*) y la de configurar como se mostrará el panel frontal: *Snapshot, Monitor* o *Embedded*. Mediante las opciones de *Snapshot* o *Monitor* aparecerá en la página web creada una captura de pantalla del panel frontal, es decir, una imagen estática que puede ir refrescándose para ver las actualizaciones de los valores.

La opción más interesante y potente es la posibilidad de controlar los controles del panel frontal desde el propio navegador, opción **Embedded**. Esta es la opción más pesada porque el envío de información a través de la red va a ser mayor, pero nos permite controlar y monitorizar nuestra aplicación en LabVIEW vía web sin tener que programar. Para poder utilizar esta opción es necesario instalar en el ordenador cliente el LabVIEW Run-Time Engine, que es el toolkit de libre distribución que nos permitirá utilizar tanto archivos ejecutables como controlar nuestro programa desde el navegador web remoto.

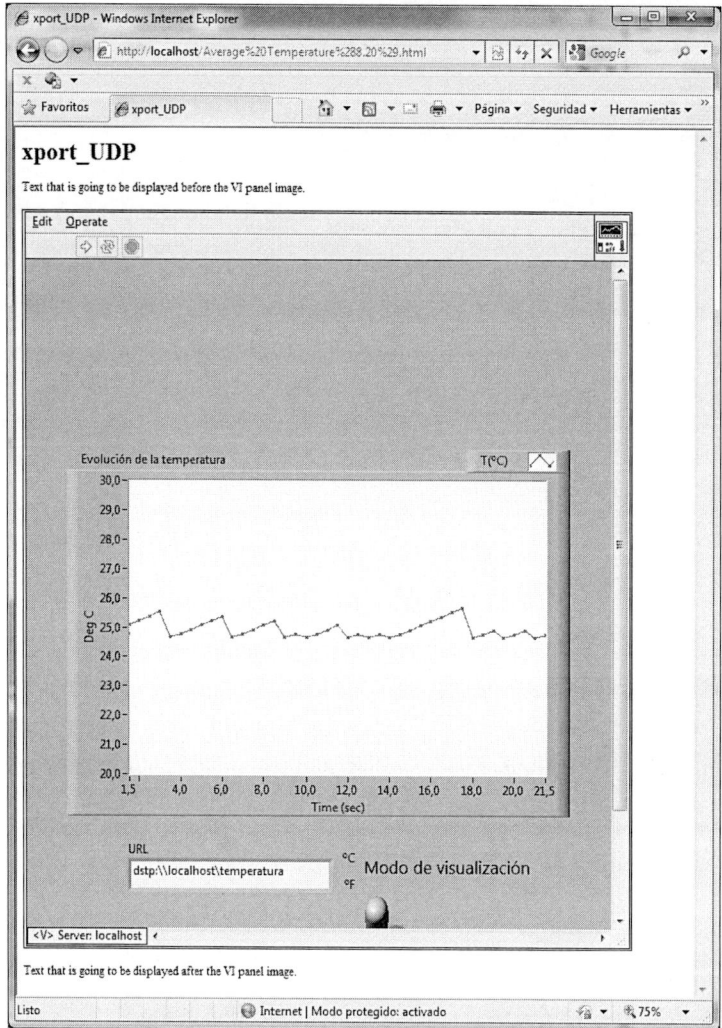

Figura 8.23 Resultado en Internet Explorer

Una vez realizadas estas configuraciones tenemos que lanzar el servidor de web mediante el botón *Start Web Server* y salvar el documento htm mediante el botón *Save to Disk*. Ahora ya estamos preparados para ver el documento mediante el explorador. Salimos de la ventana mediante *Done* y arrancamos el explorador.

Para visualizar el archivo, en el campo de dirección escribiremos http://nombre_del_pc/nombre_vi.htm que en nuestro caso, al estar en la misma máquina, será http://localhost/xport_UDP.htm

Hemos de tener en cuenta que a la hora de publicar nuestro panel frontal como una imagen mediante las opciones de *Snapshot* o *Monitor* de esta manera lo que se envía a través de la red es una imagen. Si montamos un panel frontal con un gran número de controles e indicadores de forma tal que ocupe mucha pantalla, esto se va a convertir en una imagen de más o menos tamaño. Por este motivo es conveniente que los paneles que se quieran publicar sean lo más pequeños posibles con el fin de hacer más rápida su transmisión a través de la red. Con esta configuración hemos convertido el panel frontal de nuestra aplicación en un archivo htm que se actualiza de forma periódica y podemos visualizarlo a través de cualquier explorador web. De esta manera aunque el VI no se esté ejecutando pero sí esté activo el servidor web, vamos a poder acceder a esta página web con los últimos resultados.

8.5.2 VI Server

Mediante VI server vamos a conseguir resultados bastante similares que con *web publishing tool.* En este caso lo que vamos a publicar va a ser directamente nuestro VI que se está ejecutando en ese mismo instante.

Mediante configuración, podremos escoger qué VIs van a ser publicados o si los queremos publicar todos los que en ese momento estén en ejecución. También podremos configurar qué máquinas pueden conectarse a nuestro servidor web o si pueden conectarse todas o cuáles no.

Los pasos para publicar van a ser los siguientes:

A. Tomamos el punto Options dentro del menú Tools del LabVIEW. En la pestaña de web server configuration habilitamos el servidor de web (Figura 8.24).

B. Una vez habilitado el servidor web, las opciones por defecto es que se publican todos los VIs que se ejecutan y cualquier máquina puede tener acceso a ellos.

Si queremos modificar estas opciones accederemos a las pestañas *VI Server: Exported VIs* para especificar los VIs a publicar (el '*' significa todos), y a *VI Server: TCP/IP Access* para especificar que máquinas pueden tener acceso. Existen más parámetros que se pueden configurar, pero no entraremos en detalle ya que su configuración por defecto nos permite realizar lo que en este ejemplo nos proponemos.

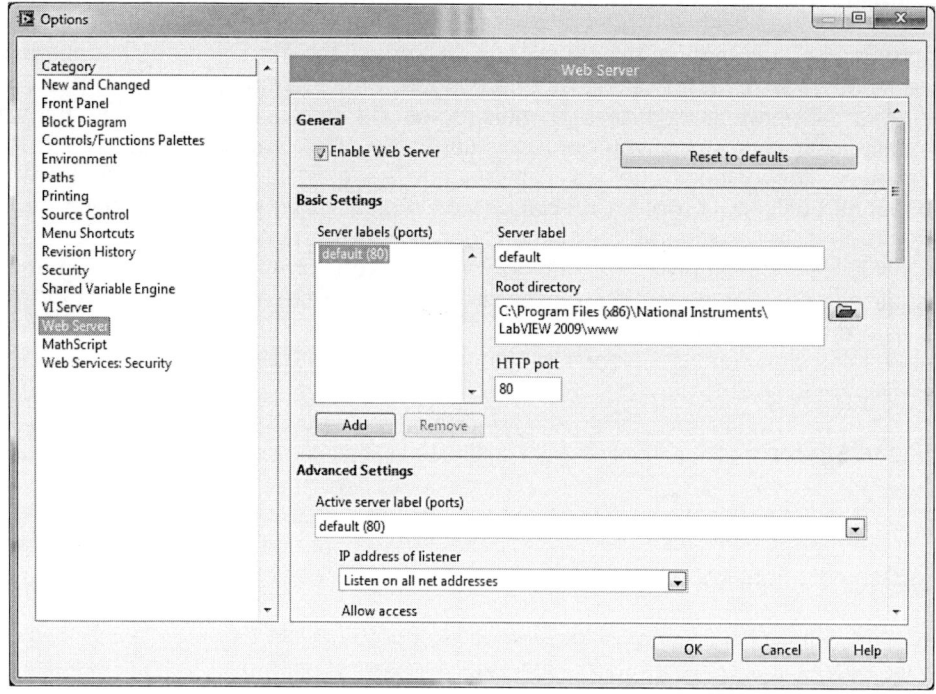

Figura 8.24 Configuración del Web Server

C. La visualización en el navegador se realiza de dos maneras diferentes:
   - una captura estática: **.snap?**
   - una captura con refresco. **.monitor?**

Una vez en el navegador colocaremos en el campo dirección http://nombre_del_pc/.snap?nombre_del_vi.vi para una única captura. Y http://nombre_del_pc/.monitor?nombre_del_vi.vi para un refresco periódico de los datos.

El resultado que conseguimos en este caso es muy parecido al anterior a diferencia de que aquí únicamente visualizamos el panel frontal sin poder añadir ningún título o comentario a la página.

Para verificar que el servidor de web está bien configurado, LabVIEW publica una página de ayuda (Figura 8.25) una vez que está activado el servidor. A esta página accedemos colocando su dirección IP, el nombre del PC o desde nuestra máquina http://localhost o mediante su dirección IP asociada http://127.0.0.1

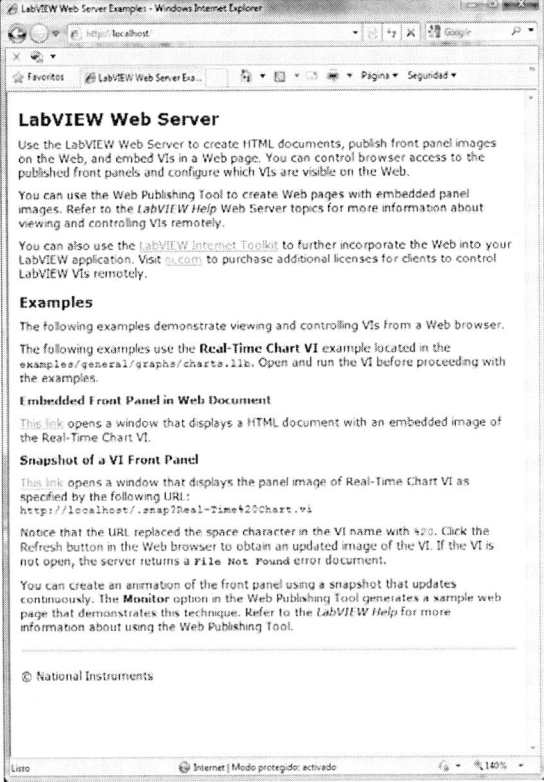

Figura 8.25 Publicación página de ayuda

8.6 SMTP PARA ENVÍO DE E-MAILS

En aplicaciones donde el equipo de medida se encuentra alejado físicamente del administrador, puede resultar interesante el uso del correo electrónico para la notificación de alarmas o el envío del estado del proceso.

SMTP (Simple Mail Transfer Protocol) es el estándar de Internet para el intercambio de correo electrónico. El cliente, mediante un protocolo de comunicación conecta con el servidor SMTP (proveedor de correo electrónico) y le envía la información necesaria para que este último transmita el mensaje a su destino.

LabVIEW proporciona una librería para el envío de correo electrónico; la encontraremos en la paleta *Data Communication >> Protocols >> SMTP Email*. Las funciones que incorpora, implementan el protocolo SMTP de una forma transparente, el programador únicamente necesitará introducir el nombre del servidor de correo, la dirección del remitente, dirección del destino y el mensaje.

Figura 8.26 Paleta LabVIEW para el envío de correo electrónico

Aunque la paleta contiene las herramientas necesarias para el envío de correos, tiene dos limitaciones. La primera, únicamente es posible entregar correos utilizando proveedores SMTP sin autentificación, esto es, sin petición de credenciales. La segunda, no está implementada la encriptación.

Debido a la proliferación de spam, email bombing, phishing u otras técnicas de envío de correo no deseado, la mayoría de proveedores de correo electrónico exigen autentificación, por lo que la librería, a pesar de cumplir con los propósitos, queda muy limitada. Para solucionar esto, y dado que podemos comunicarnos con componentes .NET, podemos utilizar una solución del .NET Framework.

La versión más actual de Microsoft .NET Framework, en el momento de la redacción de este libro, es la 3.5. Esta versión está incluida en Windows 7, y puede instalarse en Windows XP y la familia de sistemas operativos Windows Server 2003. También existe una versión reducida del Framework para la plataforma Windows Mobile, la cual puede instalarse en teléfonos inteligentes.

El Framework, contiene un conjunto de componentes bastante elevado. Los más relevantes son: la interficie de usuario, acceso a datos, conectividad con base de datos, criptografía, así como el envío de correos electrónicos con autentificación.

En los siguientes ejemplos, se muestra cómo utilizar la tecnología .NET para implementar aplicaciones. Los ejemplos expuestos utilizan el proveedor de correo Google (correo gmail), las características de este proveedor son el uso del puerto 587 para la comunicación, la obligatoriedad de autentificarse, y el uso de SSL.

Utilizaremos el constructor .NET, sus propiedades y métodos. Los localizaremos en la paleta Connectivity >> .NET

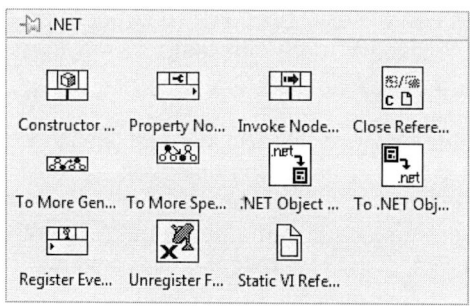

Figura 8.27 Paleta .NET

Envío simple de correo electrónico

En el siguiente ejemplo, se observa como implementar un envío de correo simple a un único destinatario. En concreto, se envía un resumen de una medida simulada.

Las fases para realizar el envío quedan detalladas en este ejemplo, y son: Introducir el proveedor de servicio de correo y su puerto, autentificarse, activar SSL y realizar el envío del mensaje; esto incluye: introducir remitente, destino, asunto y cuerpo del mensaje.

Introduciremos el primer *constructor Node* en el diagrama de bloques, y a continuación seleccionaremos System en la casilla Assembly. A continuación, buscaremos y desplegaremos el objeto System.Net.Mail, para encontrar el constructor SmtpClient(String host, Int32 port).

El segundo constructor que necesitamos es NetworkCredential(String userName, String password), este lo localizaremos mediante el mismo procedimiento en el objeto NetworkCredential del Assembly System.

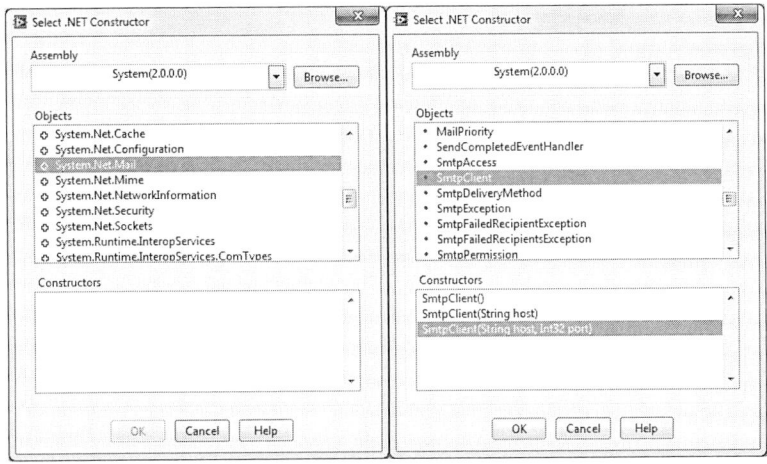

Figura 8.28 Búsqueda del constructor SmtpClient

A continuación, añadiremos un Property Node para introducir las credenciales y habilitar SSL. Escogeremos las propiedades *Credentials* y *Enable SSL,* tras conectar la salida de referencia del constructor, con la entrada del Property node.

Finalmente, para realizar el envío, añadiremos un Invoke node y seleccionaremos el método Send(String from, String recipients, String subject, String body).

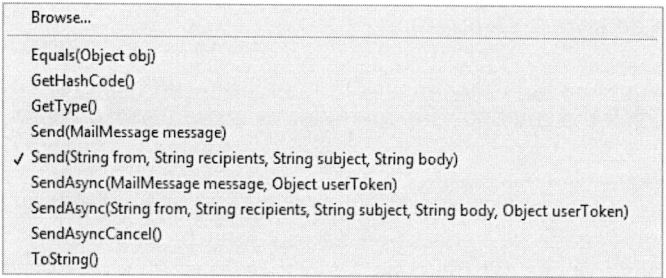

Figura 8.29 Selección del método para el envío del correo

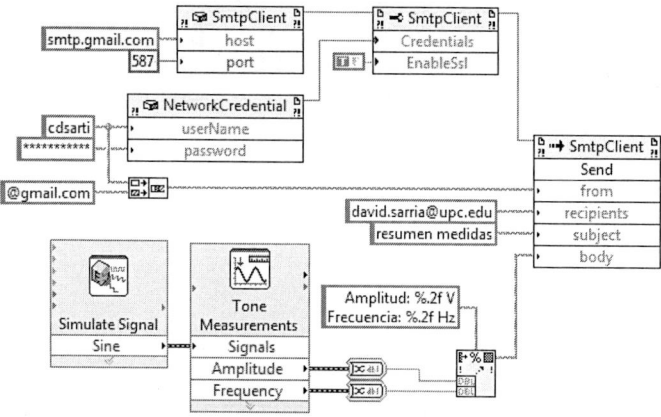

Figura 8.30 Envío simple de correo electrónico

Envío de correo electrónico con datos adjuntos

Aprovechando la aplicación anterior, se ha incorporado el envío de ficheros adjuntos. Como puede observarse, en la misma aplicación se genera el fichero que desea enviarse. Una vez generado, necesitamos el constructor Attachment y la ubicación del fichero para poder adjuntar al mensaje.

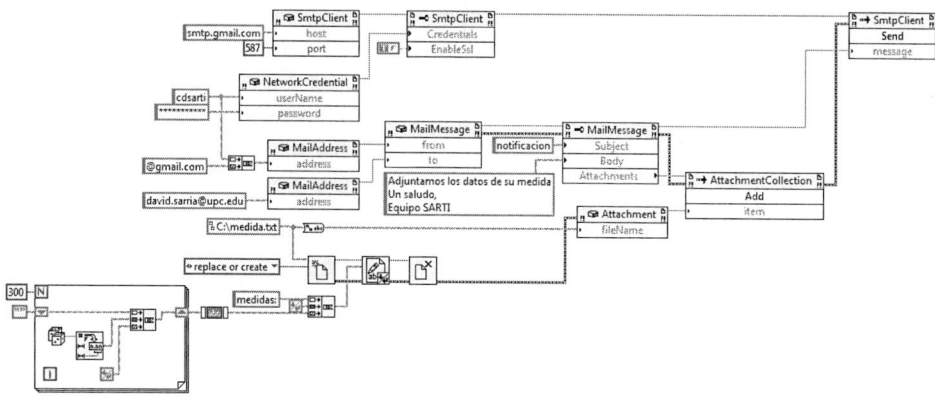

Figura 8.31 Envío de correo electrónico con datos adjuntos

9

Visión
Adquisición de imágenes

9.1 INTRODUCCIÓN

Actualmente, la visión artificial se ha convertido en una solución alternativa en la inspección de procesos y sistemas de calidad en la industria. Son muchas las aplicaciones que pueden desarrollarse con un sistema de visión, y aunque nos hemos enfocado inicialmente en la industria, estos sistemas, se están aplicando satisfactoriamente en campos tan variados como la automoción, robótica, el análisis científico de imágenes, la industria farmacéutica, seguridad, meteorología, alimentación, etc.

En los primeros apartados del presente capítulo, se estudiarán las funciones y conceptos básicos para trabajar con imágenes. Se enseñará a reservar espacio en memoria, adquirir la imagen desde diferentes cámaras, así como presentar y almacenar imágenes. Concluiremos, profundizando en los últimos apartados, con el procesado y tratamiento de imágenes.

Uno de los puntos más delicados de estos sistemas, es la iluminación; y aunque no abordaremos este tema, si mencionaremos que existen numerosas técnicas de iluminación para evitar sombras, reflejos y/o conseguir una iluminación uniforme. Una buena iluminación nos ayudará a reducir la complejidad de los algoritmos, y consecuentemente, el tiempo de desarrollo de los mismos.

National Instruments dispone de hardware y software avanzados para trabajar con visión. En el siguiente enlace, se puede consultar toda la información referente a productos, servicios y soluciones que NI ofrece en visión *www.ni.com/vision*.

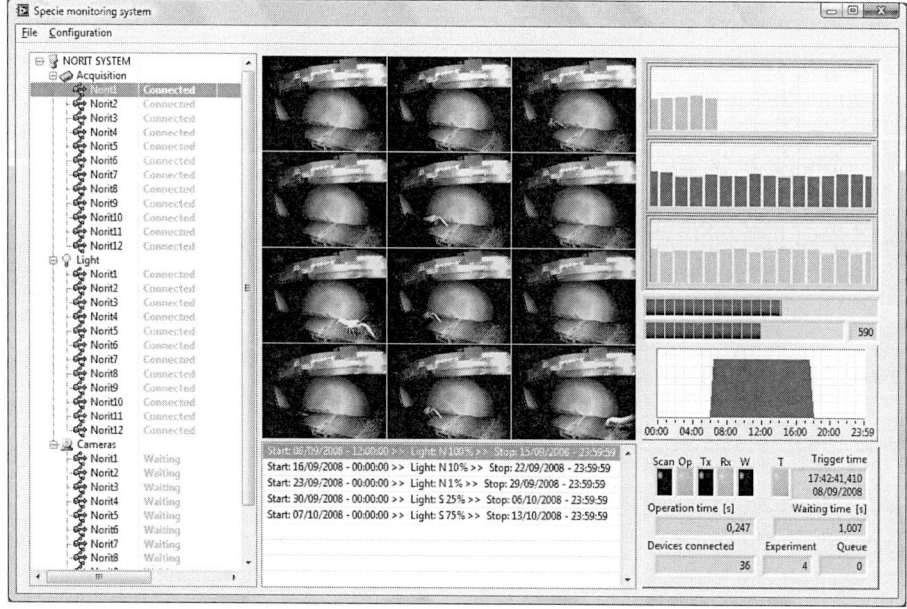

Figura 9.1 Sistema de visión de un proyecto biológico-marino para el estudio de especies

9.2 PROGRAMACIÓN CON IMÁGENES

Vision Acquisition, es el módulo que incorpora las funciones de adquisición, almacenamiento y presentación de imágenes para LabVIEW; y es entregado con todo hardware de visión de NI: cámaras inteligentes (NI Smart Cameras), sistemas de visión y tarjetas de adquisición de imagen.

Cuando los requisitos de nuestro sistema de visión sean la monitorización o la seguridad, el paquete *Vision Acquisition* será suficiente. Otros productos más avanzados como *Vision Develpment* o *Vision Builder for Automated Inspection*, complementarán nuestras herramientas con asistentes y cientos de funciones de análisis, facilitándonos el desarrollo de aplicaciones de visión más complejas.

Vision Acquisition se compone principalmente de los drivers *NI-IMAQ* y *NI-IMAQdx*. Mediante *NI-IMAQ* podremos adquirir desde cámaras analógicas (tarjetas capturadoras o de adquisición de imagen), digitales paralelas, Camera Link y NI Smart Cameras. Con *NI-IMAQdx* es posible hacerlo desde cámaras Giga Ethernet, FireWire y dispositivos USB compatibles con DirectShow; éstos pueden ser: cámaras USB, microscopios, escáneres, webcams u otros.

Abordaremos las funciones de la paleta *NI-IMAQdx,* con el objetivo de presentar proyectos sencillos y de bajo costo. En caso que trabajemos con cámaras compatibles con *NI-IMAQ*, todos los ejemplos expuestos se pueden reproducir fácilmente sustituyendo las funciones de *NI-IMAQdx* por sus homólogas de *NI-IMAQ*.

En la siguiente figura, se muestran ambas paletas de funciones, las encontraremos en *Vision and Motion,* tras instalar el módulo *Vision Acquisition*. Mediante estas funciones, podremos controlar y gestionar nuestros dispositivos de imagen.

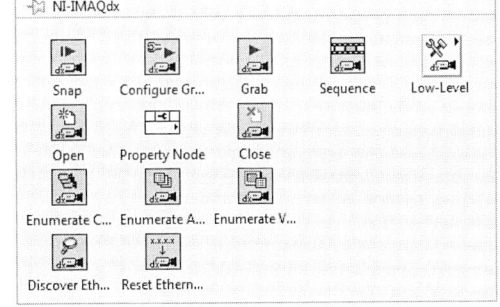
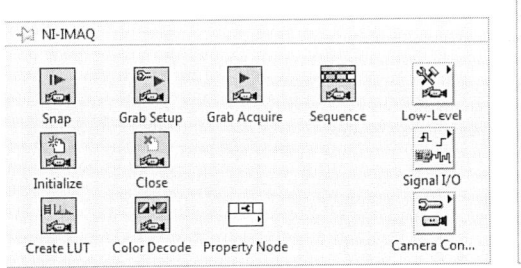

Figura 9.2 Paletas NI-IMAQ y NI-IMAQdx

Una vez instalado el paquete *Vision Acquisition*, podemos comprobar el correcto funcionamiento de nuestra/s cámara/s mediante *Measurement & Automation Explorer*. En este caso, desplegaremos la categoría *Devices and Interfaces* y a continuación, *NI-IMAQ* o *NI-IMAQdx Devices*.

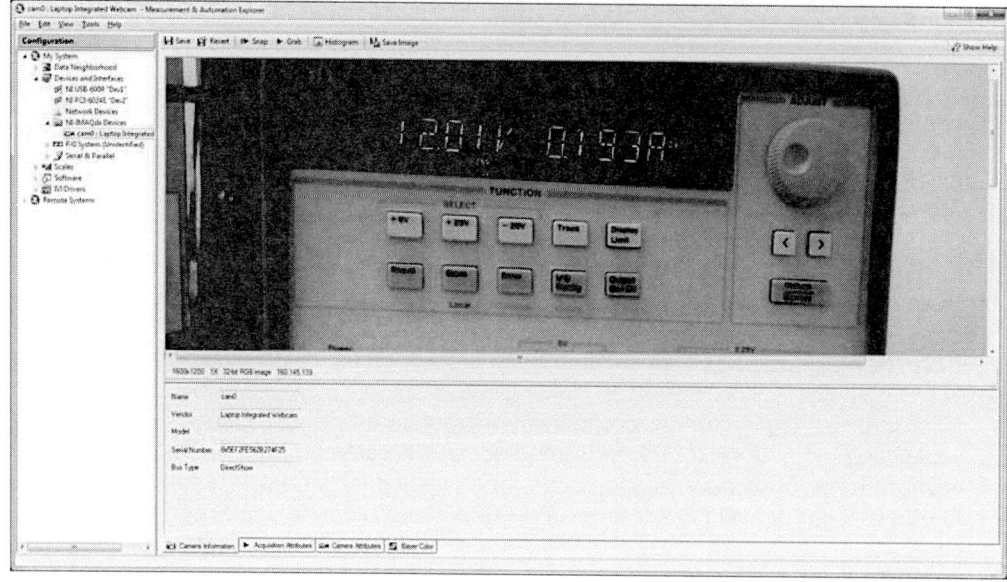

Figura 9.3 Accediendo a la cámara mediante Measurement & Automation Explorer

En la barra de herramientas de *Measurement & Automation Explorer*, encontraremos el botón *Snap* mediante el cual podremos tomar instantáneas. Mediante *Grab*, conseguiremos una adquisición continua.

En la parte inferior, localizaremos unas pestañas donde podemos consultar la información y atributos de la cámara, así como también las características de la adquisición. Dependiendo de qué cámara utilicemos, podremos programar unos parámetros u otros.

Validado el correcto funcionamiento de nuestra cámara, regresamos a LabVIEW para conocer los conceptos básicos en la programación con imágenes e iniciar una adquisición sencilla.

9.3 RESERVA Y LIBERACIÓN DE MEMORIA

Siempre que trabajemos con imágenes tendremos que reservar espacio en memoria. Esta forma de trabajar, nos recuerda a la declaración de variables en los lenguajes de programación basados en texto.

Hasta ahora, declarábamos variables indirectamente, introduciendo controles e indicadores en el panel frontal. En visión será diferente, y declararemos la variable antes. El motivo, el tamaño de ocupación de nuestro dato, la imagen. Para hacernos una idea, una imagen en color con una resolución de 720x576, ocupa aproximadamente 1,2 MBytes mientras que un control numérico del tipo entero U32, 3 bytes.

Así, por tanto, declararemos variables del tipo imagen cuando las necesitemos, gestionando mejor la memoria, y las liberaremos cuando ya no las requiramos.

Las funciones para reservar y liberar espacio para imágenes, las localizaremos en la paleta *Vision and Motion >> Vision Utilities >> Image Management.*

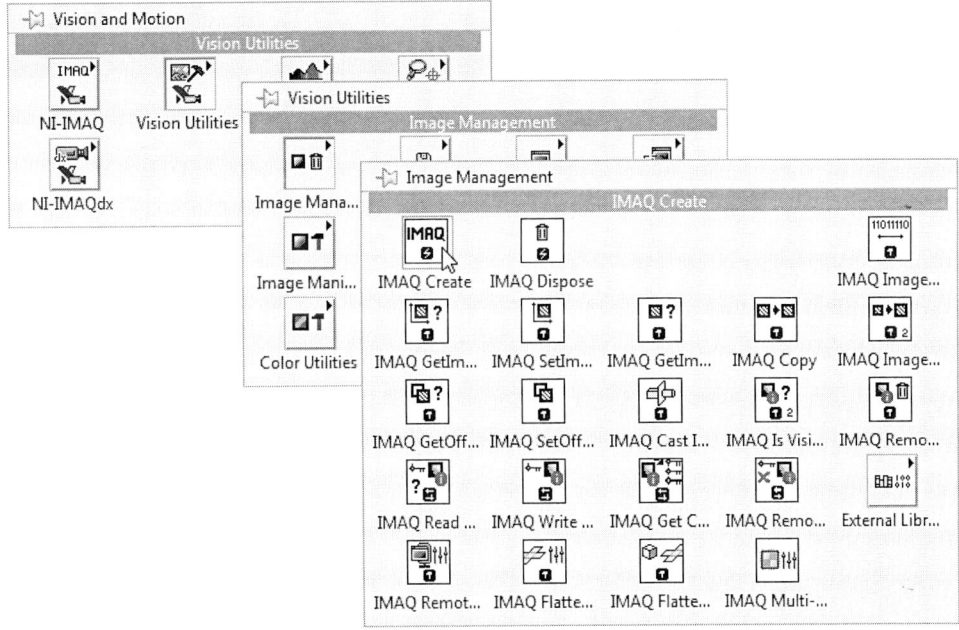

Figura 9.4 Localización de las funciones de reserva y liberación de memoria

Reservaremos espacio en memoria mediante *VI IMAQ Create.* La función necesita un nombre (nombre asociado a la imagen), y el tipo de imagen con la que trabajaremos.

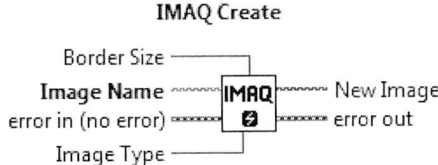

Figura 9.5 Función para reservar memoria de imagen - *IMAQ Create*

Cableado de entrada

- ***Image Name:*** *nombre asociado a la imagen*
- ***Image Type:*** *tipo de imagen con la que trabajaremos*
- ***Error in:*** *entrada de error*

Cableado de salida

- **New Image:** *variable del tipo imagen*
- **Error out:** *salida de error*

En la siguiente figura se muestra un ejemplo para trabajar con imágenes en color. Es importante asignar nombres diferentes a las variables, en caso contrario, las imágenes se sobrescribirán en la misma posición de memoria.

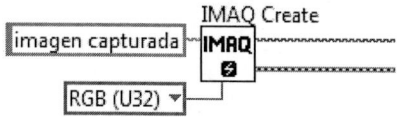

Figura 9.6 Ejemplo de reserva de memoria para una imagen en color

Cuando ya no necesitemos trabajar con la imagen, la liberaremos de memoria. Utilizaremos la función *IMAQ Dispose*, también ubicada en la paleta *Image Management*.

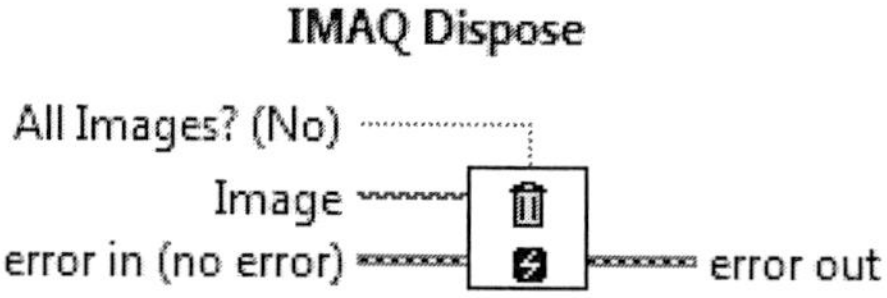

IMAQ Dispose

All Images? (No) ┈┈┈┈┈┈┈┈┐
          Image ∼∼∼∼∼ 🗑
error in (no error) ════ 🔋 ════ error out

Figura 9.7 Función de liberación de memoria imagen

Cableado de entrada

- **Image:** *variable imagen a liberar*
- **All Images:** *a True elimina todas las imágenes residentes en memoria*
- **Error in:** *entrada de error*

Cableado de salida

- **Error out:** *salida de error*

A continuación, se muestra un ejemplo de utilización de *IMAQ Dispose*. El indicador booleano a True liberará de memoria todas las variables del tipo imagen que hayamos creado. Si solo quisiéramos liberar una variable específica, dejaremos la entrada *All Images* sin cablear o a False y cablearemos la variable a la entrada *Image*.

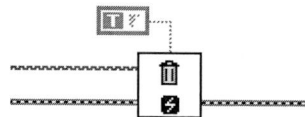

Figura 9.8 Ejemplo de liberación de memoria

9.4 VISUALIZACIÓN DE IMÁGENES

Para la visualización de imágenes tenemos dos métodos o alternativas. La primera, a través de un indicador en el panel frontal; la segunda, a través de una ventana flotante. En cuanto al primer método, disponemos de dos indicadores del tipo imagen, los encontraremos en la paleta de controles *Vision*.

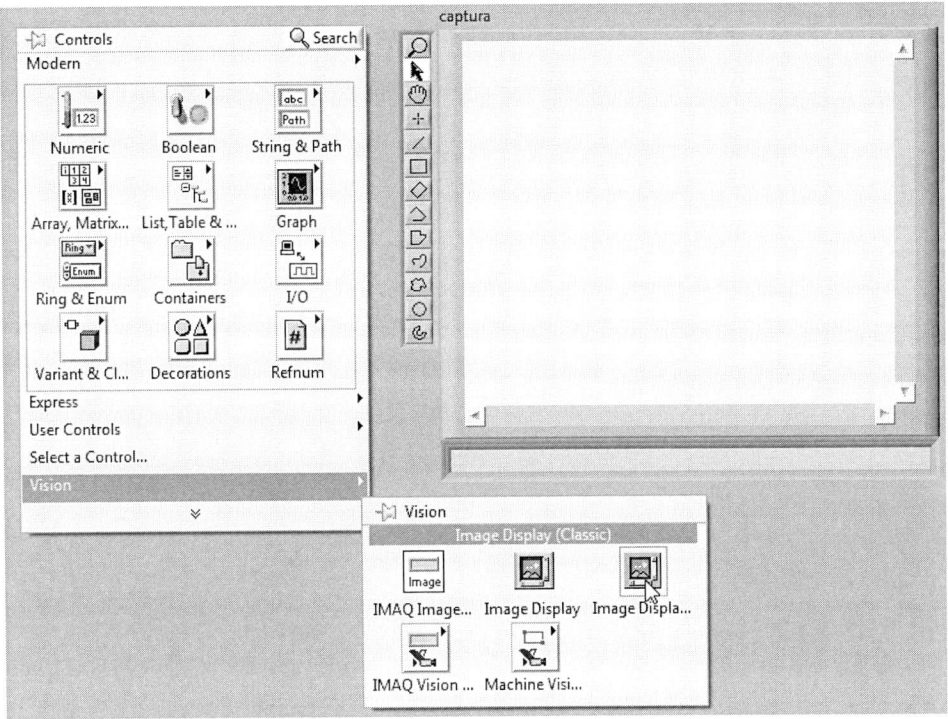

Figura 9.9 Localización de los indicadores del tipo imagen

El segundo método, es mediante una ventana flotante. Para ello, utilizaremos la función *IMAQ WindDraw*, la encontraremos en la paleta *Vision and Motion >> Vision Utilities >> External Display*

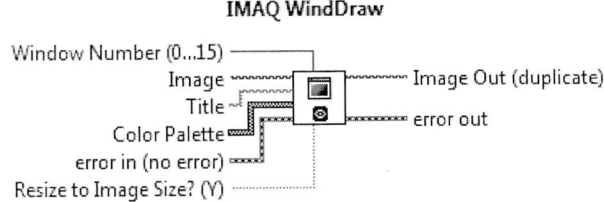

Figura 9.10 Función para la visualización de la imagen a través de ventana flotante

Únicamente será necesario conectar la variable del tipo imagen a la entrada *Image*. Esta función es capaz de gestionar hasta 16 ventanas simultáneamente. Si nuestra aplicación requiere la visualización de varias imágenes en diferentes ventanas, añadiremos el valor apropiado a la entrada *Window Number* para indicar en qué ventana queremos visualizar la imagen.

Cableado de entrada

- **Image:** *variable imagen a visualizar*
- **Title:** *nombre de la ventana*
- **Window Number:** *número que identifica a la ventana*
- **Color Pallete:** *se utiliza para aplicar una paleta de color a la imagen*
- **Error in:** *entrada de error*

Cableado de salida

- **Image Out:** *copia de la variable imagen*
- **Error out:** *salida de error*

9.5 ADQUISICIÓN DE IMAGEN

Como hemos comentado con anterioridad, la adquisición de imagen la realizaremos con las funciones de las paletas *NI-IMAQ* y *NI-IMAQdx* localizadas en la paleta *Vision and Motion*. En los siguientes apartados, nos centraremos en la utilización de cámaras FireWire y USB, por lo que solamente serán descritas las funciones de adquisición de *NI-IMAQdx*.

El acceso a la cámara se programará, como todo recurso externo a controlar manejando tres etapas básicas: abrir recurso, realizar las operaciones (adquisición y/o configuración) y cerrar recurso.

Para realizar cualquier operación con la cámara, abriremos primero el dispositivo, y lo haremos con *IMAQdx Open Camera*. Cuando terminemos la sesión liberaremos lo recursos asociados con *IMAQdx Close Camera*.

IMAQdx Open Camera.vi

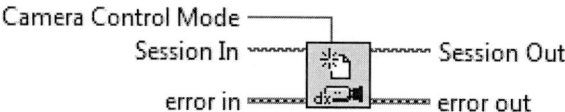

Figura 9.11 Función para la conexión con la cámara

Cableado de entrada

- **Camera Control Mode:** *modo de control de la cámara. Útil cuando queramos conectarnos con una cámara remota que haga broadcasting*

- **Session In:** *especifica el nombre de la cámara con la que conectar. El valor por defecto es cam0*
- **Error in:** *entrada de error*

Cableado de salida

- **Session out:** *referencia de la sesión establecida con la cámara*
- **Error out:** *salida de error*

Mediante la entrada *Session In* de *IMAQdx Open Camera,* indicaremos el nombre del dispositivo al cual queremos acceder. Por defecto, el primer dispositivo que conectemos físicamente recibirá el nombre cam0. A medida que conectemos más dispositivos, se irán asignando ascendentemente: cam1, cam2, cam3, etc.

Si desconocemos el nombre o no lo recordamos, podemos utilizar el VI *Enumerate Cameras.* Esta función, lista los nombres y las propiedades de todas las cámaras instaladas y/o conectadas al equipo. Aunque también podríamos hacer la consulta mediante *Measurement & Automation Explorer.*

Para cerrar la sesión y los recursos usados por la cámara, utilizaremos *IMAQdx Close Camera.* Este VI necesita como entrada la sesión establecida con la cámara.

IMAQdx Close Camera.vi

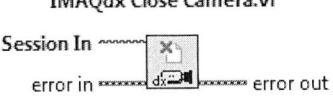

Figura 9.12 Función para cerrar la sesión con la cámara

Cableado de entrada

- **Session In:** *referencia de la sesión establecida con la cámara*
- **Error in:** *entrada de error*

Cableado de salida

- **Error out:** *salida de error*

La adquisición de imagen la podemos realizar con dos funciones *IMAQdx Snap* e *IMAQdx Grab.* Cuando solamente necesitemos capturas puntuales y no se requiera una alta velocidad de adquisición, utilizaremos la función Snap; además de ser la más sencilla, no requiere una configuración previa.

Snap necesita como entradas, la sesión establecida y la variable imagen donde guardar la captura.

Figura 9.13 Función de captura simple – Snap

Cableado de entrada

- **Session In:** *referencia de la sesión establecida con la cámara*
- **Image In:** *variable imagen donde se almacenar la imagen*
- **Error in:** *entrada de error*

Cableado de salida

- **Session out:** *referencia de la sesión establecida con la cámara*
- **Image Out:** *variable imagen donde se ha almacena la captura*
- **Error out:** *salida de error*

En la siguiente figura se muestra un ejemplo de adquisición utilizando la función de adquisición simple *Snap*. Como se puede observar, se reserva memoria para albergar la imagen y a continuación, se realiza la captura desde el dispositivo "cam1".

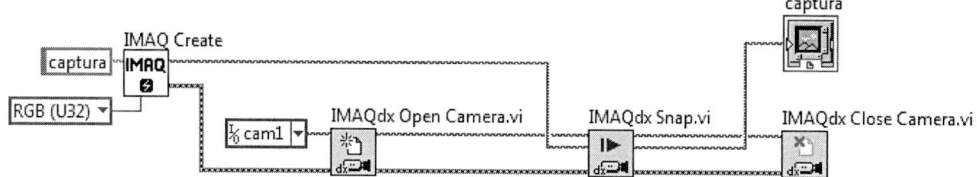

Figura 9.14 Ejemplo de adquisición utilizando Snap

Cuando los requisitos del sistema de visión exijan una alta velocidad de adquisición; esto es, diferentes capturas consecutivas a una velocidad de disparo elevada, utilizaremos la función *IMAQdx Grab*.

Antes de ejecutar este VI, prepararemos al sistema para este modo de adquisición; esto se realiza ejecutando previamente *IMAQdx Configure Grab*.

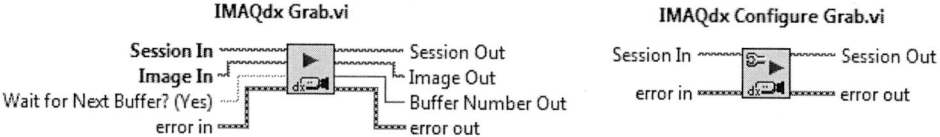

Figura 9.15 Funciones Grab para la captura a alta velocidad

En el siguiente ejemplo se observa una adquisición utilizando la función *Grab*. En el indicador "captura" podemos visualizar la imagen de forma continua.

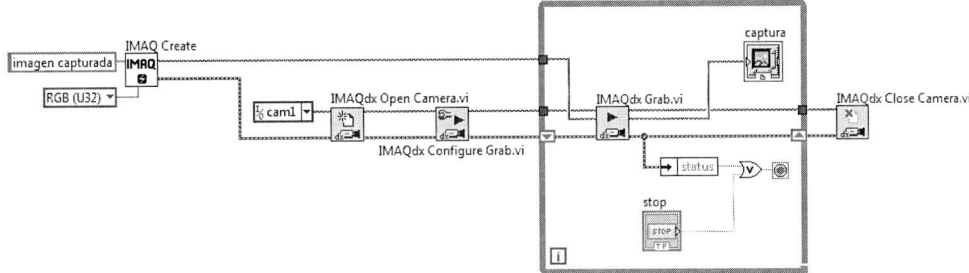

Figura 9.16 Adquisición utilizando Grab

Conocidas las funciones básicas para adquirir la imagen, veremos una herramienta que nos facilitará la programación y uso de estas funciones. Se trata del asistente *Vision Acquisition*, que encontraremos en la paleta *Vision and Motion >> Vision Express.*

Este asistente nos permite configurar la adquisición de forma rápida sin la necesidad de programar; sería otra forma de trabajar completamente válida.

Al añadir *Vision Aquisition* al diagrama de bloques, se abrirá directamente el asistente y nos pedirá la fuente de adquisición. Una vez seleccionada y probada, podemos pasar a la segunda etapa, donde a través de un selector escogeremos el método de adquisición y procesado.

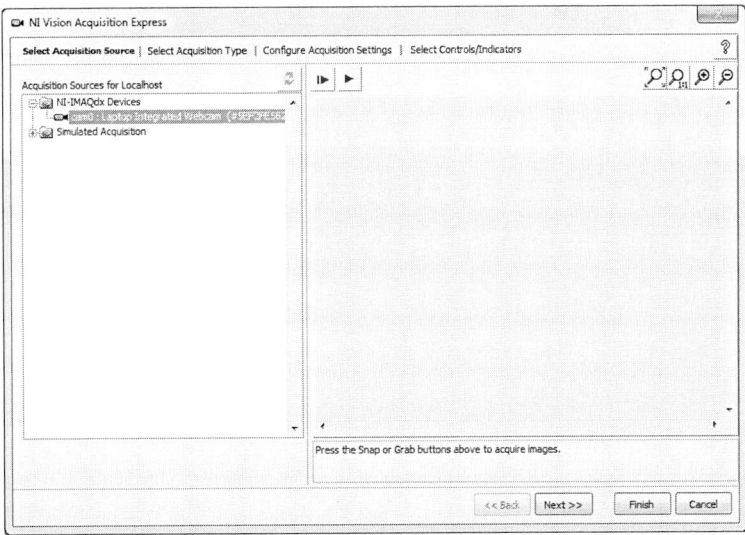

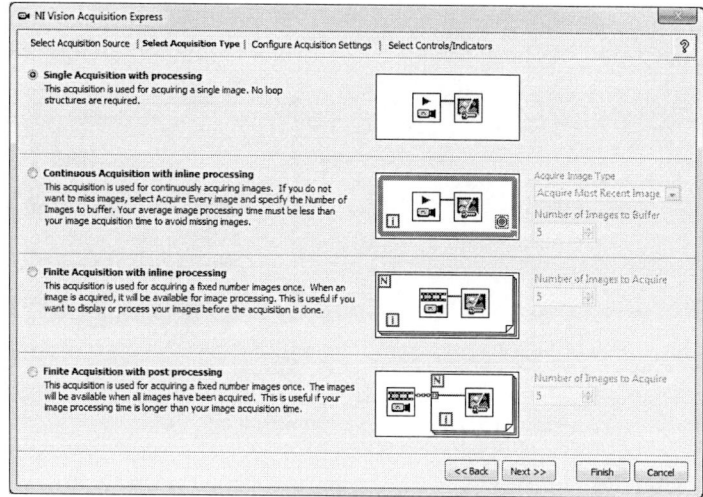

Figura 9.17 Etapas primera y segunda del asistente *Vision Acquisition*

En la tercera etapa, podremos escoger el modo de vídeo de la cámara su resolución y su velocidad de adquisición (si la cámara lo permite). Y en la cuarta, seleccionaremos los indicadores o controles que queremos que se generen en el diagrama de bloques.

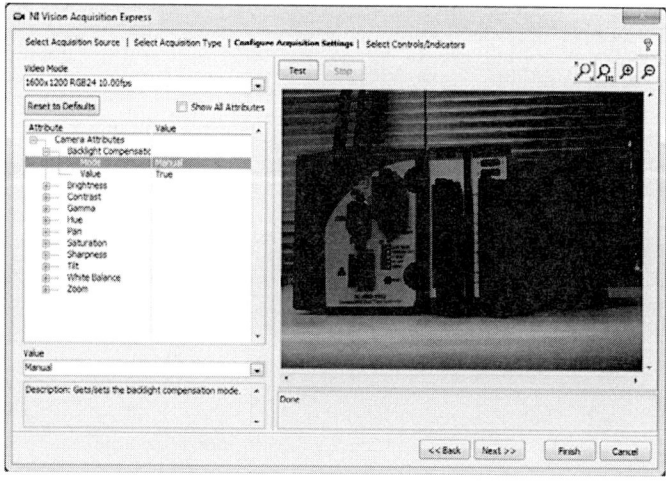

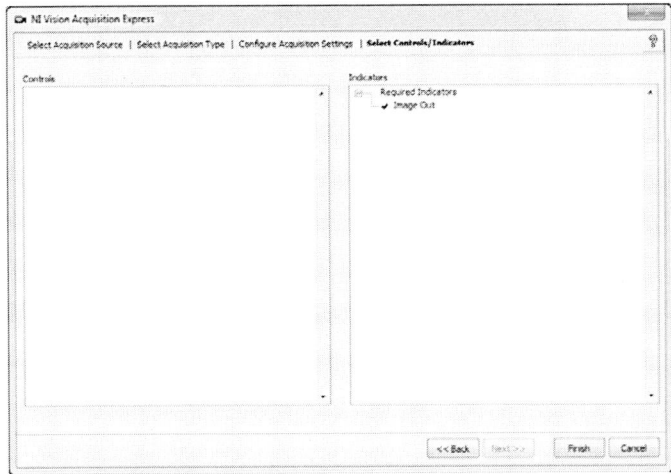

Figura 9.18 Etapas tercera y cuarta del asistente *Vision Acquisition*

Al finalizar, el asistente genera el VI automáticamente y lo confina dentro del icono Express. En la siguiente figura, podemos ver el diagrama de bloques y el panel frontal que se han generado tras configurar el asistente con las opciones que se han visto en las figuras anteriores.

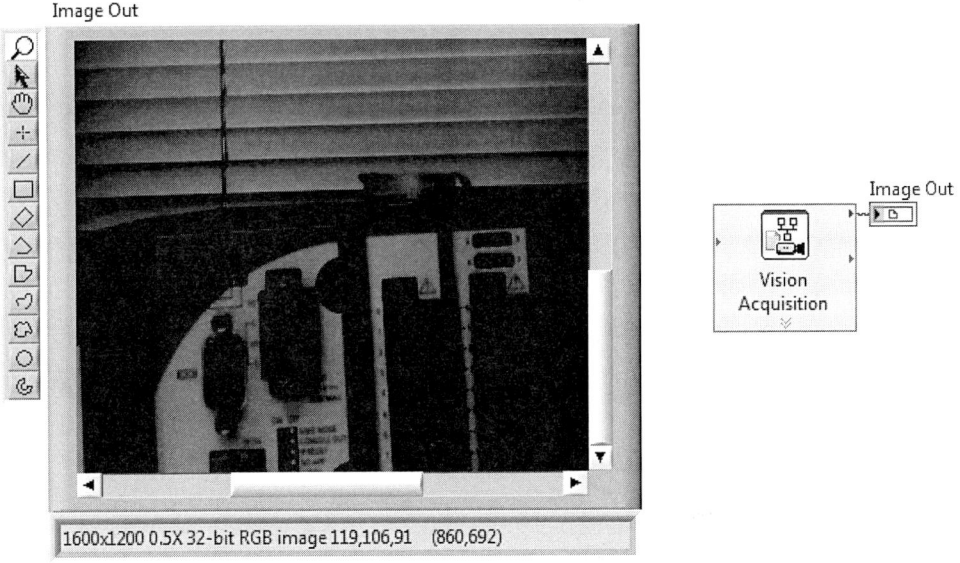

Figura 9.19 Adquisición utilizando *Vision Acquisition*

9.6 LECTURA Y ESCRITURA DE IMÁGENES

En algunas ocasiones, puede resultar útil salvar las imágenes a fichero; bien sea, para procesarlas a posteriori, para salvar resultados parciales, o simplemente, para tener un registro de las capturas realizadas. Para poder leer y escribir imágenes en disco disponemos de diferentes funciones en la paleta *Vision and Motion >> Vision Utilities >> Files*.

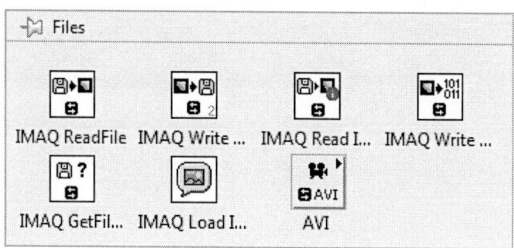

Figura 9.20 Funciones de lectura y escritura de imágenes en disco

9.6.1 Lectura

Mediante la función *IMAQ ReadFile* podemos leer imágenes desde fichero y cargarlas en memoria. Esta función es compatible con los estándares BMP, TIFF, JPEG, JPEG2000 y AIPD u otros formatos, cuya estructura sea conocida por el programador.

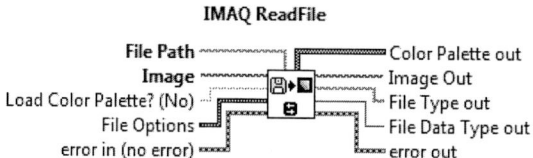

Figura 9.21 Función de lectura de imágenes de fichero

Cableado de entrada

- **Image:** *variable imagen donde se cargará la imagen de disco*
- **File Path:** *ruta o ubicación de la imagen en disco*
- **Load Color Palette:** *determina si se debe cargar la tabla de color presente en el fichero, si existe*
- **File Options:** *cluster que configurado correctamente, permite leer otros formatos no estandarizados*
- **Error in:** *entrada de error*

Cableado de salida

- **Image Out:** *es la variable asociada a la imagen que contiene la imagen que ha leído.*

- **File Type Out:** *string que indica el tipo de fichero, puede ser BMP, TIFF, JPEG, PNG o AIPD*
- **File Data Type Out:** *profundidad del píxel, definido en la cabecera del fichero*
- **Color Palette Out:** *contiene la tabla de color RGB del fichero, si se ha guardado*
- **Error out:** *salida de error*

En la siguiente figura se muestra un ejemplo de lectura y visualización a través de una ventana flotante. Se ha utilizado la función *IMAQ Load Image Dialog* para seleccionar la ubicación mediante una ventana de diálogo.

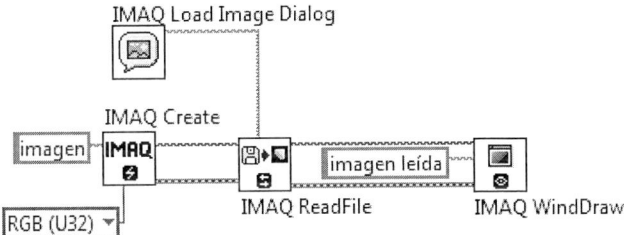

Figura 9.22 Ejemplo de lectura de imagen

9.6.2 Escritura

Para escribir en fichero disponemos de la función *IMAQ Write File 2*. Se trata de un VI polimórfico, el cual, a través de su desplegable, seleccionaremos el formato del fichero. Los formatos que admite esta función son: bmp, jpeg, jpeg2000, png, png with vision info y tiff.

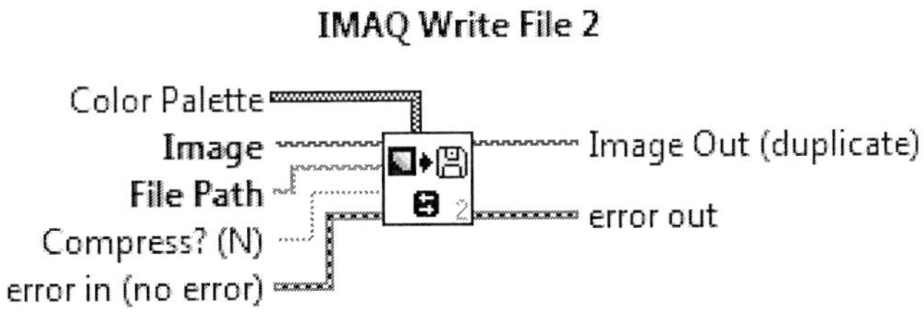

IMAQ Write File 2

Color Palette
Image ———— Image Out (duplicate)
File Path
Compress? (N) ———— error out
error in (no error)

Figura 9.23 Función de escritura de imagen a fichero

Según el tipo de formato escogido tendremos más o menos opciones y entradas de configuración. Se describirán, únicamente, las comunes a todos los formatos que la función es capaz de manejar.

Cableado de entrada

- **Image:** *variable imagen cuyo contenido que queremos almacenar en disco*
- **File Path:** *ruta completa del fichero*

307

- **Color Palette:** *se utiliza para aplicar una paleta de color si se desea*
- **Error in:** *entrada de error*

Cableado de salida

- **Image Out:** *duplicado de la variable imagen*
- **Error out:** *salida de error*

En la figura siguiente se muestra un ejemplo de escritura en fichero utilizando el formato JPEG. La aplicación ha sido diseñada para que funcione de forma totalmente autónoma, adquiriendo una nueva imagen cada segundo y salvándola en disco.

Como puede observarse, aprovechando el terminal de iteración, en cada iteración se construye una ruta diferente, y por tanto, cada captura se salvará con un nombre diferente.

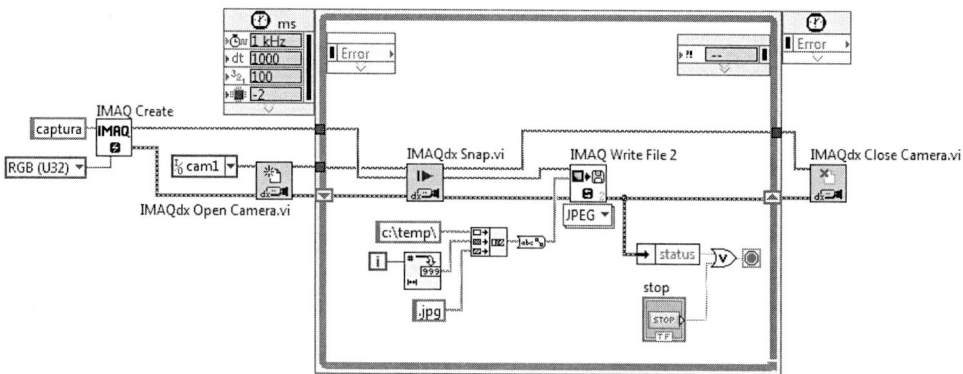

Figura 9.24 Ejemplo de adquisición y almacenamiento en disco de la captura

9.7 GENERACIÓN DE VIDEO

Otra posibilidad para salvar las imágenes capturadas sería generando un vídeo. Las funciones para trabajar con vídeo, las encontraremos en la paleta *Vision and Motion >> Vision Utilities >> Files >> AVI.*

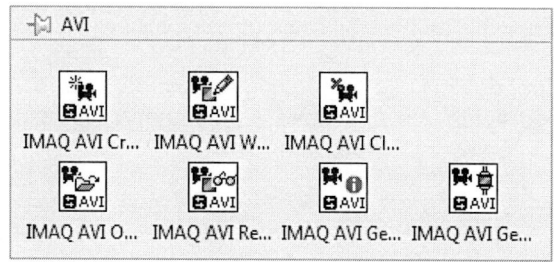

Figura 9.25 Paleta de funciones para trabajar con vídeo

El procedimiento será: crear el fichero de vídeo con *IMAQ AVI Create*, introducir cada una de las capturas mediante la función *IMAQ AVI Write Frame* y cerrar el fichero de vídeo mediante *IMAQ AVI Close*.

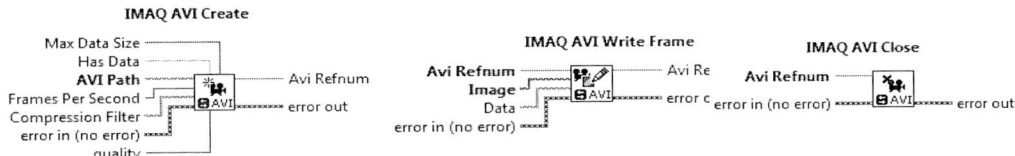

Figura 9.26 Funciones para la generación de vídeo

Del mismo modo que podemos crear un vídeo introduciendo las imágenes o fotogramas. También podremos leer y extraer los fotogramas de un vídeo. Para hacerlo, las etapas en este caso, serían las siguientes: abrir el fichero con *IMAQ AVI Open*, realizar la lectura del fotograma o fotogramas con *IMAQ AVI ReadFrame* y finalmente cerrar el fichero con *IMAQ AVI Close*.

En la siguiente figura, se muestra como generar un vídeo, a partir de las capturas almacenadas en disco del ejemplo anterior. Como puede observarse, la función List Folder nos permite conocer el nombre, e indirectamente el número de ficheros .jpg existentes en la carpeta; aprovechando esto, y recordando que las capturas fueron salvadas con numeración ascendente, el terminal de iteración nos ayudará a leer cada imagen, para luego incorporarla como fotograma en el vídeo. Tras cerrar la referencia con IMAQ AVI Close, el vídeo ya estará listo para poder ser reproducido.

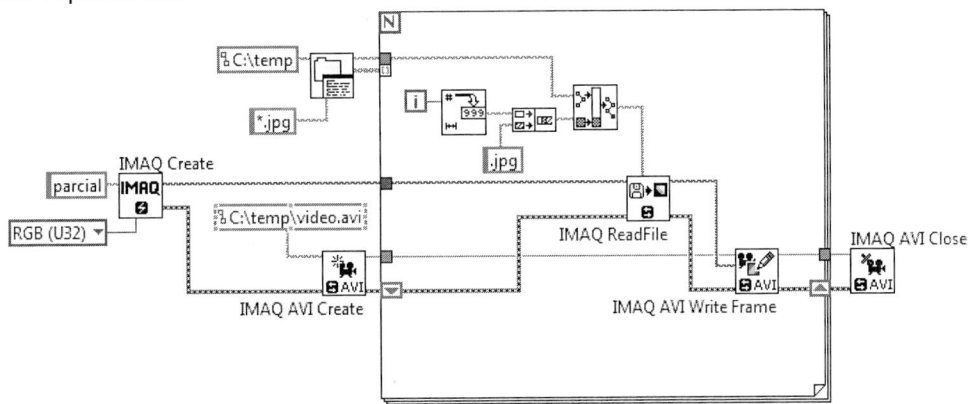

Figura 9.27 Ejemplo de generación de vídeo a partir de imágenes capturadas

Por otro lado, en algunos casos, puede resultar interesante comprimir el vídeo para reducir el peso del fichero. Para conseguirlo, basta con facilitar el nombre del códec instalado a la función *IMAQ AVI Create*, antes de crear el fichero. Para consultar la lista de códecs instalados, podemos hacer uso de la función *IMAQ AVI Get Filter Names*; esta función, nos devuelve un array de strings con los nombres de cada uno de los códecs instalados en el equipo.

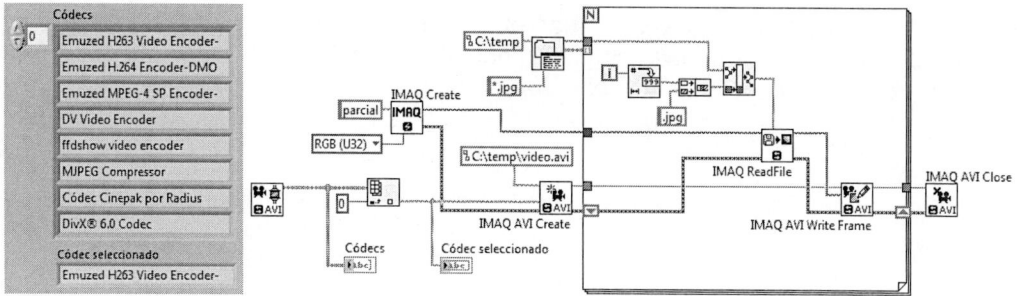

Figura 9.28 Ejemplo de generación de vídeo y compresión

Conocidas las herramientas básicas para adquirir y trabajar con imágenes y vídeos, damos paso al procesamiento y tratamiento de imágenes.

9.8 TRATAMIENTO Y PROCESAMIENTO DE IMÁGENES

Cuando nuestro objetivo sea extraer información del objeto, con la intención de responder o controlar un proceso en función de los resultados obtenidos, tendremos que aplicar funciones de análisis, tratamiento y procesamiento de imágenes.

La cantidad de campos donde podemos aplicar un sistema de visión, es muy amplia; por lo que los objetivos y resultados del análisis, dependerán de las características y especificaciones de cada aplicación. Por ejemplo, el sistema podría estar enfocado en tareas tan diferentes como, detectar defectos, contar partículas, medir distancias, detectar y clasificar objetos, detectar colores, leer códigos de barras, etc.

Ahora bien, conocidas y delimitadas las especificaciones, nos centraremos en el desarrollo de la tarea o algoritmo que resolverá el problema. Para maximizar la efectividad de nuestro código, consideraremos y explotaremos las características del objeto, iluminación o entorno que nos permitan resolver con mayor sencillez, eficacia y rapidez el problema.

Vision Development Module es el toolkit destinado al desarrollo de aplicaciones de visión. El paquete se compone de *NI-IMAQ Vision*, una extensa biblioteca de funciones, y de *NI Vision Assistant*, un entorno interactivo para la generación de prototipos de visión.

Al instalar el toolkit, se verán incrementadas las funciones de la paleta *Vision Utilities*, y se incorporarán dos nuevas: *Image Processing* y *Machine Vision*.También la paleta *Vision Express* dispondrá de una nueva función:*Vision Assistant*.

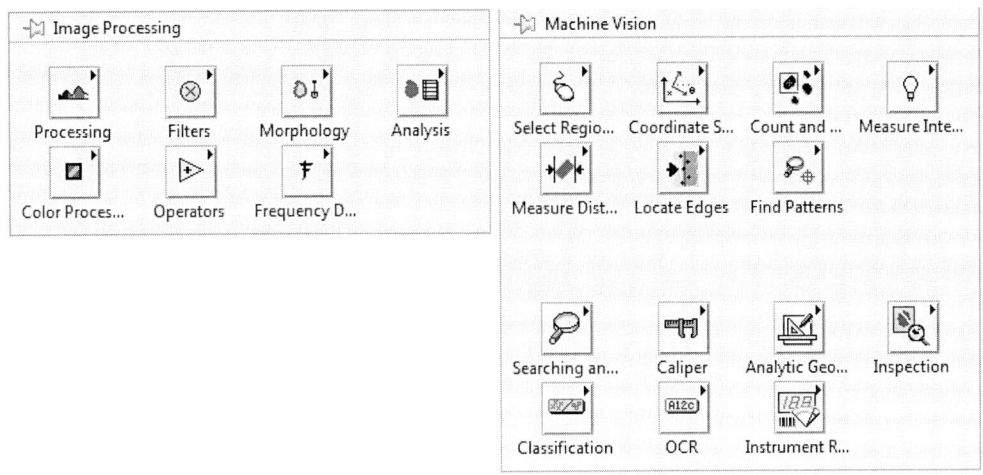

Figura 9.29 Algunas paletas de *NI-IMAQ Vision*

Se define procesamiento de imágenes, como el conjunto de técnicas destinadas a mejorar la calidad de la imagen, para facilitar el análisis o búsqueda de información. Algunos ejemplos podrían ser: aclarar la imagen, suavizarla, eliminar el ruido, realzar o detectar bordes, etc.

Aunque las funciones que incorpora *NI-IMAQ Vision* son numerosas, veremos las más comunes y algunos ejemplos de utilización. Las funciones más habituales las encontraremos en las paletas *Processing* y *Filters*.

Antes de empezar, destacaremos el terminal *Image Dst* que tienen la mayoría de funciones de procesado; este lo utilizaremos cuando no queramos sobrescribir la imagen original tras el cambio. En ese caso, crearemos otro espacio de memoria donde albergaremos la imagen que iremos manipulando y, cablearemos el nuevo espacio de memoria al terminal *Image Dst*.

9.8.1 Negativo de la imagen

Para realizar la inversión o negativo de la imagen utilizaremos *IMAQ Inverse*. La función la localizaremos en la paleta *Processing*.

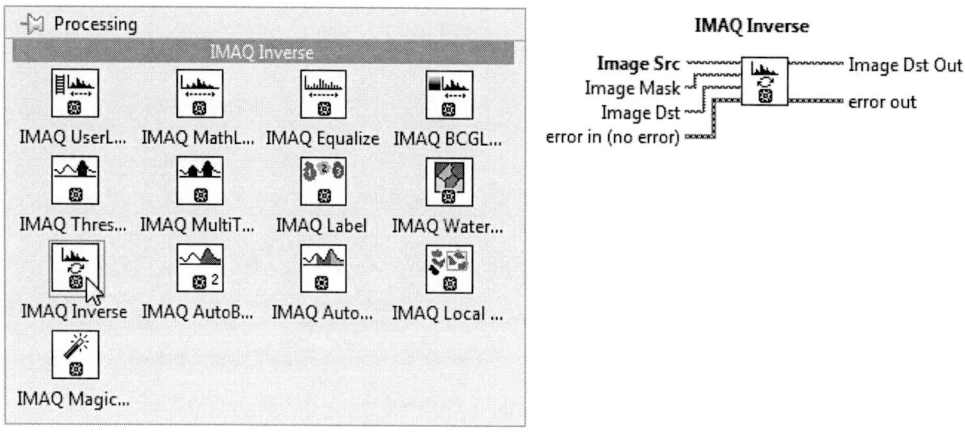

Figura 9.30 Localización y cableado de la función *IMAQ Inverse*

9.8.2 Cambio del brillo, contraste y gamma

El VI *IMAQ BCGLookup* permite realizar un cambio de brillo, contraste y gamma a partir del terminal *BCG Values*, cluster donde fijaremos los valores de brillo, contraste y gamma respectivamente.

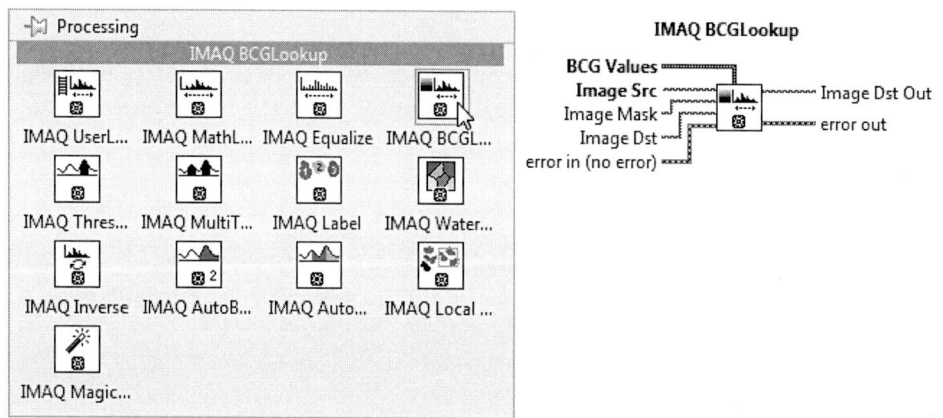

Figura 9.31 Localización y cableado de la función *IMAQ BCGLookup*

En la siguiente figura se muestra un ejemplo donde se utilizan las funciones *IMAQ Inverse* e *IMAQ BCGLookup*. Como se observa, y se ha descrito anteriormente, se han creado dos espacios en memoria: uno para almacenar la imagen original y otro, donde guardamos los cambios.

Mediante la estructura de eventos y, programándola adecuadamente, cada cambio en los valores del cluster *BCG Values* o del estado del interruptor, provocará la ejecución de las funciones de procesado requeridas.

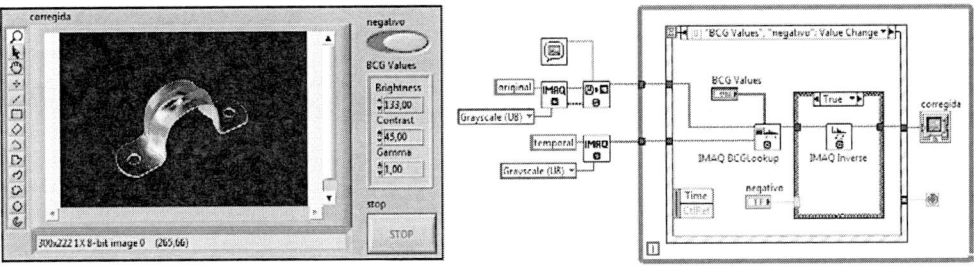

Figura 9.32 Ejemplo utilizando *IMAQ BCGLookup* e *IMAQ Inverse*

9.8.3 Operaciones matemáticas de cambio de contraste

Para cambiar el contraste de la imagen a partir de funciones matemáticas predefinidas, utilizaremos el VI *IMAQ MathLookup*. Los operadores que admite la función son: linear, log, exp, square, square root, power x y power 1/x.

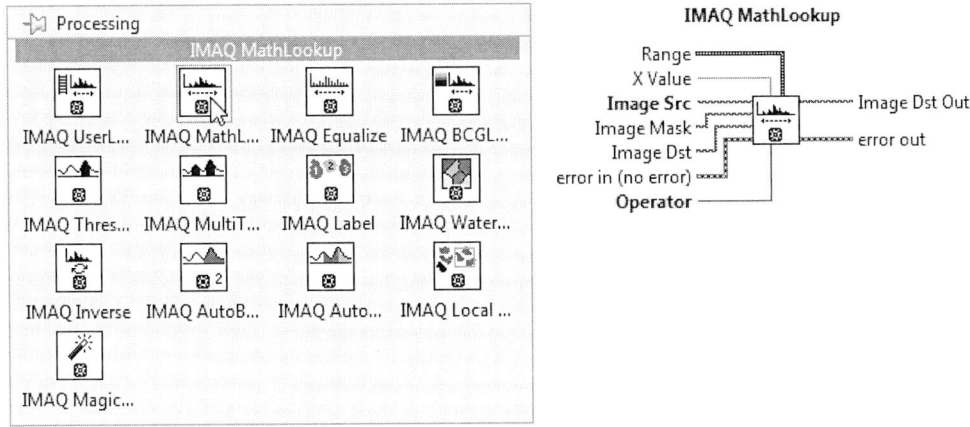

Figura 9.33 Localización y cableado de la función *IMAQ MathLookup*

9.8.4 Detección de bordes

Para detectar bordes, podemos utilizar la función *IMAQ EdgeDetection* que encontraremos en la paleta *Filters.* El terminal *Method,* nos permitirá elegir el método de detección de bordes: differentiation, gradient, prewitt, roberts, sigma y sobel. Cada método, tiene sus características y ventajas; en función del objeto, iluminación y/o condiciones externas, escogeremos el que nos ofrezca mejores resultados.

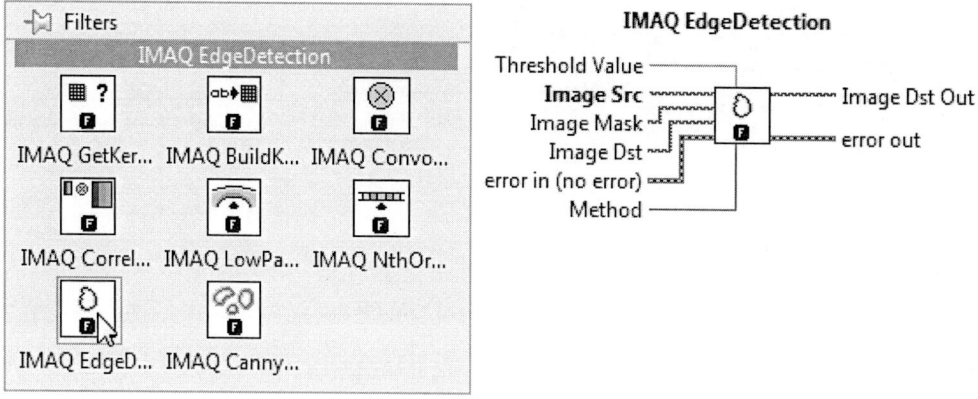

Figura 9.34 Localización y cableado de la función *IMAQ Edge Detection*

En la siguiente figura se ha implementado una aplicación sencilla, donde se usa *IMAQ EdgeDetection* para detectar los contornos de un soporte. Se usa también la función *IMAQ MathLookup* para mejorar el contraste de la imagen, antes de la detección de bordes, lo que mejora el resultado final.

Al igual que el anterior ejemplo, se utiliza la estructura de eventos. Aquí, se ha programado para detectar los cambios de estado de los controles *"Operator"* y *"Method"* así como también, del interruptor *"detectar bordes"*.

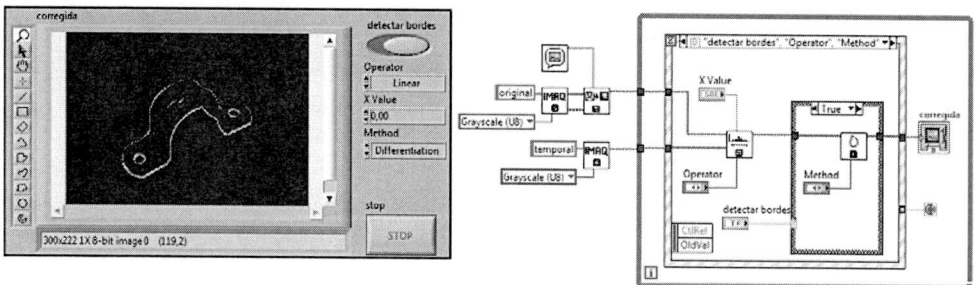

Figura 9.35 Ejemplo utilizando las funciones *IMAQ MathLookup* e *IMAQ Edge Detection*

9.8.5 Análisis y detección de objetos

Conocidas las funciones de procesamiento de imagen básicas, dedicaremos este apartado, al análisis y extracción de información de nuestros objetos. A efectos prácticos, para simplificar el código de los diferentes ejemplos propuestos, consideraremos que las imágenes utilizadas, tendrán una calidad suficiente para su análisis y no requieren un preprocesamiento.

Como se ha comentado, *NI-Vision* incorpora también funciones de alto nivel para la detección y análisis. Podemos localizar las principales en la paleta *Machine Vision*. Allí, encontraremos funciones específicas que nos van a permitir reconocer caracteres, leer displays, códigos de barras, medir distancias, contar objetos, etc.

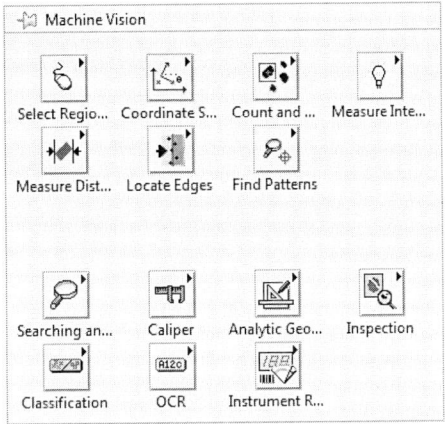

Figura 9.36 Paleta de funciones *Machine Vision*

En función de los requisitos de la aplicación, utilizaremos las subpaletas más específicas. Por ejemplo, utilizaremos la subpaleta *Instrument Reader* para leer displays digitales de siete segmentos, analógicos o códigos de barras.

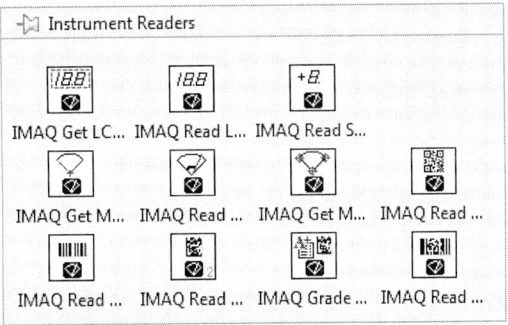

Figura 9.37 Subpaleta *Instrument Readers*

A continuación, se muestra la implementación de un sistema de lectura de displays de siete segmentos. Para validar la aplicación, podemos utilizar las imágenes que encontraremos en: National Instruments/Vision/Examples/Lcd.

9.8.6 Ejemplo de lectura de un display de siete segmentos

IMAQ Read LCD devuelve la lectura del display, tanto en formato string como en coma flotante. La función requiere de un descriptor ROI, con la localización de todos los dígitos en la pantalla. Esto lo podemos hacer manualmente, o a partir de la función *IMAQ Get LCD ROI*.

La función *IMAQ Get LCD ROI*, necesitará la ROI con la localización de la pantalla, y exige para la correcta localización de los dígitos, que todos los segmentos estén encendidos. Pues bien, esta función la utilizaremos solo una vez, para localizar la posición de los dígitos. Una vez tengamos la ROI localizada, usaremos *IMAQ Read LCD* normalmente para ir leyendo el display.

Figura 9.38 Panel frontal de la aplicación de lectura de displays

Dicho esto, este es el motivo por el cual la aplicación lee inicialmente "Image00.jpg", imagen en la que todos los segmentos del display están encendidos. Con esta imagen, *IMAQ Get LCD ROI* localiza la posición de cada uno de los dígitos. Pero antes, se le debe de hacer llegar la ROI del display, este parámetro se ha introducido manualmente mediante una constante.

Se puede comprobar que un rectángulo con esquinas (27,55) y (270,147) define toda la área del display, y es una ROI válida para la aplicación. En la figura del diagrama de bloques de esta aplicación, podemos observar la correcta programación del descriptor ROI.

A partir de aquí, mediante un bucle while y la estructura de eventos, podemos analizar las imágenes ubicadas en la carpeta "Lcd", utilizando un pulsador.

En el momento en que se pulse *"Otra imagen"*, se realizará la lectura de una nueva imagen (la seleccionará el usuario) e *IMAQ Read LCD* la procesará. El resultado de la lectura se presenta de tres maneras: en formato string, numérico, y en un array de clusters, donde se muestra el estado de los segmentos (encendido o apagado) de cada dígito.

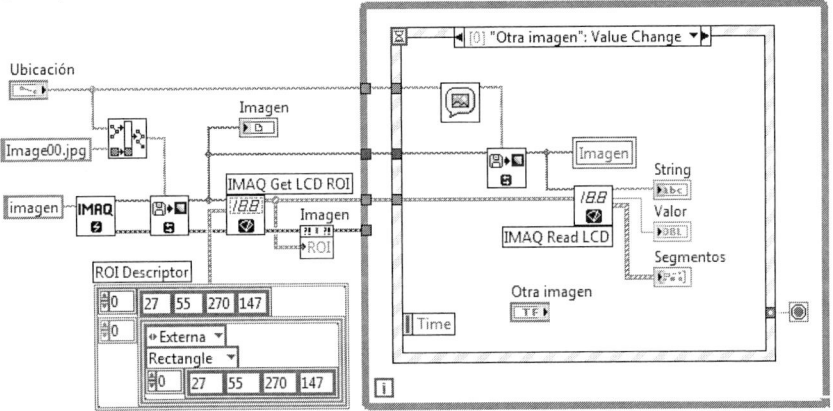

Figura 9.39 Diagrama de bloques de la aplicación de lectura de displays

Sin movernos de la paleta *Instrument Readers* podemos también, de una forma sencilla, leer códigos de barras. A continuación se muestra un ejemplo.

9.8.7 Ejemplo de lectura de un código de barras

IMAQ Read Barcode es una función para la lectura de códigos de barras, compatible con la mayoría de códigos estandarizados: Codabar, Code 39, Code 93, Code 128, EAN 8, EAN 13, entre otros.

Esta función requiere: la imagen, la región de interés (lugar donde se localiza el código de barras), y el tipo de código de barras. Opcionalmente, la entrada *Validate* permite comprobar si la lectura ha sido correcta, calculando el checksum y comparándolo con el valor leído (solo en códigos con dígito de checksum).

Figura 9.40 Panel Frontal de la aplicación de lectura de código de barras

En *National Instruments/Vision/Examples/Images/Barcode* encontraremos algunas imágenes ejemplo con códigos de barras del tipo EAN13 que usaremos para experimentar y validar la aplicación.

Antes de describir la aplicación, comentaremos brevemente, que este tipo de código se compone de 13 dígitos, divididos en tres partes: código que indica el país en que se otorgó el código, referencia del ítem y dígito de control (checksum).

Aclarado esto, se ha desarrollado la aplicación para que, por cada ejecución, se solicite al usuario la imagen y la ROI donde se encuentra el código de barras.

Así pues, antes de pulsar "Analizar", marcaremos la región de interés (ROI) de forma interactiva. Esto lo haremos mediante las herramientas que provee el indicador. Bastará, con seleccionar la herramienta de dibujo rectangular, y marcar una zona con el conjunto de líneas del código. No es necesario marcar toda el área del código de barras; en la figura anterior, podemos ver un ejemplo válido.

Para introducir la ROI a *IMAQ ReadBarcode*, pulsaremos botón derecho del ratón en el indicador del tipo imagen, y a continuación, Create >> Property Node y seleccionaremos la propiedad ROI.

El VI *IMAQ Read Barcode*, devuelve las tres partes del código EAN13; como se observa en la solución, las concatenamos para formar el indicador "Código leído".

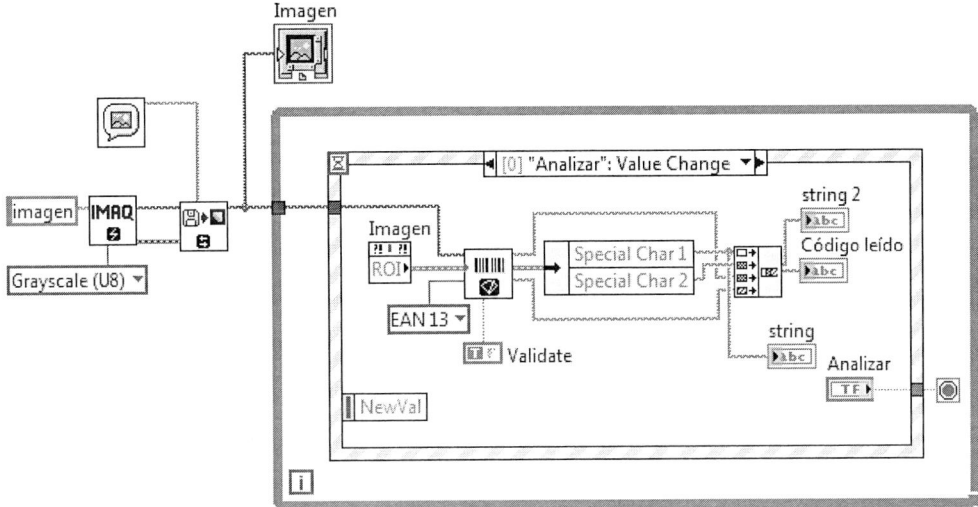

Figura 9.41 Diagrama de bloques de la aplicación de lectura de código de barras

Ejecutando varias veces la aplicación, y ajustando adecuadamente la zona de interés, podríamos encontrar una ROI común a todas las imágenes. Nótese que no es necesario ir introduciendo una ROI por cada imagen, si la anterior es válida para la imagen actual.

Como hemos visto, se han presentado algunas funciones de análisis y se han ejemplificado en aplicaciones sencillas. Sin embargo, cuando la complejidad de la aplicación no permite realizar un análisis tan directo, tendremos que diseñar y programar, con las funciones base, nuestros algoritmos de visión. En este caso, el tiempo de desarrollo de la aplicación, estará condicionado por la fase de experimentación y test de los algoritmos. En el siguiente apartado, se presenta una herramienta que nos permitirá subsanar este problema.

9.9 NI VISION ASSISTANT

Vision Assistant es una aplicación que nos asistirá en el diseño, desarrollo, experimentación y validación de algoritmos de visión. Una de las características más relevantes de este programa, es la generación automática del VI que implementa el algoritmo.

La versión más actual en el momento de la redacción de este libro, es la 2010. Los requisitos de instalación son los siguientes:

- Procesador: 233 MHZ Pentium o equivalente
- Memoria RAM: 256 MB
- Adaptador de video con resolución 1024x768
- Espacio en disco: 1,4 GB
- Sistema Operativo: Windows 7/Vista/XP (32-bit)/Server 2008 R2/Server 2003 R2 (32-bit)

Al ejecutar Vision Assistant, una ventana de bienvenida nos da la posibilidad de arrancar la aplicación adquiriendo imágenes desde el dispositivo de captura, cargar imágenes desde archivo, o ejecutar un tutorial con diferentes ejemplos solucionados.

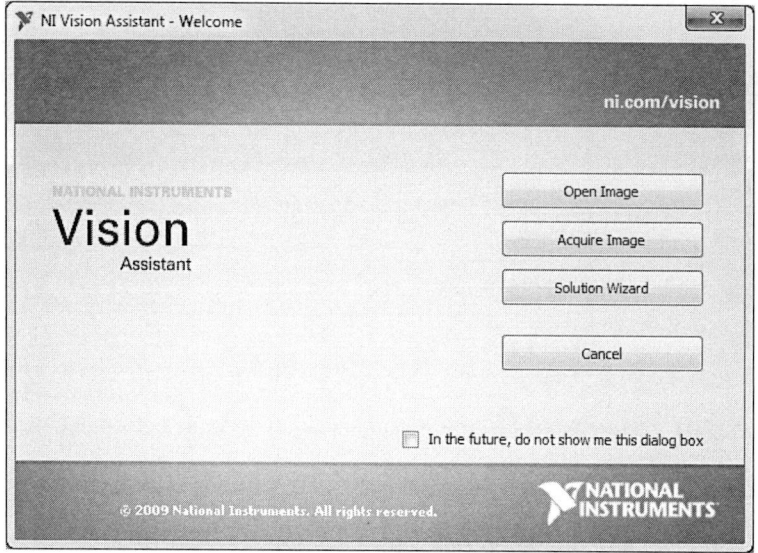

Figura 9.42 Ventana de Bienvenida de Vision Assistant

9.9.1 El entorno de Vision Assistant

El entorno se compone de cuatro áreas bien diferenciadas:

- Ventana referencia: muestra en miniatura la imagen o imágenes capturadas
- Ventana principal: ventana donde se muestran los resultados
- Ventana script: zona de programación y visualización del algoritmo
- Ventana de funciones: paleta con las funciones de visión

La programación de un algoritmo de visión se realiza arrastrando las funciones requeridas, desde la ventana de funciones hasta la ventana script. Lugar donde además, se muestran las diferentes etapas del algoritmo diseñado.

La ventana script, dispone de una barra de herramientas, mediante la cual, podremos ejecutar el algoritmo completo o por etapas, eliminar partes del mismo, salvar el prototipo o cargarlo desde disco.

El resultado del algoritmo, o de las etapas intermedias, se muestra en la ventana principal. Utilizando la barra de herramientas principal, podemos ampliar la imagen para analizarla con más detalle, o salvar en fichero, tanto los resultados parciales como finales.

Por otro lado, la ventana de referencia nos permite enviar imágenes a nuestro algoritmo, con lo que podemos probar y validar su correcto funcionamiento. Los botones situados en la parte inferior, facilitan la búsqueda y selección de imágenes. Sin embargo, podemos utilizar la opción *Browse Images*, situada en la parte superior derecha, para movernos con mayor facilidad entre el conjunto de imágenes.

La ventana de funciones se encuentra en la parte inferior izquierda, y se compone de seis categorías o paletas de funciones: Image, Color, Grayscale, Binary, Machine Vision e Identification.

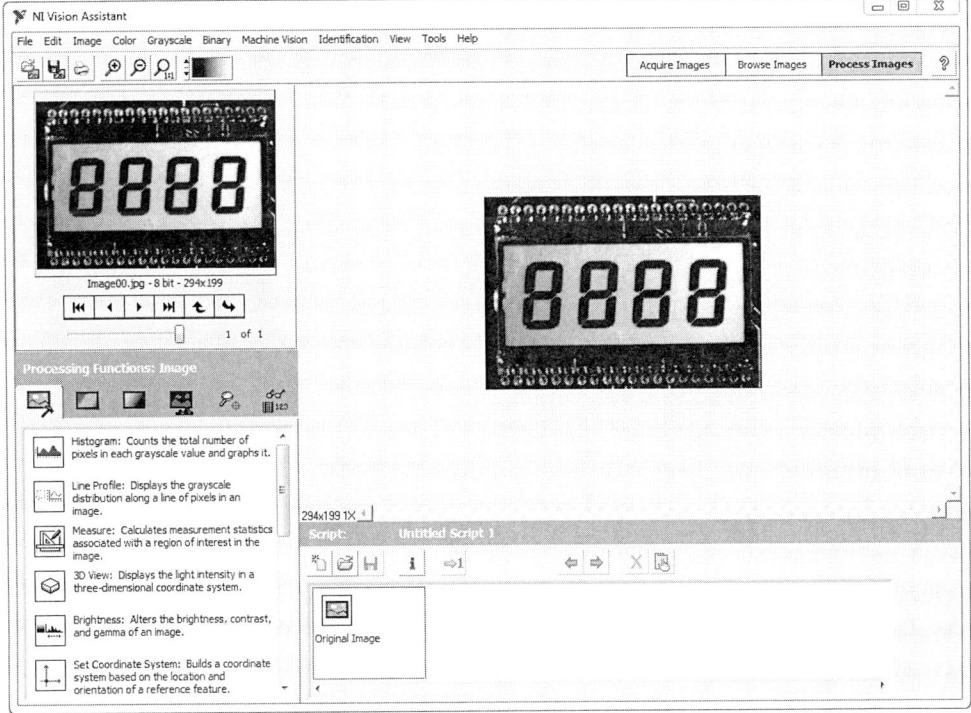

Figura 9.43 El entorno de Vision Assistant

A continuación se describen con brevedad las funciones que maneja Vision Assistant:

Categoría "Image"

- ***Histogram:*** *histograma de la imagen en escala de grises*
- ***Line Profile:*** *muestra la distribución de grises a lo largo de una línea*
- ***Measure:*** *realiza medidas asociadas con una región de interés*
- ***3D View:*** *muestra la intensidad de la luz en un plano tridimensional*
- ***Brightness:*** *permite alterar el brillo, contraste y gamma de la imagen*
- ***Set Coordinate System:*** *fija un sistema de coordenadas*

- ***Image Mask:*** *permite enmascarar la imagen*
- ***Geometry:*** *modifica la geometría de una imagen*
- ***Image Buffer:*** *permite almacenar y extraer imágenes en buffers de memoria*
- ***Get Image:*** *carga una imagen desde fichero*
- ***Image Calibration:*** *calibra la imagen para poder realizar medidas en unidades reales*
- ***Calibration from Image:*** *calibra la imagen en función de otra imagen*
- ***Image Correction:*** *transforma y corrige una imagen distorsionada*
- ***Overlay:*** *superpone contornos, bitmaps o texto en la imagen*
- ***Run LabVIEW VI:*** *ejecuta un VI de usuario*

Categoría "Color"

- ***Color Operators:*** *permite aplicar operaciones aritméticas o lógicas en la imagen*
- ***Color Plane Extraction:*** *extrae los tres planos (RGB, HSV o HSL) de una imagen*
- ***Color Threshold:*** *aplica un umbral a los tres planos de una imagen*
- ***Color Classification:*** *clasifica colores en una imagen*
- ***Color Matching:*** *compara el contenido de color con una muestra aprendida*
- ***Color Location:*** *localiza colores en una imagen*
- ***Color Pattern Matching:*** *busca un patrón de color en la imagen o región de interés*

Categoría "Grayscale"

- ***Lookup Table:*** *aplica LUT's o tablas de consulta para mejorar el contraste o brillo de la imagen*
- ***Filters:*** *funciones que permiten suavizar, detectar bordes y convolucionar la imagen*
- ***Gray Morphology:*** *permite aplicar funciones de morfología*
- ***FFT Filters:*** *filtros de frecuencia*
- ***Threshold:*** *binariza la imagen a partir del umbral seleccionado*
- ***Watershed Segmentation:*** *permite realizar la operación de segmentación watershed*
- ***Operators:*** *realiza operaciones aritméticas o lógicas con imágenes*
- ***Conversion:*** *convierte la imagen a otros tipos específicos*
- ***Quantify:*** *calcula la estadística de una imagen o regiones de la misma*
- ***Centroid:*** *calcula el centro de energía de la imagen*

Categoría "Binary"

- ***Basic Morphology:*** *funciones morfológicas para imágenes binarias*
- ***Adv. Morphology:*** *funciones morfológicas de alto nivel para imágenes binarias*

- **Particle Filter:** *filtra objetos basados en sus proporciones o medidas*
- **Binary Image Inversion:** *invierte una imagen binaria*
- **Particle Analysis:** *muestra medidas de las partículas*
- **Shape Matching:** *busca objetos con la forma especificada en la plantilla*
- **Circle Detection:** *busca el centro y el radio de partículas circulares en la imagen*

Categoría "Machine Vision"

- **Edge Detection:** *encuentra bordes a lo largo de una línea*
- **Straight Edge (Rake):** *localiza bordes rectos en una región de interés*
- **Adv. Straight Edge:** *localiza bordes rectos utilizando algoritmos de alto nivel*
- **Circular Edge (Spoke):** *localiza un borde circular en una región de interés*
- **Clamp:** *mide la distancia de separación entre los bordes de los objetos*
- **Pattern Matching:** *busca la presencia de una plantilla basada en su intensidad*
- **Geometric Matching:** *busca la presencia de una plantilla basada en la geometría*
- **Shape Detection:** *busca formas geométricas en una región de interés*
- **Golden Template Comparision:** *compara áreas de una imagen con las de una plantilla*
- **Caliper:** *muestra los resultados de una medida*

Categoría "Identification"

- **OCR/OCV:** *lee los caracteres de una región de la imagen*
- **Particle Classification:** *clasifica partículas de una región de la imagen*
- **Barcode Reader:** *lee códigos de barras de 1D*
- **Data Matrix Reader:** *lee códigos DataMatrix*
- **QR Code Reader:** *lee códigos QR*
- **PDF417 Code Reader:** *lee códigos PDF417*

9.9.2 Solution Wizard

Vision Assistant incorpora un tutorial con ejemplos resueltos. Se puede acceder a él mediante el botón *Solution Wizard* de la ventana de bienvenida o desde el menú *Help >> Solution Wizard*. Esta herramienta resulta interesante para aprender a manejar las diferentes funciones e ilustrar algunas estrategias de diseño.

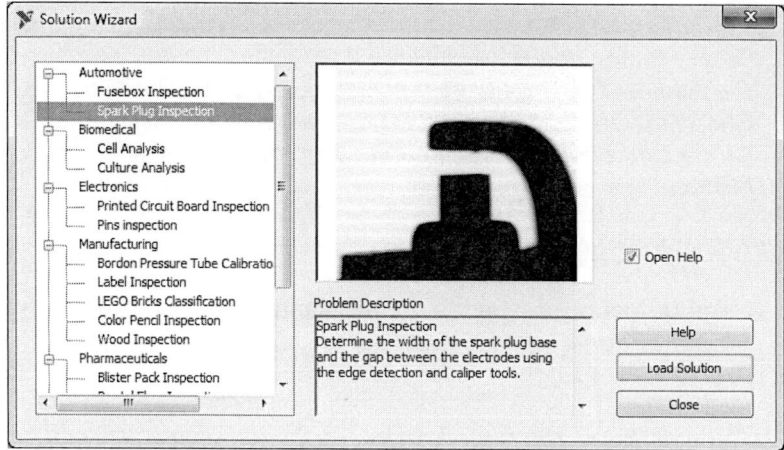

Figura 9.44 Ventana Solution Wizard

Seleccionando cualquiera de los proyectos y pulsando *Load Solution,* se cargan automáticamente las imágenes y el script con la solución. También se abre una ventana de ayuda donde se describe el problema y las funciones utilizadas para resolverlo.

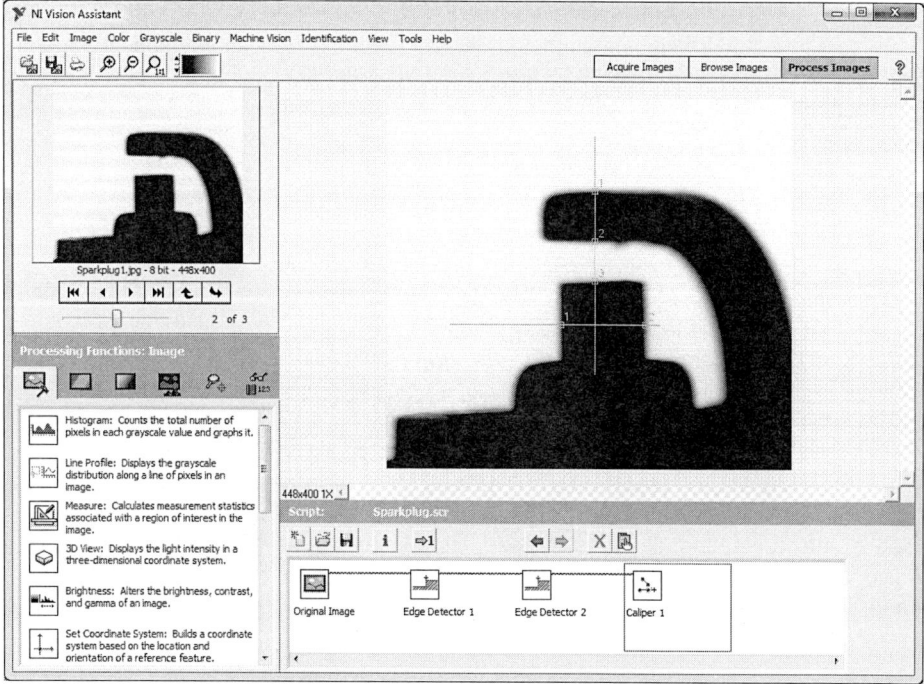

Figura 9.45 Ejemplo Spark Plug Inspection

9.9.3 Generación automática del VI

Una vez probado y validado el algoritmo, podemos migrar nuestro script o prototipo a LabVIEW. Para ello, utilizaremos el asistente *Create LabVIEW VI* ubicado en el menú *Tools*. Este asistente, nos permitirá generar nuestro VI en cuatro sencillos pasos o etapas.

Primer paso

Seleccionaremos la versión de LabVIEW y NI-Vision (solo aparecerán en lista las versiones instaladas) y, a continuación daremos nombre y ubicación a nuestro VI.

Si se presiona *Finish,*el asistente generará el VI, escogiendo las opciones por defecto del resto de etapas. Presionaremos *Next* para ir al siguiente paso.

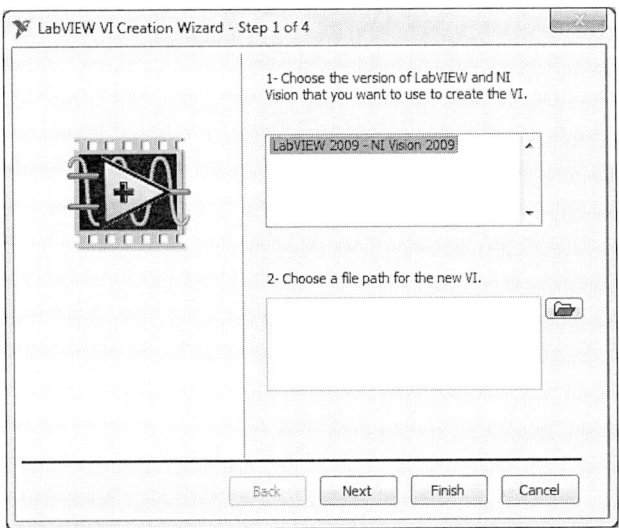

Figura 9.46 Primer paso para migrar el algoritmo a LabVIEW

Segundo paso

Aquí se indicará qué script es el que queremos migrar. Como opciones tenemos: el script actual o a través de fichero (script salvado en disco). Para ir a la siguiente etapa pulsaremos Next.

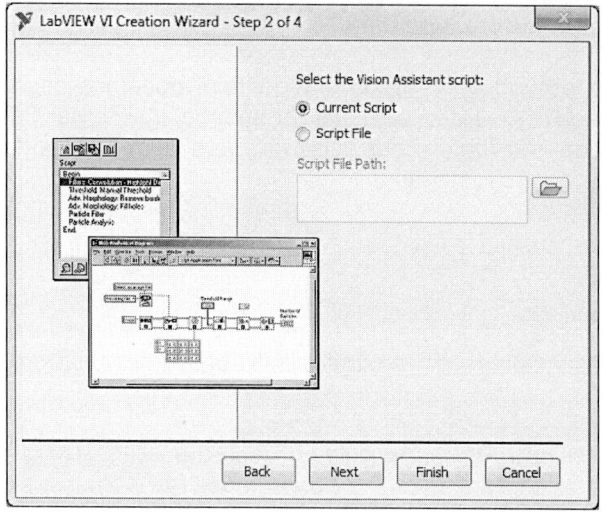

Figura 9.47 Segundo paso para migrar el algoritmo a LabVIEW

Tercer paso

En este paso se indicará la fuente de adquisición. Las opciones son a través de control, fichero o cámaras compatibles con NI-IMAQ y NI-IMAQdx.

Escogeremos la opción *Image File*, cuando las imágenes que procesará nuestro algoritmo provienen de fichero. Seleccionaremos *Image Control* cuando el algoritmo sea una subfunción del proyecto. En este caso, al generar el VI se crearán controles e indicadores del tipo imagen, que usaremos para construir la subfunción. El resto de opciones introducirán las funciones de adquisición adecuadas, al tipo de cámara.

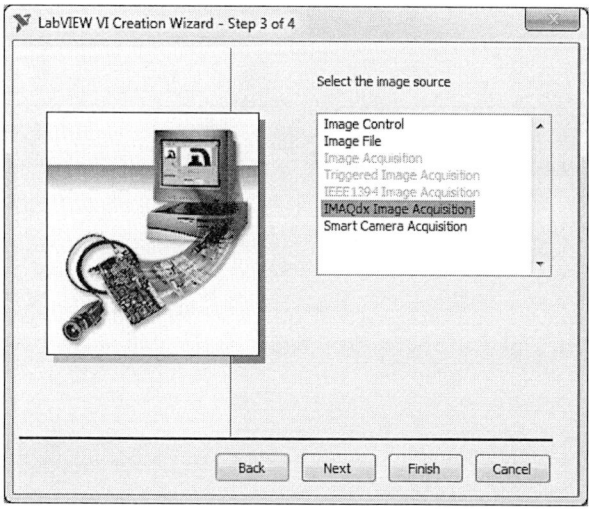

Figura 9.48 Tercer paso para migrar el algoritmo a LabVIEW

Cuarto paso

El cuarto y último paso permite seleccionar los controles e indicadores que tendrán la aplicación. El número de opciones dependerá del número de funciones que forman nuestro algoritmo.

Al pulsar **Finish** se abrirá LabVIEW y se generará el VI con las opciones programadas en el asistente.

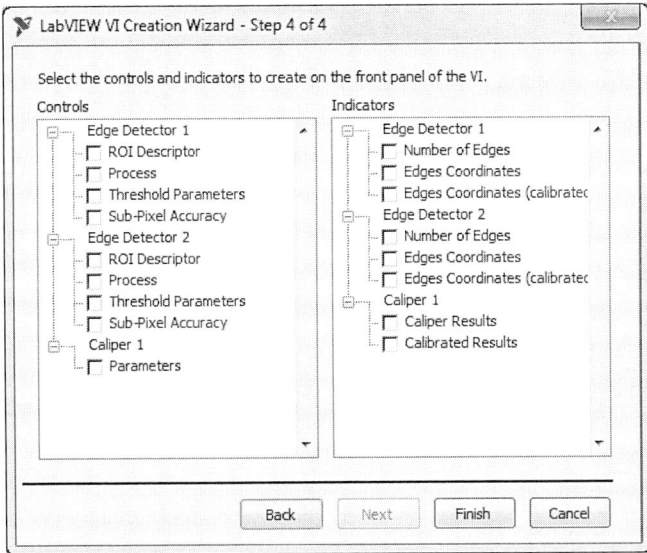

Figura 9.49 Cuarto paso para migrar el algoritmo a LabVIEW

9.9.4 Performance Meter

Performance Meter es otra herramienta que integra *Vision Assistant*, mediante la cual, es posible estimar las capacidades de nuestro algoritmo y ayudarnos a la hora de depurarlo, con el objetivo de hacerlo más eficiente. La herramienta se encuentra en el menú *Tools >> Performance Meter*.

Al ejecutar la herramienta, se estimará el tiempo de procesamiento de los diferentes algoritmos. Mediante *Details* conoceremos el tiempo de procesamiento requerido de cada una de las funciones del algoritmo.

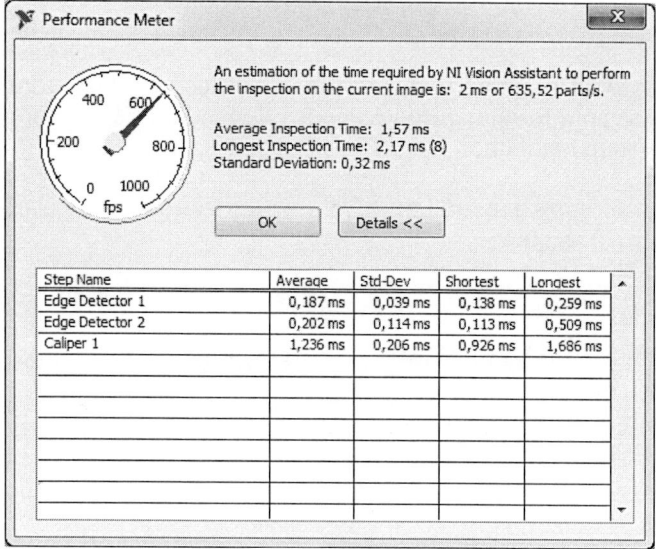

Figura 9.50 Performance Meter

Vistas las características y capacidades del entorno *Vision Assistant,* se presenta un proyecto guiado, donde se utilizará esta herramienta para programar un algoritmo de visión sencillo paso a paso. Posteriormente, se migrará a LabVIEW y se terminará de desarrollar la aplicación, presentando en el panel frontal el resultado del análisis.

9.9.5 Proyecto guiado usando Vision Assistant

El objetivo de este proyecto, consiste en desarrollar un algoritmo que analice un disquete, y detecte si está de cara o del revés, e indique, si la posición de escritura se encuentra habilitada o deshabilitada.

Las especificaciones del proyecto son las siguientes:

- El disquete será oscuro
- El fondo será claro
- Se tomará la imagen desde arriba, a una distancia que permita la visualización completa del disquete
- No importa la colocación del disquete mientras pueda visualizarse completamente en la imagen
- El disquete no tendrá etiquetas

Procedimiento

Respetando las especificaciones, se realizarán diferentes capturas: disquete de cara, del revés, protección habilitada y deshabilitada. Realizaremos las capturas con Vision Assistant, y cuantas más tomemos, más imágenes tendremos para ajustar el algoritmo y garantizar que funciona correctamente.

Así, por tanto, la siguiente etapa será la programación, ajuste y validación del algoritmo, a partir de las imágenes tomadas. Una vez validado, migraremos el código o Script a LabVIEW, y terminaremos de programar la aplicación allí.

Consideraciones

El algoritmo que programaremos, será válido para las condiciones de iluminación y del entorno donde se realicen las capturas. Si se cambiase, tanto el lugar como la iluminación, podríamos no obtener los resultados esperados. En ese caso, se tendrán que corregir los parámetros del algoritmo a las nuevas condiciones.

Nota: cuando realicemos las capturas con la protección de escritura habilitada, comprobaremos que se puede ver el fondo claro a través de la muesca o ranura.

Paso 1: realización de las capturas

Realizaremos las capturas y las guardaremos en fichero. En la siguiente figura, se muestran capturas válidas.

Figura 9.51 Formato de capturas válidas

Cargaremos las imágenes a Vision Assistant y empezaremos a desarrollar el algoritmo

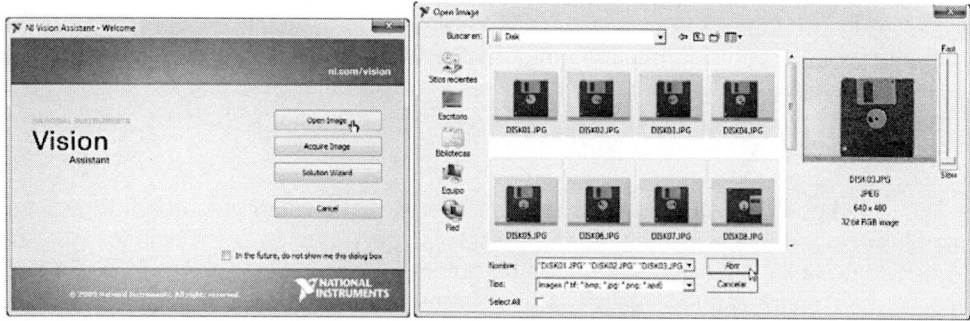

Figura 9.52 Carga de imágenes con Vision Assistant

Paso 2: transformación de la imagen a escala de grises

Dado que no nos interesará trabajar en RGB, transformaremos la imagen a escala de grises. Iremos a la paleta *Color* y seleccionaremos la función *Color Plane Extraction*. En la configuración, escogeremos HSL – Luminance Plane para quedarnos con el plano de luminancia (escala de grises).

Figura 9.53 Transformación de la imagen a escala de grises

Paso 3: binarización de la imagen

Buscaremos un umbral para separar el fondo del disquete. Iremos a la paleta Grayscale y seleccionaremos Threshold. Buscaremos un valor que permita seleccionar el fondo, la pestaña de lectura, el cabezal y los orificios del disquete.

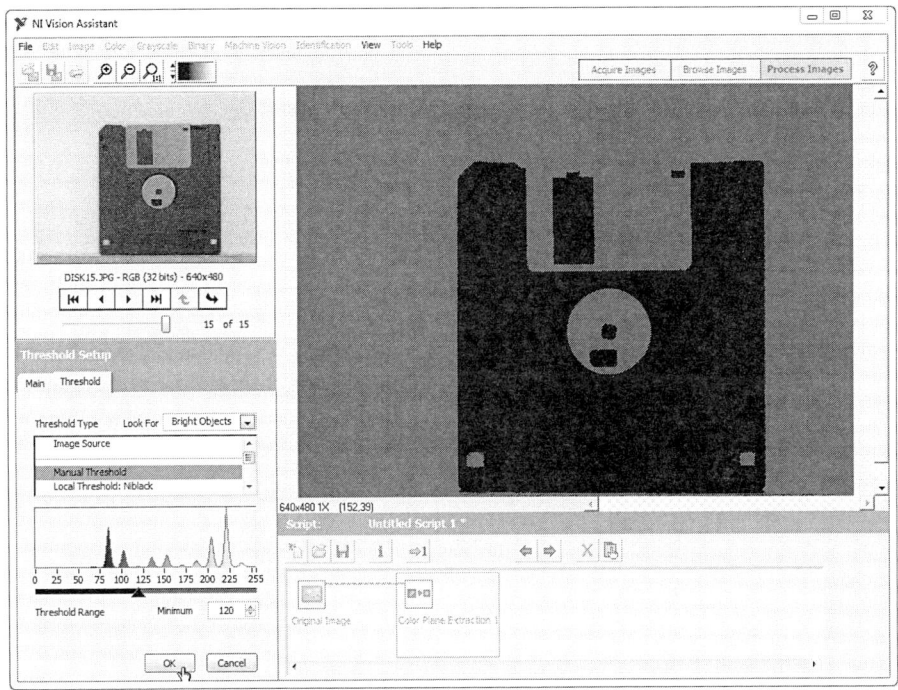

Figura 9.54 Binarización de la imagen

Paso 4: eliminación del ruido

En este paso, se eliminarán aquellas partes que, erróneamente, han quedado seleccionadas dentro del disquete, y que ha podido deberse a reflejos o ruido. La función que utilizaremos será *Remove samall objects* y, la podemos encontrar en la paleta *Binary >> Adv. Morfology*. Iteraremos la función el número de veces que se necesiten para conseguir eliminar el ruido, pero sin llegar a eliminar los objetos que sí son de nuestro interés.

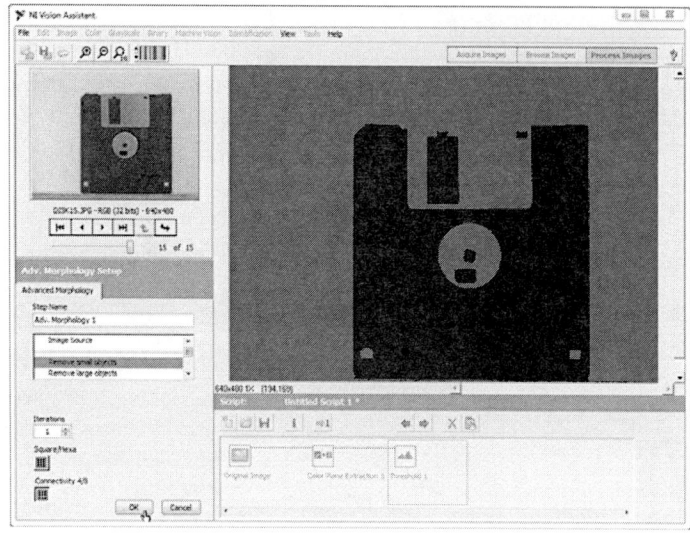

Figura 9.55 Función remove small objects

Paso 5: extracción de las zonas de interés

Eliminaremos los bordes de la imagen. Iremos a la paleta *Binary >> Adv. Morphology*, y seleccionaremos la función *Remove border objects*.

Figura 9.56 Función Remove borders

Como se observa, no solo desaparece el fondo que rodea al disquete sino también la pestaña de lectura. Esto no supone ningún problema porque este elemento no nos aporta información.

Paso 6: cerramos los objetos de interés

Realizaremos un proceso morfológico que encierra a los objetos. Con este proceso, se elimina el posible ruido que haya podido quedar en los alrededores de los objetos. Iremos a la paleta *Binary >> Basic Morphology*, y seleccionaremos la función *Close objects*.

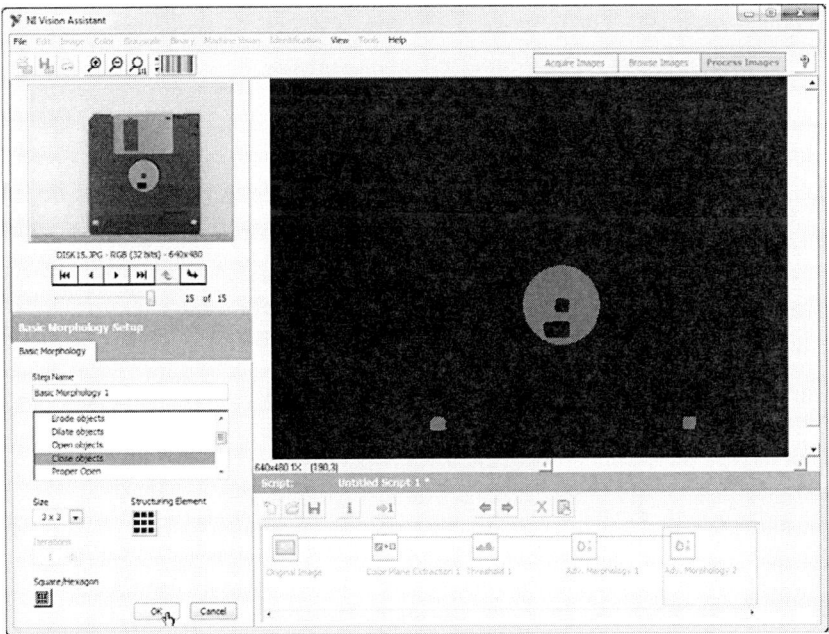

Figura 9.57 Función Close objects

Paso 7: extracción de información de los objetos

Ahora analizaremos el número de agujeros que tiene cada uno de los objetos detectados. Iremos a la paleta *Binary* y seleccionaremos *Particle Analysis*. Marcaremos "Show Labels" y clicaremos sobre "Select Measurements". A continuación seleccionaremos únicamente el ítem "Number of Holes"

Figura 9.58 Análisis de los objetos

Aquí concluye la fase de diseño del algoritmo; ahora, probaremos que funciona con todas las imágenes tomadas. Se tendrá que cumplir lo siguiente:

- Disquete de cara: dos objetos cuando el disquete está protegido, uno si no lo está.
- Disquete del revés: tres objetos cuando el disquete está protegido, dos si no lo está, y uno de ellos tendrá dos agujeros.

Los controles que encontramos en la ventana referencia, nos permitirán seleccionar la imagen para probarla. Si hace falta, corregiremos los parámetros oportunos de las diferentes funciones para que el algoritmo funcione correctamente con todas ellas.

Para ejecutar el algoritmo, pulsaremos el icono *Run* que se encuentra en la barra de herramientas de la ventana Script. Cuando confirmemos el correcto funcionamiento del algoritmo, procederemos al siguiente paso: la migración del script a LabVIEW.

Paso 8: migración de script a LabVIEW

Iremos al menú *Tools >> Create LabVIEW VI*, y con ayuda del asistente, migraremos el script a LabVIEW. Por razones prácticas, mantendremos la adquisición de imagen a través de fichero.

En el cuarto paso del asistente, seleccionaremos *Number of Particles* y *Particle Measurements (Pixels)* como indicadores de salida. Ambos datos, serán de nuestro interés y los utilizaremos para terminar la aplicación.

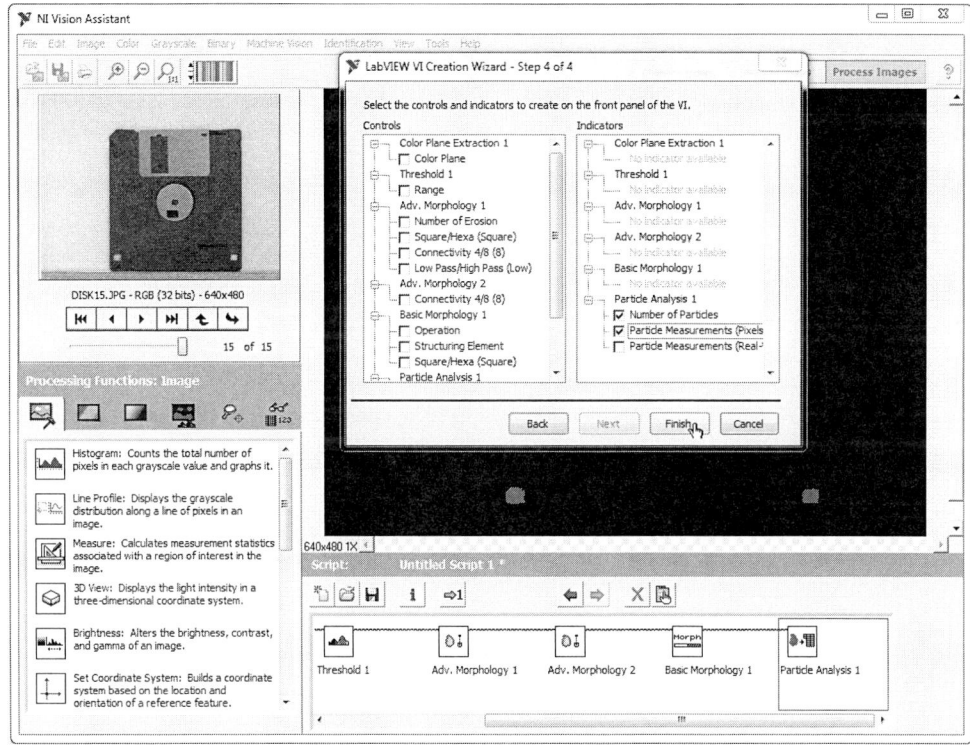

Figura 9.59 Migrando el Scritp a LabVIEW

PASO 9

Una vez el asistente nos genere el VI, localizaremos la última parte del algoritmo en el diagrama de bloques. Añadiremos a la aplicación, dos indicadores booleanos para indicar si el disquete está de cara o del revés, y si la protección de escritura está habilitada o deshabilitada. Para ello, programaremos un algoritmo de decisión utilizando los indicadores Number of Particles y Particle Measurements.

Para conocer si el disquete se encuentra protegido o no, basta con comparar si el número de objetos detectados es igual a tres (disquete del revés) o dos, si el disquete está de cara. Para saber si está de cara o del revés, podemos analizar si uno de los objetos detectados tiene dos agujeros. En resumen, tenemos los siguientes casos:

El disquete está de cara si no se detecta ningún objeto con dos agujeros, entonces:

- 1 objeto → el disquet no está protegido
- 2 objetos → el disquet está protegido

Si el disquete está del revés:

- 2 objetos → el disquet no está protegido
- 3 objetos → el disquet está protegido

A continuación se presenta una posible solución:

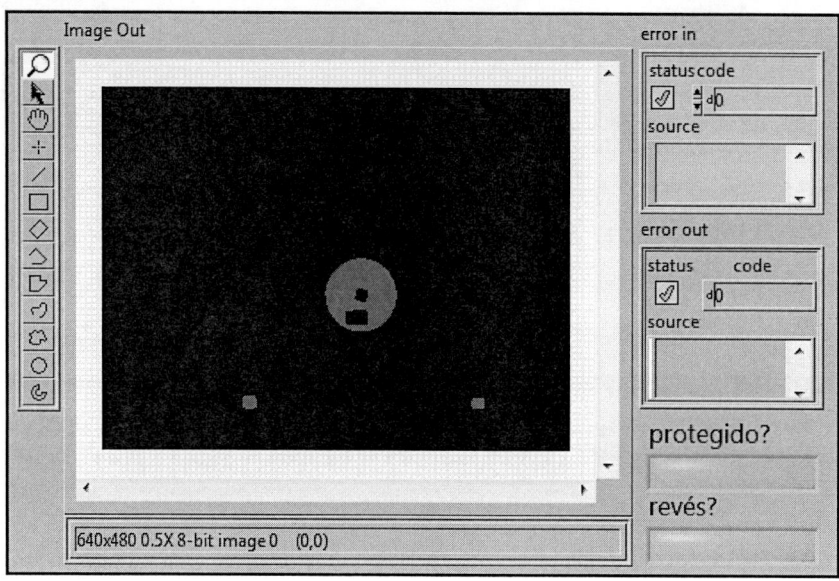

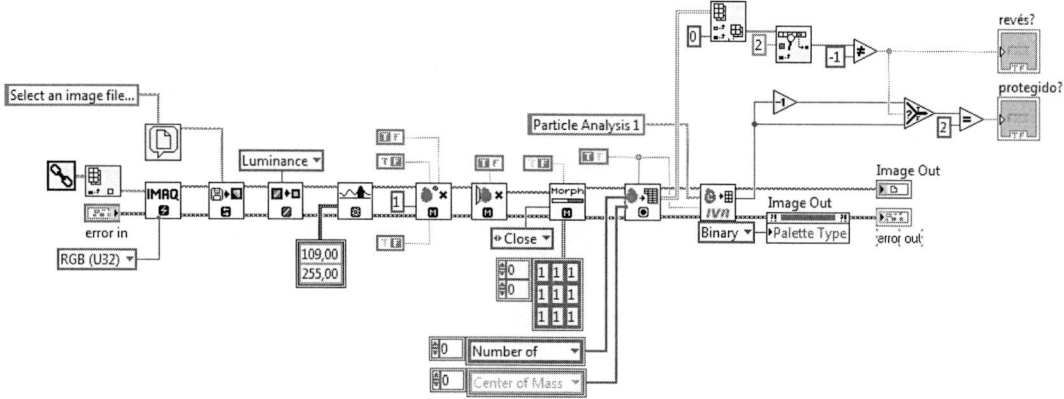

Figura 9.60 Panel frontal y diagrama de bloques de la aplicación de análisis de disquetes